Flugzeuge der Welt
1995

Verfasser: Claudio Müller in Zusammenarbeit mit Martin Fricke

Lizenzausgabe für Deutschland und Österreich,
Motorbuch Verlag, Stuttgart, 1995
ISBN 3-613-01651-6

Claudio Müller

Flugzeuge der Welt 1995

heute – morgen

Beschreibung der neuesten Flugzeugtypen

Motor buch Verlag

VORWORT ZUR AUSGABE 1995

Seit 34 Jahren wurde der Aufbau und die Gestaltung dieses allseits beliebten Nachschlagewerkes weitgehend unverändert weitergeführt. Nach so einer langen Zeit drängte sich deshalb eine Auffrischung auf. Das bewährte Grundkonzept wurde aber nicht verändert. Die augenfälligste Neuerung sind sicherlich die Fotos in Farbe. Damit meine ich die Attraktivität und den Wert des Buches wesentlich gesteigert zu haben. Wenn immer möglich, sollen in Zukunft alle Typen farbig präsentiert werden. Leider dürfte das nicht immer möglich sein. Gelegentlich ist es sehr schwierig, qualitativ befriedigende Bilder zu erhalten. Die inhaltlich wesentlichste Änderung betrifft aber die Hubschrauber. Diese fristen nicht mehr ein Schattendasein am Schluss des Buches; ihren Stellenwert habe ich erhöhen wollen. Deshalb sind sie neu in die alphabetische Reihenfolge bei den Flächenflugzeugen integriert und ebenfalls mit einem Dreiseitenriss dargestellt. Schliesslich konnte auch der Umfangs des Buches um rund 50 Seiten erweitert werden, so dass auch mehr Flugzeugtypen vorgestellt werden können.

1994 war ein weiteres schwieriges Jahr für die Luftfahrt allgemein. Zwar zeigen sich gewisse Silberstreifen am Horizont. Ob diese aber eine nachhaltige Verbesserung der Lage mit sich bringen, mag doch bezweifelt werden. Die Konjunkturerholung – und damit hoffentlich auch eine deutliche Steigerung der Investitionsfreude – ist vermutlich weniger markant als anfänglich vermutet.

Nach wie vor sehr schwierige Zeiten durchläuft die Militärluftfahrt. Sie befindet sich weltweit ziemlich am Boden. Ein Überangebot an Gebrauchtwaffen, der Mangel an Geldern für neue Projekte, eine nach wie vor recht unklare strategische Lage in fast allen Erdteilen sind keine Faktoren, die neue Impulse verleihen. Zudem ging das Streichkonzert bei bestehenden Projekten mit unvermindertem Tempo weiter. Als Konsequenz davon stecken die Hersteller in grossen Schwierigkeiten, entlassen Mitarbeiter im grossen Stil, schliessen Fabriken und suchen ihr Heil in Fusionen mit anderen Unternehmen. 1994 war gekennzeichnet durch einige spektakuläre Zusammenschlüsse. Lockheed und Martin Marietta fusionierten zum grössten Rüstungskonzern der USA, um nur ein Beispiel zu nennen.

Der Zivilluftfahrt geht es etwas besser. Neue Bestellungen trafen zwar ein. Diese wurden aber vielfach durch eine grosse Zahl von Annullierungen egalisiert. Keiner der grossen Hersteller wurde von diesem Phänomen verschont. Diese Entwicklung bringt es mit sich, dass alle Angaben über Zahl der Bestellungen und Optionen leider mit etwas Vorsicht zu geniessen sind. Im Moment hat kein Aussenstehender einen klaren Überblick über die genaue Auftragslage bei den einzelnen Herstellern. Letztes Jahr hat die amerikanische Regierung die recht unsinnigen Haftungsvorschriften für Hersteller von Privatflugzeugen der allgemeinen Luftfahrt deutlich gelockert. Nachdem deswegen in den USA während vieler Jahre kaum mehr Sportflugzeuge hergestellt wurden, wittern die früheren Marktleader in diesem Segment, Cessna, Piper und Beech

Morgenluft. Die beiden erstgenannten tragen sich mit konkreten Plänen, die Produktion von Kleinflugzeugen für den Hobbygebrauch wieder aufzunehmen.

Angesichts der geschilderten Lage erstaunt es sicherlich nicht, dass die Zahl von echten Neuentwicklungen gering ist. Diese lassen sich fast an einer Hand abzählen: Der neue Anfangs- und Fortgeschrittenentrainer Cessna 526, das 50-sitzige Commuterflugzeug IPTN N-250, die russischen Trainer MiG-AT und Yak-130, die langerwartete Mitsubishi FS-X sowie das neue Arbeitsflugzeug SM-92 Finist. Das ist aber nur eine Seite der Betrachtung. Angesichts des harten Verdrängungskampfes ist dafür die Zahl von weiterentwickelten, verbesserten Modellen umso länger. Rund zwei Drittel der beschriebenen Modelle sind in irgendeiner Form überarbeitet worden. Häufig ist das Ziel dieser Massnahmen die höhere Wirtschaftlichkeit und Zuverlässigkeit sowie die allgemeine Steigerung der Leistungen, insbesondere der Reichweiten. Deshalb präsentiert diese Ausgabe von «Flugzeuge der Welt» doch eine Fülle von neuen Informationen.

Nach wie vor faszinierend ist die Innovationsfreude in den ehemaligen GUS-Ländern. Eine Fülle von neuen Projekten sind in Arbeit, meistens bleiben sie aber geduldiges Papier. Fast alle scheitern schon in einer sehr frühen Phase an Geldmangel, aber auch am fehlenden Marketing-Know how. Gute Ingenieurleistungen alleine sind heute keine Erfolgsgaranten. Es braucht ein professionelles Zusammenspiel aller dieser Kräfte. Bezeichnend für diese Situation sind sicherlich die in diesem Buche beschriebenen Modelle Mi-38, Ka-62, Tu-334 usw. Alle wären eigentlich flugbereit, bleiben aber seit Monaten am Boden gefesselt.

Trotzdem ist in den nächsten Jahren mit einigen Überraschungen zu rechnen. Zwei Geheimprojekte dürften vermutlich bald publik gemacht werden. Im Vordergrund steht der neue russische Jäger MiG 1.42 als Gegenstück zur F-22. Er soll 1995 erstmals fliegen. Zudem arbeiten China und Israel, ausgehend vom abgebrochenen Projekt Lavi, an einem neuen Jagdbomber. Ein Prototyp sei bei Chengdu Aircraft (CAC) in Sichuan im Bau; Erstflug offenbar 1996. Wir dürfen gespannt sein.

Deshalb dürfen wir trotz der schwierigen wirtschaftlichen Lage mit einer Reihe von neuen Modellen und sicherlich auch mit überraschenden Ankündigungen rechnen.

Claudio Müller

AERO L-139 ALBATROS 2000

Ursprungsland: Tschechien.
Kategorie: Zweisitziger Fortgeschrittenentrainer.
Triebwerke (L-139): Ein Mantelstromtriebwerk AlliedSignal (Garrett) TFE731-4 von 1814 kp (17,79 kN) oder (L-39/-59) ZMKB/ZVL DU-2 von 2200 kp (21,57 kN) Standschub.
Leistungen: Höchstgeschwindigkeit 760 km/h auf 5000 m; Reisegeschwindigkeit 721 km/h; Anfangssteiggeschwindigkeit 22 m/Sek; Dienstgipfelhöhe 12000 m; Reichweite mit max. externem Treibstoff mehr als 1500 km auf 9000 m.
Gewichte: Leergewicht 3370 kg; normal beladen 4510 kg; max. Startgewicht 5000 kg.
Bewaffnung: Ein doppelläufiger 23-mm-GSh-2-Kanonenbehälter unter dem Rumpf und unter vier Flügelstationen, beispielsweise vier 100-kg- und zwei 250-kg-Bomben, acht 100-kg-Bomben oder verschiedene Kombinationen von Bomben und Raketenbehältern.
Entwicklungsstand: Erstflug des Prototyps der Folgegeneration L-59 (früher als L39MS bezeichnet) am 30. September 1986, der Version L-139 am 8. Mai 1993. Bestellungen für die L-59 sind von Aegypten (48), Tunesien (12) und Tschechien (6) eingegangen.
Bemerkungen: Die als L-139 bezeichnete Variante wurde für den westlichen Markt entwickelt. Obwohl das verwendete Triebwerk etwas weniger Schubkraft aufweist, sind die Flugleistungen praktisch gleich wie bei den früheren Versionen, die Reichweite und die Wirtschaftlichkeit sind jedoch wesentlich besser. Aus der L-59 wird zurzeit der Einsitzer L-159 entwickelt, ausgerüstet mit einem Turbofan des Typs AlliedSignal F124-100 mit einem Standschub von 2858 kp (28 kN). Er soll in der Lage sein, eine Waffenlast von bis zu 2450 kg mitzuführen. Der Erstflug dieses leichten Jagdbombers ist für 1996 geplant. Die Luftwaffe von Tschechien hat einen Bedarf von rund 70 L-159 angemeldet.
Hersteller: Aero Vodochody Navodni Podnik, Vodochody Airport bei Prag, CFR.

Abmessungen: Spannweite inkl. Flügelendtanks 9,54 m, Länge 12,20 m, Höhe 4,78 m, Flügelfiäche 18,80 m².

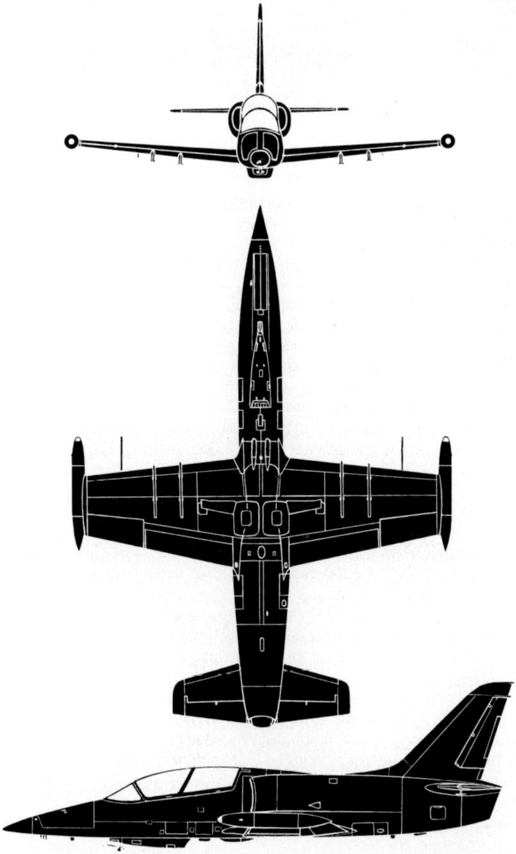

AGUSTA A109MAX

Ursprungsland: Italien.
Kategorie: Leichter Rettungs- und Mehrzweckhubschrauber.
Triebwerke: Zwei Gasturbinen Allison 250-C20R-1 von je 450 WPS (335 kW) Leistung.
Leistungen: Höchstgeschwindigkeit 311 km/h; max. Reisegeschwindigkeit 282 km/h auf 1520 m; max. Schrägsteiggeschwindigkeit 8,6 m/Sek; Schwebehöhe mit Bodeneffekt 3474 m, ohne Bodeneffekt 2438 m; Reichweite 780 km; max. Flugdauer 4 Std. 20 Min.
Gewichte: Leer 1432 kg; max. Startgewicht 2720 kg.
Zuladung: Bei Rettungseinsätzen ein bis zwei Piloten und max. zwei liegende Patienten und zwei Helfer. Als Transporter acht Personen inkl. Piloten. Max. Nutzlast 1130 kg.
Bewaffnung (A109KM): Bis zu acht drahtgelenkte TOW-Lenkwaffen, ein unter dem Rumpf montiertes 7,62-mm-Maschinengewehr oder eine 12,7-mm-Kanone an der Türe befestigt.
Entwicklungsstand: Seit dem Erstflug der Basisversion am 4. August 1971 sind über 500 A109 verkauft worden, u. a. auch an neun Luftwaffen.
Bemerkungen: Eine Vielzahl von Varianten wird derzeit für die verschiedensten Aufgaben angeboten und produziert: A109C mit Kunststoffrotoren und verstärkter Transmission, hauptsächlich für den US-Markt bestimmt; die A109A Mk.II Plus (siehe Ausgabe 1992/93), die A109MAX für medizinische Einsätze, dessen Kabine zur Aufnahme von Tragbahren quer zur Flugrichtung verbreitert wurde; weiter die wesentlich stärkere Version A109K2 mit Turboméca Arriel 1K1-Triebwerken (siehe Ausgabe 1991/92 und obige Foto), u.a. 15 Einheiten als Rettungshubschrauber für die schweizerische REGA. Ebenfalls mit Arriel-Triebwerken ausgerüstet ist die A109KM (siehe Silhouette) für militärische Aufgaben. 28 ähnliche A109HA und 18 für Aufklärungseinsätze bestimmte A109HO wurden an die belgische Armee ausgeliefert (Endmontage in Belgien bei SABCA).
Hersteller: Costruzione Aeronautiche Giovanni Agusta SpA, Cascina Costa, Gallarate, Italien.

Abmessungen: Rotordurchmesser 11,00 m, Rumpflänge 10,71 m, Höhe 3,30 m. .

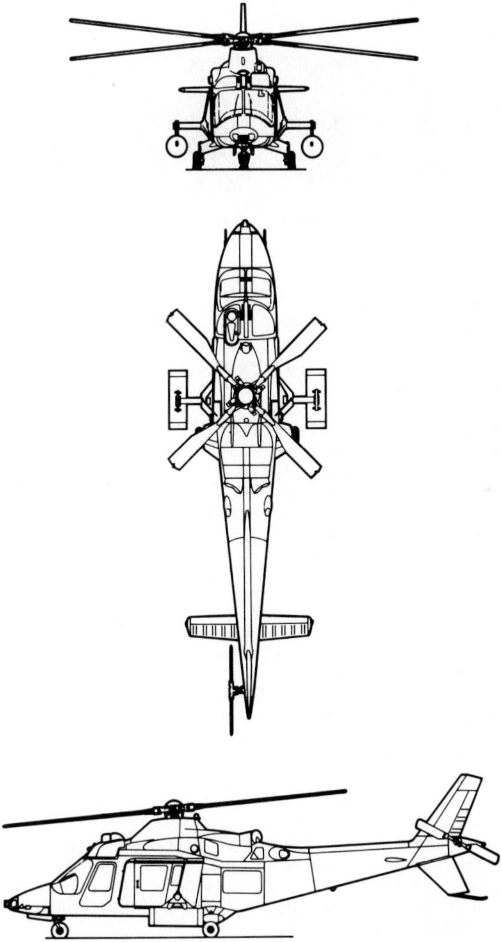

AGUSTA A129 MANGUSTA

Ursprungsland: Italien.
Kategorie: Zweisitziger Kampf- und Beobachtungshubschrauber.
Triebwerke: Zwei Gasturbinen Rolls-Royce Gem 2Mk.1004D von je 825 WPS (615 kW) Leistung.
Leistungen (bei 3850 kg): Höchstgeschwindigkeit 275 km/h auf Meereshöhe; max. Dauergeschwindigkeit 250 km/h; max. Schrägsteiggeschwindigkeit 10,29 m/Sek; Schwebehöhe mit Bodeneffekt 3140 m, ohne Bodeneffekt 1890 m; max. Flughöhe 4725 m; Reichweite 528 km; max. Flugdauer 3,07 Std.
Gewichte: Leer 2559 kg; normales Startgewicht für Panzerbekämpfungseinsätze 3850 kg; max. Startgewicht 4100 kg.
Bewaffnung: Acht Panzerabwehrlenkwaffen TOW plus Raketenwerfer für ungelenkte 70-mm-Raketen, verteilt auf vier Aufhängepunkte mit einer Tragkraft von je 300 kg.
Entwicklungsstand: Erstflug des Prototyps am 11. September 1983. Die italienische Luftwaffe hat bisher 30 von insgesamt 60 benötigten Mangustas bestellt. Der grösste Teil davon ist bereits geliefert worden.
Bemerkungen: 20 A129 sollen für den bewaffneten Begleitschutz speziell ausgerüstet werden. Sie erhalten ein 12,7-mm-Maschinengewehr in einem Turm unter der Rumpfnase sowie Luft-Luft-Lenkwaffen. Es ist im übrigen geplant, eine Aufklärungs- und Beobachtungsausführung mit einem sog. Mast-Sichtgerät zu entwickeln. Einer der Prototypen wurde 1988 zur Erprobung mit einem LHTEC-Triebwerk ausgerüstet. Eine Mehrzweckvariante A 139 befindet sich ebenfalls in Planung.
Hersteller: Costruzione Aeronautiche Giovanni Agusta SpA, Cascina Costa, Gallarate, Italien.

Abmessungen: Rotordurchmesser 11,90 m, Rumpflänge 12,27 m, Höhe inkl. Rotorkopf 3,35 m.

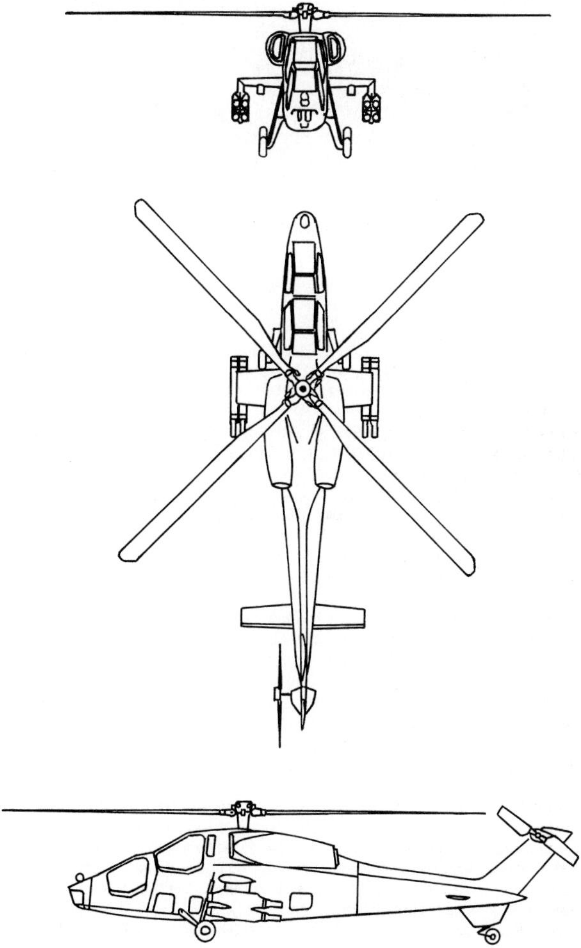

AIDS Ching-Kuo

Ursprungsland: Taiwan.
Kategorie: Einsitziger Luftüberlegenheitsjäger und zweisitziger Einsatztrainer und Marinekampfflugzeug.
Triebwerke: Zwei Mantelstromtriebwerke AlliedSignal F124 (Garrett TFE1042-7) mit 2186 kp (21,44 kN) Standschub ohne und 3783 kp (37,1 kN) mit Nachbrenner.
Leistungen: Bisher wurden keine Daten veröffentlicht. Die Höchstgeschwindigkeit auf Meereshöhe wird vermutlich etwa 1300 km/h betragen oder Mach 1,05 bzw. auf 10975 m 1700 km/h oder Mach 1,7. Anfangssteiggeschwindigkeit 250 m/Sek., Dienstgipfelhöhe 16760 m.
Gewichte: Max. Abfluggewicht 9072 kg.
Bewaffnung: Eine 20-mm-Revolverkanone intern und als Abfangjäger vier Kurzstrecken-Luft-Luft-Lenkwaffen Sky Sword I und zwei Mittelstrecken-Luft-Luft-Lenkwaffen Sky Sword II, bei Marineeinsätzen zwei Antischiffs-Lenkwaffen Hsiung Feng II. Max. Aussenlasten unter zwei Rumpfstationen, vier Stationen unter den Flügeln und zwei an den Flügelenden 4082 kg.
Entwicklungsstand: Der erste von vier Prototypen (drei Einsitzer und ein Doppelsitzer) flog am 28. Mai 1989. Bis Ende 1993 sind weitere zehn Vorserienmodelle abgeliefert worden. Eine erste Serie von 60 Maschinen wurde bereits aufgelegt mit Ablieferungen ab 1994. Am 6. Januar 1995 ist die erste Staffel mit 22 Ching-Kuo einsatzbereit erklärt worden. Der Gesamtbedarf der taiwanesischen Luftwaffe von ursprünglich 250 Maschinen wurde neu auf 130 Einheiten (102 Einsitzer und 28 Doppelsitzer) reduziert.
Bemerkungen: Genannt nach dem früheren Präsidenten der Republik Taiwan, Chiang Ching-Kuo, soll dieser Abfangjäger die heutigen Einsatzmuster F-5 und F-104 ablösen. Unter dem Namen Ying Yand (= Schwebender Adler) wurde die Zelle in enger Zusammenarbeit mit General Dynamics entwickelt. Das Triebwerk wird bei International Turbo Engine Company in Taiwan in Lizenz hergestellt. Eine Version mit stärkeren Triebwerken wird nicht gebaut werden.
Hersteller: Aero Industry Development Center, Taichung, Taiwan.

Abmessungen: Spannweite 9,00 m, Länge mit Sonde 14,48 m.

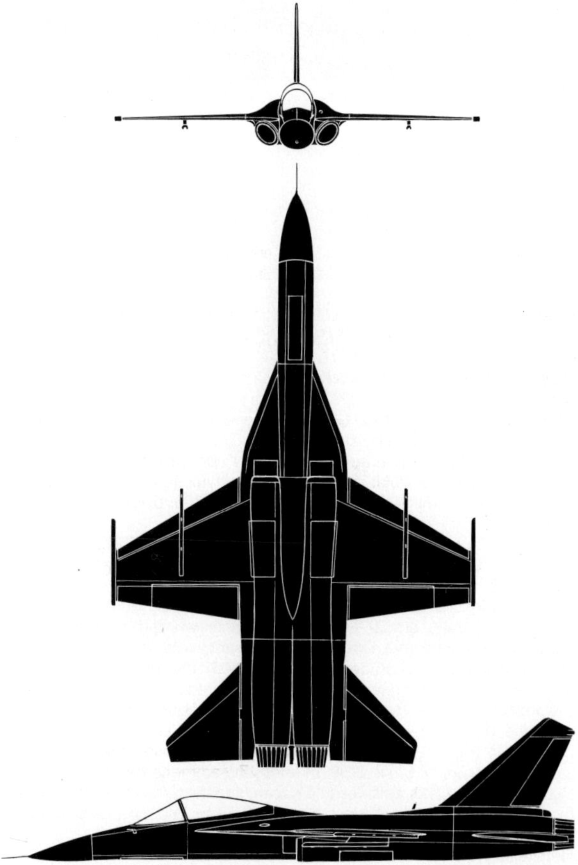

AIRBUS A300-600F

Ursprungsland: Europäisches Konsortium.
Kategorie: Frachtflugzeug.
Triebwerke: Zwei Mantelstromtriebwerke General Electric CF6-80C2 von je 27896 kp (273,5 kN) Standschub.
Leistungen: Max. Reisegeschwindigkeit 890 km/h auf 7620 m; Langstrecken-Reisegeschwindigkeit 875 km/h auf 9450 m; Dienstgipfelhöhe 12200 m; Reichweite bei max. Nutzlast 3520 km, max. Reichweite 4975 km.
Gewichte: Leergewicht 77947 kg; max. Startgewicht 170500 kg.
Zuladung: Zwei Mann Cockpitbesatzung und als Frachter bis zu 54780 kg Nutzlast.
Entwicklungsstand: Erstflug der ausschliesslich als Frachter vorgesehenen Ausführung am 27. April 1994. Bisher wurden 25 Maschinen durch die FedEx bestellt. Die Auslieferung hat bereits begonnen.
Bemerkungen: Obschon der Airbus A300-600 bereits seit vielen Jahren fliegt, ist eine entsprechende Frachterversion erst jetzt auf den Markt gekommen. Im Unterschied zur üblichen Passagierausführung (siehe Ausgabe 1992/93) besitzt das Frachtmodell einen verstärkten Kabinenboden, ein 9-g-Crashnetz, eine Frachtraum-Rauchmeldeanlage sowie ein zusätzliches, 2,57 x 3,58 m messendes Frachttor im vorderen Rumpfteil links. Dafür entfallen alle Kabinenfenster und die Kabinentüren bis auf zwei, sowie alle übrigen Systeme und Installationen der Passagierversion.
Hersteller: Airbus Industrie, Blagnac, Frankreich.

Abmessungen: Spannweite 44,84 m, Länge 54,08 m, Höhe 16,53 m, Flügelfläche 260,0 m^2.

AIRBUS A321

Ursprungsland: Europäisches Konsortium.
Kategorie: Kurz- und Mittelstrecken-Verkehrsflugzeug.
Triebwerke: Zwei Mantelstromtriebwerke CFM International CFM56-5B1 von je 13607 kp (133,4 kN) bzw. -5B2 von je 14060 kp (138 kN) oder zwei IAE V2530-A5 von je 14060 kp (138 kN) Standschub.
Leistungen: Max. Reisegeschwindigkeit 903 km/h auf 8535 m; ökonom. Reisegeschwindigkeit 828 km/h auf 11280 m; Reichweite mit max. Passagierzahl inkl. Reserven 4350 km.
Gewichte: Rüstgewicht 47500 kg; max. Startgewicht 83000 kg.
Zuladung: Zwei Mann Cockpitbesatzung und Mehrklassenbestuhlung für normalerweise 16 Erstklasspassagiere in Viererreihen und 170 Passagiere in Sechserreihen. Einheitsklassen-Innenausstattung für max. 220 Passagiere.
Entwicklungsstand: Das A321-Programm wurde am 24. November 1989 gestartet. Der Erstflug des ersten von vier Erprobungsmustern erfolgte am 11. März 1993. Am 27. Januar 1994 stellte die Lufthansa die erste A321 in Dienst. Bis Ende 1994 waren 131 Einheiten von 13 Gesellschaften bestellt, darunter auch von Lufthansa, Swissair und AUA. Vom Ausgangsmuster A320 (siehe Ausgabe 1991/92) gingen bisher Aufträge für rund 671 Maschinen ein. Im Gegensatz zu allen anderen Mustern von Airbus, die in Frankreich endmontiert werden, erfolgt die Produktion der A321 in Hamburg-Finkenwerder, BRD.
Bemerkungen: Die A321 ist die erste Weiterentwicklung der A320. Der Rumpf ist um je ein Einsatzelement von 4,27 m vor und hinter dem Flügel verlängert worden und fasst dadurch 36 Passagiere mehr in Sechserreihen. Ausser einem wegen des höheren Abfluggewichts verstärkten Fahrwerks und leistungsfähigeren Triebwerken wurden die Aenderungen gegenüber dem Grundmuster A320 bewusst auf ein Minimum beschränkt. Bereits wird an einer schweren Ausführung gearbeitet, welche dank leistungsfähigeren Triebwerken und auf bis zu 89000 kg erhöhtem Abfluggewicht Reichweiten bis zu 6400 km zulässt.
Hersteller: Airbus Industrie, Blagnac, Frankreich bzw. Werk Hamburg-Finkenwerder, BRD.

Abmessungen: Spannweite 34,09 m, Länge 44,50 m, Höhe 11,80 m, Flügelfläche 123 m².

AIRBUS A319

Ursprungsland: Europäisches Konsortium.
Kategorie: Kurz- und Mittelstrecken-Verkehrsflugzeug.
Triebwerke: Zwei Mantelstromtriebwerke CFM International CFM56-5A4/-5B5 von je 10160 kp (99,7 kN) Standschub oder zwei IAE V2522-A5 mit gleicher Leistung. Weitere Triebwerksvarianten mit grösserer Leistung als Option.
Leistungen (geschätzt): Max. Reisegeschwindigkeit 900 km/h auf 10050 m, normale Reisegeschwindigkeit 825 km/h auf 11280 m; Reichweite mit max. Nutzlast 2510 km, max. Reichweite 7700 km.
Gewichte: Rüstgewicht 39200 kg; max. Startgewicht 64000 kg, als Option 68000 kg.
Zuladung: Zwei Mann Cockpitbesatzung und je nach Innenausstattung bis zu 153 Passagiere in Sechserreihen, normalerweise aber 124 Passagiere in zwei Klassen. Max. Nutzlast 17390 kg.
Entwicklungsstand: Die erste A319 soll Mitte 1995 die Flugerprobung aufnehmen. Die Indienststellung ist für das zweite Quartal 1996 vorgesehen. Bis Ende 1994 sind 51 Einheiten bestellt worden, darunter Air Canada (25 + 10 Optionen), Air Inter (9 + 9 Optionen), Swissair (5).
Bemerkungen: Die A319 ist die bisher kleinste Version der A320-Familie und soll vorwiegend die Bedürfnisse des Kurzsteckenverkehrs abdecken. Ausser einem kürzeren Rumpf, leistungsreduzierten Triebwerken und geringeren Gewichten fügt sie sich nahtlos in das modulare Konstruktionsprinzip von A320 und A321 ein. Zurzeit werden zwei Ausführungen mit unterschiedlichem Abfluggewicht und Reichweitenleistungen angeboten. Auch eine Geschäftsreiseversion soll nächstens ins Programm aufgenommen werden.
Hersteller: Airbus Industrie, Blagnac, Frankreich bzw. Werk Hamburg-Finkenwerder, BRD.

Abmessungen: Spannweite 34,09 m, Länge 33,84 m, Höhe 11,80 m, Flügelfläche 123 m².

AIRBUS A330

Ursprungsland: Europäisches Konsortium.
Kategorie: Mittel- bis Langstrecken-Verkehrsflugzeug.
Triebwerke: Zwei Mantelstromtriebwerke General Electric CF6-80E, Pratt & Whitney PW4168 oder Rolls-Royce Trent von zwischen 28500 bis 32700 kp Standschub.
Leistungen: Max. Reisegeschwindigkeit 880 km/h auf 10060 m; ökonom. Reisegeschwindigkeit 861 km/h auf 11890 m; Dienstgipfelhöhe 12500 m; Reichweite mit 335 Passagieren 8800 km, bei höherem Abfluggewicht (Option) 9800 km.
Gewichte: Rüstgewicht 118000 kg; max. Startgewicht (Normalversion) 212000 kg, (Version mit auf Wunsch erhöhtem Abfluggewicht) 223000 kg.
Zuladung: Zwei Mann Cockpitbesatzung und bei üblicher Zweiklassenbestuhlung 30 Passagiere in der Ersten- und 305 in der Touristenklasse in Sechser- bzw. Achterreihen mit zwei Mittelgängen. Max. 440 Passagiere in Neunerreihen. Max. Nutzlast als Frachter 44255 kg.
Entwicklungsstand: Der Erstflug des Prototyps erfolgte im Oktober 1992. Die Auslieferungen begannen Ende 1993 (an Air Inter). Unter Berücksichtigung einiger Annullationen sank die Zahl der Bestellungen Ende 1994 auf 118 Einheiten.
Bemerkungen: Die A330 verfügt über den gleichen bewährten Rumpfquerschnitt wie die anderen Modelle der A300-Familie (A300, A310 und A340). Der Rumpf ist gegenüber der Ursprungsausführung A300 wesentlich länger und entspricht jenem der A340-300. Mit der A340 gemeinsam sind auch der völlig neu konstruierte Flügel, das Seitenleitwerk, die Cockpitauslegung sowie alle übrigen Systeme. Bereits wird an Weiterentwicklungen der A330 gearbeitet. Zuerst soll das max. Abfluggewicht auf rund 230 t gesteigert werden (A330-300X), danach folgt eine Variante mit einem auf rund 70 m gestreckten Rumpf (A330-400X) und dafür verkürzter max. Reichweite. Diese Version ist hauptsächlich für den asiatischen Raum gedacht.
Hersteller: Airbus Industrie, Blagnac, Frankreich.

Abmessungen: Spannweite 60,30 m, Länge 63,70 m, Höhe 16,83 m, Flügelfläche 363,10 m².

AIRBUS A340

Ursprungsland: Europäisches Konsortium.
Kategorie: Langstrecken-Verkehrsflugzeug.
Triebwerke: Vier Mantelstromtriebwerke CFM International CFM56-5C2 von je 14152 kp (138,8 kN) oder CFM56-5C3 von je 14765 kp (145 kN) Standschub.
Leistungen (-300): Max. Reisegeschwindigkeit 914 km/h auf 10060 m; ökonom. Reisegeschwindigkeit 880 km/h auf 11890 m; Dienstgipfelhöhe 12500 m; Reichweite mit 295 Passagieren 12500 km, mit erhöhtem max. Abfluggewicht 13200 km.
Gewichte (-300): Rüstgewicht 126100 kg; max. Startgewicht 257000 kg.
Zuladung: Zwei Mann Cockpitbesatzung und in einer Dreiklassenbestuhlung 18 Erstklasse-, 81 Businessklasse- und 196 Touristklassepassagiere. Max. 440 Passagiere, max. Nutzlast (-300) 47127 kg.
Entwicklungsstand: Die A340 wurde zusammen mit der Version A330 lanciert und wird vorerst in den zwei Varianten -200 und -300 angeboten. Das erste Muster (A340-300) begann die Flugerprobung am 25. Oktober 1991, gefolgt vom zweiten Prototypen (A340-200) am 3. Februar 1992. Erste Auslieferungen an Kunden im zweiten Quartal 1993. Bis Dezember 1994 waren 138 Einheiten bestellt.
Bemerkungen: Obwohl für eher unterschiedliche, sich ergänzende Einsatzdoktrinen vorgesehen, haben die vierstrahlige A340 und die zweistrahlige A330 konstruktiv viele Gemeinsamkeiten. So sind Flügel, Cockpit, Heck sowie Rumpf bei beiden Modellen gleich. Einziger wesentlicher Unterschied ist die Zahl der Triebwerke und der damit zusammenhängenden Systeme. Die A340-200 ist die Ultra-Langstreckenversion, während die A340-300 dank des auf 63,66 m verlängerten Rumpfes mehr Passagiere zulasten der Reichweite transportieren kann. Die A340-300 Combi wird sechs Frachtpaletten und 194 Passagiere in Dreiklassenbestuhlung aufnehmen. Weiter sind geplant: Eine für relativ kurze Strecken verlängerte Variante mit einem zusätzlichen Unterdeck anstelle des Frachtraumes für gegen 500 Passagiere, sowie eine Langstrecken-Ausführung A340-800.
Hersteller: Airbus Industrie, Blagnac, Frankreich.

Abmessungen (-200): Spannweite inkl. Winglets 60,30 m, Länge 59,39 m, Höhe 16,74 m, Flügelfläche 363,10 m².

AIRBUS SUPER TRANSPORTER

Ursprungsland: Europäisches Konsortium.
Kategorie: Frachtflugzeug für den Transport von übergrossen Teilen.
Triebwerke: Zwei Mantelstromtriebwerke General Electric CF6-80C2A8 von je 26762 kp (262,4 kN) Standschub.
Leistungen (geschätzt): Max. Reisegeschwindigkeit 780 km/h; Dienstgipfelhöhe 11180 m; Reichweite bei max. Nutzlast 1700 km.
Gewichte: Max. Startgewicht 150000 kg.
Zuladung: Zwei Mann Cockpitbesatzung und im Frachtraum mit einer Länge von 37,70 m und einem Durchmesser von 7,40 m eine Nutzlast von max. 45500 kg.
Entwicklungsstand: Erstflug des ersten Modells am 13. September 1994. Vorläufig sind vier Maschinen für Airbus bestellt, die ab September 1995 in einer Kadenz von jährlich einem Exemplar abgeliefert werden.
Bemerkungen: Der Super Transporter basiert auf dem Grundmodell Airbus A300-600R, wobei der Rumpf völlig neu konzipiert ist. Mit dieser Ausführung soll die alternde Flotte der bisher verwendeten Super Guppies zum Transport der diversen Airbusteile zwischen den einzelnen Werken in Europa ersetzt werden. Zusätzlich wird der Super Transporter aber auch Dritten zum Kauf angeboten. Das Kabinenvolumen beträgt 1400 m^3. Der Rumpfdurchmesser von 7,40 m ist im Flugzeugbau bisher unerreicht. Der Super Transporter ist beispielsweise in der Lage, zwei Hubschrauber des Typs CH-53E ohne jegliche Demontage zu transportieren. Zum Ein- und Ausladen kann der gesamte vordere Teil oberhalb des Cockpits nach oben geschwenkt werden.
Hersteller: Airbus Industrie und SATIC, Blagnac, Frankreich.

Abmessungen: Spannweite 44,84 m, Länge 56,16 m, Höhe 17,25 m, Flügelfläche 260,00 m².

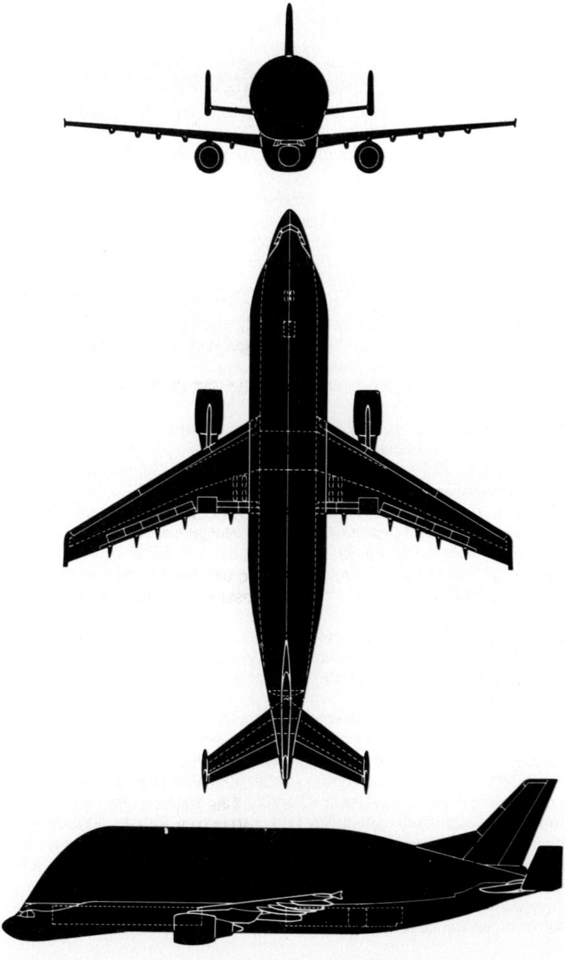

AIRTECH (CASA/IPTN) CN-235-200

Ursprungsland: Spanien und Indonesien.
Kategorie: Regionalverkehrsflugzeug und Mehrzwecktransporter, bzw. Militärfrachter und Marine-Patrouillenflugzeug.
Triebwerke: Zwei Propellerturbinen General Electric CT7-9C von je 1750 WPS (1305 kW) Leistung.
Leistungen (CN-235-100): Max. Reisegeschwindigkeit 460 km/h auf 4575 m; max. Anfangssteiggeschwindigkeit 7,75 m/Sek; Dienstgipfelhöhe 8110 m; Reichweite mit max. Nutzlast und 45 Min. Reserven 834 km, mit 2400 kg und max. Treibstoffzuladung 3910 km.
Gewichte: Normales Rüstgewicht 9800 kg (CN-235M: 8600 kg); max. Startgewicht 15600 kg (CN-235M: 15100 kg).
Zuladung: Zwei Piloten und Standard-Innenausstattung für 40 oder 44 Passagiere in Viererreihen bzw. Nutzlast von 4000 kg, in der Kombiversion CN-235QC 18 Passagiere und zwei LD-3-Container. Als Militärtransporter (CN-235M) 53 Soldaten oder 46 Fallschirmjäger bzw. bis zu 6000 kg Fracht.
Entwicklungsstand: Der erste Prototyp flog erstmals am 11. November 1983 in Spanien, der zweite am 31. Dezember 1983 in Indonesien. Beginn der Kundenablieferungen (an Merpati-Nusantara) am 15. Dezember 1986. Bis Dezember 1994 waren von der zivilen Version 126 und von der militärischen Variante 167 Einheiten, bestellt: Abu Dhabi (7), Botswana (2), Brunei (3), Chile (4), Ecuador (2), Frankreich (8), Gabon (1), Indonesien (24), Irland (3), Malaysia (6), Marokko (7), Oman (3), Panama (1), Papua NeuGuinea (2), Saudi Arabien (4), Spanien (26), Südkorea (12) und Türkei (52, Lizenzbau).
Bemerkungen: Die CN-235 wird in Gemeinschaftsarbeit zwischen der spanischen CASA und der indonesischen IPTN auf der Basis 50:50 gebaut, wobei die einzelnen Bestandteile jeweils nur von einem Partner hergestellt werden, die Endmontage aber in beiden Werken erfolgt. Eine ASW/Marine-Patrouillenversion CN-235MPA (siehe Foto) mit einem 360°-Suchradar fliegt seit 1991 und wurde von Brunei, Indonesien, Irland, Spanien und Türkei bestellt. Sie besitzt sogar die Möglichkeit, bis zu zwei Antischiffs-Lenkwaffen AM-39 Exocet oder zwei Torpedos Mk. 46 mitzuführen.
Hersteller: Airtech, Aircraft Technology Industries, Madrid, Spanien bzw. Werke in Sevilla, Spanien und Bandung, Indonesien.

Abmessungen: Spannweite 25,81 m, Länge 21,35 m, Höhe 8,18 m, Flügelfläche 59,10 m².

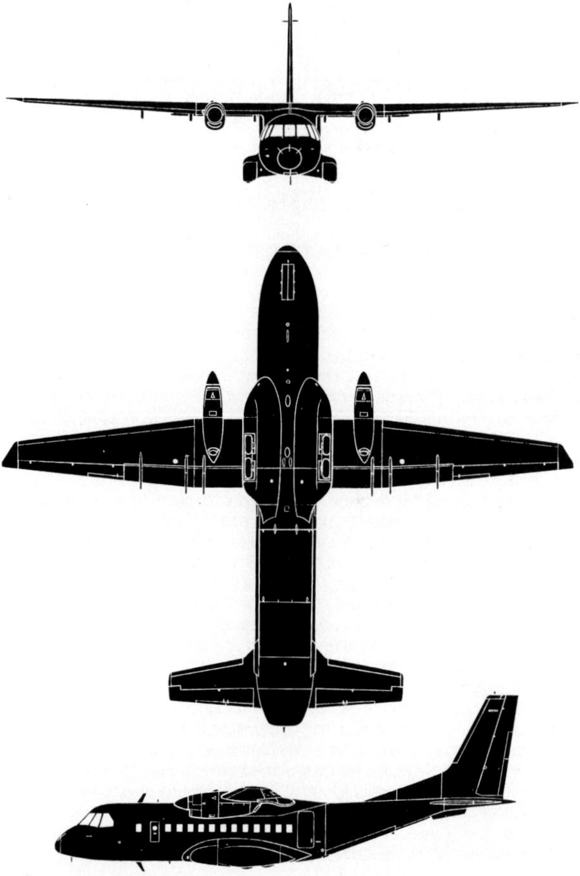

ALENIA C-27A (G.222) SPARTAN

Ursprungsland: Italien.
Kategorie: Militärischer Mehrzweck-STOL-Transporter.
Triebwerke: Zwei Propellerturbinen General Electric (Lizenz Fiat) von je 3400 WPS (2535 kW) Leistung.
Leistungen (bei 28000 kg): Höchstgeschwindigkeit 540 km/h auf 4575 m, Langstrecken-Reisegeschwindigkeit 439 km/h auf 6000 m; Anfangssteiggeschwindigkeit 8,66 m/Sek; Zeit um 4500 m zu erreichen 86 Min; Dienstgipfelhöhe 7620 m; Reichweite bei max. Nutzlast 1371 km, mit 54 Personen 2409 km; Überführungsreichweite 4633 km.
Gewichte: Leer 14590 kg; max. Startgewicht 28000 kg.
Zuladung: Normalerweise vier Mann Cockpitbesatzung (zwei Piloten, Flugingenieur/Radio Operator und Lademeister) und bis zu 9000 kg Fracht. Fünf Paletten von je bis zu 1000 kg können aus der Luft abgesetzt werden. Als Truppentransporter 53 voll ausgerüstete Soldaten, 42 Fallschirmjäger oder 36 Verwundete auf Bahren und vier Pfleger.
Entwicklungsstand: Die Produktion wurde 1991 wieder aufgenommen, nachdem ein Auftrag von mindestens 10 Einheiten (+ Optionen) als C-27A von der USAF erteilt wurde. In der Zwischenzeit hat auch Thailand sechs Exemplare bestellt.
Bemerkungen: Die G.222 wurde zur Siegerin im Wettbewerb der USAF für einen druckbelüfteten Mittelstreckentransporter für Einsätze in Panama und Südamerika erklärt. Ihre Hauptaufgabe ist die Verlegung von Einheiten in abgelegene Gebiete, welche dank der STOL-Fähigkeiten trotz kurzer Naturpisten bedient werden können. Die US-Version verfügt über verbesserte Navigations- und Kommunikationssysteme. Diese werden von Chrysler Technologies Airborne System (CTAS) in den USA eingebaut.
Hersteller: Alenia (ex. Aeritalia), Rom, Italien.

Abmessungen: Spannweite 28,70 m, Länge 22,70 m, Höhe 9,80 m, Flügelfläche 82,00 m².

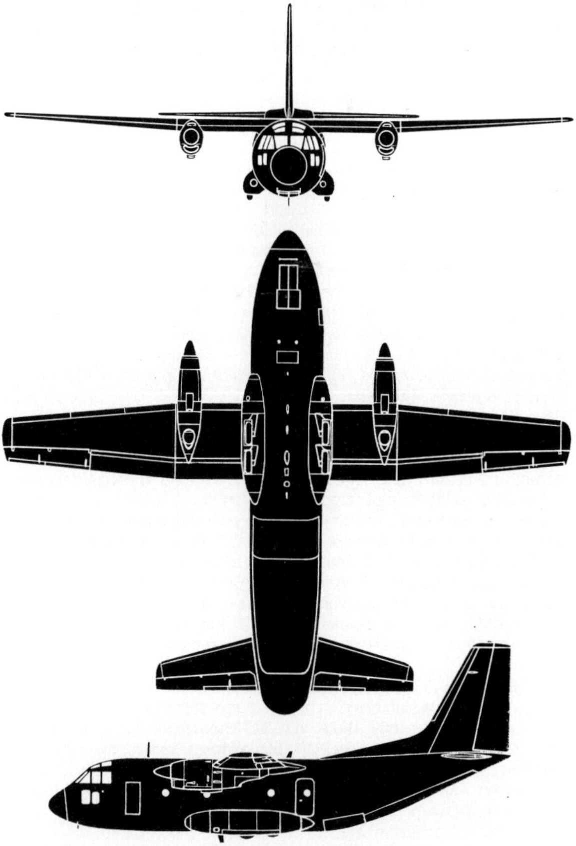

AMX INTERNATIONAL AMX

Ursprungsland: Italien und Brasilien.
Kategorie: Einsitziges Erdkampfflugzeug und doppelsitziger Einsatztrainer und Marinekampfflugzeug.
Triebwerke: Ein Mantelstromtriebwerk Rolls-Royce Spey Mk.807 von 5000 kp (49,1 kN) Standschub.
Leistungen: Höchstgeschwindigkeit bei einem Fluggewicht von 10750 kg 913 km/h oder Mach 0,86 auf 10975 m; max. Anfangssteiggeschwindigkeit 52 m/Sek; Einsatzradius (Einsatzprofil hoch-tief-hoch, 5 Min. Luftkampf und 10 % Reserven) 520 km mit 2720 kg Waffenlasten, oder 890 km mit 907 kg Waffenlasten; Überführungsreichweite mit Zusatztanks 3336 km.
Gewichte: Rüstgewicht 6700 kg; typisches Startgewicht 10750 kg; max. Startgewicht 13000 kg.
Bewaffnung: Eine 20-mm-Revolverkanone M61A1 (Italien), bzw. zwei 30-mm-Kanonen DEFA 553 (Brasilien). Zwei Luft-Luft-Lenkwaffen AIM-9L (oder ähnliche) an den Flügelspitzen, plus maximal 3800 kg Aussenlasten, verteilt unter fünf Aufhängepunkte. Auch zwei Antischiffslenkwaffen AM39 Exocet können mitgeführt werden.
Entwicklungsstand: Erstflug des ersten von insgesamt sieben Prototypen am 15. Mai 1984. Zwei davon sind in Brasilien gebaut worden. Das erste italienische Serienflugzeug flog am 11. Mai 1988, gefolgt vom ersten brasilianischen am 12. August 1989. Der erste von zwei Prototypen der Doppelsitzer-Ausführung AMX-T nahm die Flugerprobung am 14. März 1990 auf. Geplant sind 228 Ein- und Doppelsitzer (135 für Italien, 93 für Brasilien). Bisher sind rund 140 Einheiten gebaut worden.
Bemerkungen: Zurzeit prüft das Konsortium, Ausführungen mit stärkeren Triebwerken anzubieten. Im Vordergrund stehen dabei neben dem leistungsfähigeren Spey 807A die US-Triebwerke General Electric GE F404 oder Pratt & Whitney PW1150. In dieser Form ist die AMX Chile und Peru angeboten worden. Bisher ging aber kein Auftrag ein.
Hersteller: AMX International, London (GB). Mitgliedfirmen: Alenia, Turin, und Aermacchi SpA, Varese, Italien, sowie EMBRAER, Sao José dos Campos, Brasilien.

Abmessungen: Spannweite 8,87 m, Länge 13,57 m, Höhe 4,58 m, Flügelfläche 21,00 m².

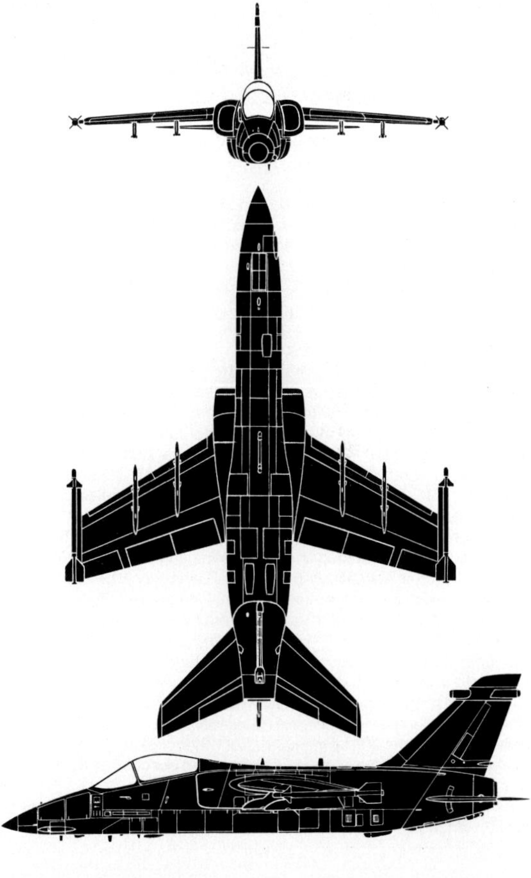

ANTONOW AN-38

Ursprungsland: Ukraine.
Kategorie: Regionalverkehrsflugzeug und Mehrzwecktransporter.
Triebwerke: Zwei Propellerturbinen AlliedSignal Garrett TPE331-14GR-801 von je 1500 WPS (1118 kW) oder Omsk TVD-20 von etwa gleicher Leistung.
Leistungen (geschätzt): Normale Reisegeschwindigkeit 380 km/h; Reichweite mit 26 Passagieren und 45 Min. Reserven 600 km; max. Reichweite 2200 km.
Gewichte: Max. Startgewicht 8800 kg.
Zuladung: Zwei Piloten und je nach Inneneinrichtung bis zu 26 Passagiere in Dreierreihen. Als Frachter max. Nutzlast von 2500 kg.
Entwicklungsstand: Der Erstflug des mit TPE331-Triebwerken ausgestatteten Prototyps der An-38 erfolgte am 22. Juni 1994. Die Indienststellung wird für Mitte 1995 erwartet. Antonow hofft, 1995 bereits 10 Maschinen herstellen und die Produktion bis 1997 auf 50 An-38 jährlich steigern zu können. Offenbar sollen bereits Bestellungen bzw. Kaufsabsichten für über 100 Maschinen vorliegen.
Bemerkungen: Die An-38 ist eine verlängerte und mit neuen Triebwerken ausgestattete Variante der An-28 (siehe Ausgabe 1984/85 und Foto). Diese wurde noch in sowjetisch-polnischer Zusammenarbeit entwickelt. Der Prototyp des Ursprungsmusters An-28 nahm die Flugerprobung bereits 1972 in der Sowjetunion auf, die Produktion wurde dann aber auf PZL Mielec übertragen. An-28 wie An-38 sind sehr einfach und robust konstruierte Modelle und besonders geeignet für den Einsatz in entlegenen Gebieten. Nebst Passagiertransport sind sie auch für Fracht-, Sanitäts- und Überwachungsaufgaben einsetzbar. Zur besseren Be- und Entladung verfügen beide über eine Heckladerampe. Die für den Export vorgesehene Variante mit amerikanischen Triebwerken ist zudem mit westlicher Avionik ausgerüstet und soll zu einem besonders konkurrenzfähigen Preis angeboten werden.
Hersteller: OKB Oleg K. Antonow, Kiew, Ukraine bzw. Novosibirsk Aircraft Production Association, Chkalow, Ukraine.

Abmessungen: Spannweite 22,06 m, Länge 15,67 m, Höhe 4,30 m.

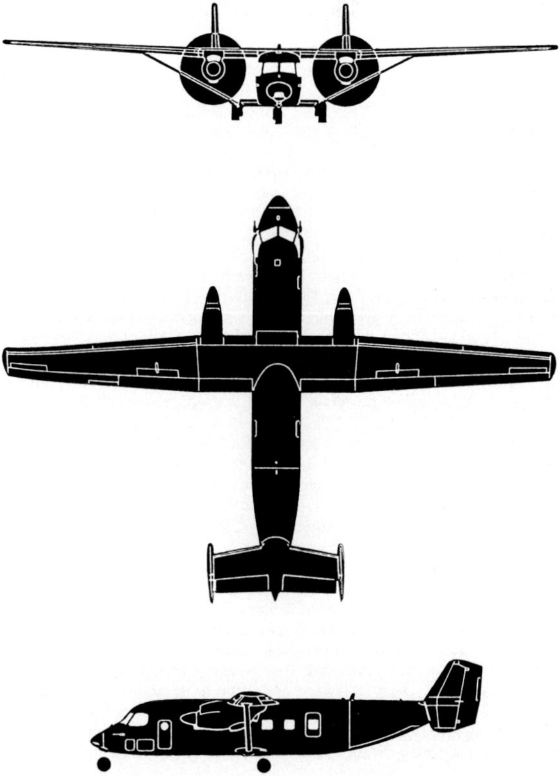

ANTONOW AN-72P

Ursprungsland: Ukraine.
Kategorie: Kurz- bis Mittelstrecken-Marine-Patrouillenflugzeug (An-72P) bzw. ziviler und militärischer STOL-Transporter (An-72).
Triebwerke: Zwei Mantelstromtriebwerke ZMKB Loratew D-36 von je 6500 kp (63,7 kN) bzw. zwei D-436K (An-72A) von je 7500 kp (73,5 kN) Standschub.
Leistungen (mit D-36-Triebwerken): Höchstgeschwindigkeit 705 km/h; normale Reisegeschwindigkeit 550 km/h auf 8000 bis 10000 m; Dienstgipfelhöhe 10000 m; Reichweite mit 10000 kg Nutzlast 1150 km, mit 1500 kg Nutzlast 4200 km; max. Patrouillendauer 7 Std.
Gewichte: Max. Startgewicht 34500 kg.
Zuladung (An-72P): Fünf Mann Besatzung, davon Pilot und Copilot/ Navigator im Cockpit und drei Systemoperateure im Frachtraum; (An-72): Klappsitze entlang der Kabinenwände für 68 Personen oder 57 Fallschirmspringer. Als Sanitätsflugzeug max. 24 Bahren, 12 sitzende Verletzte und ein Pfleger.
Bewaffnung: Ein 23-mm-GSh-23L-Kanonenbehälter, ein Behälter zum Abwurf von Wärmefackeln sowie vier Aufhängepunkte unter dem Flügel für Bomben oder für UB-32M-Raketen.
Entwicklungsstand: Der erste von zwei Prototypen der Ursprungsversion An-72 (Coaler-A) flog am 22. Dezember 1977. Acht erheblich modifizierte Vorserienexemplare (Coaler-C) folgten 1985; zwei davon sind unter der Bezeichnung An-74 (Coaler-B) für Einsätze in der Arktis und Antarktis ausgelegt. Von der Version An-72P soll Russland 38 Exemplare bestellt haben.
Bemerkungen: Die An-72 macht sich den sog. «Coanda-Effekt» zunutze, wobei die Triebwerkabgase die Flügeloberseite überströmen und damit den Auftrieb beträchtlich erhöhen. Dieser zusammen mit einem wirkungsvollen Klappensystem verhelfen der An-72 zu bemerkenswerten Kurzstart- und Landeeigenschaften. Eine verbesserte Marine-Patrouillenversion der An-72P wurde von Antonow in Zusammenarbeit mit Israel Aircraft Industries (IAI) entwickelt. Sie ist ausgerüstet mit einem Elta EL/M 2022A-Seeüberwachungssystem, Elop Langstrecken-Tag-/ Nacht-Beobachtungssystem sowie einer Reihe von Bewaffnungsoptionen.
Hersteller: OKB Oleg K. Antonow, Kiew, Werk Omsk, Ukraine.

Abmessungen: Spannweite 31,89 m, Länge 26,07 m, Höhe 8,65 m, Flügelfläche 98,62 m².

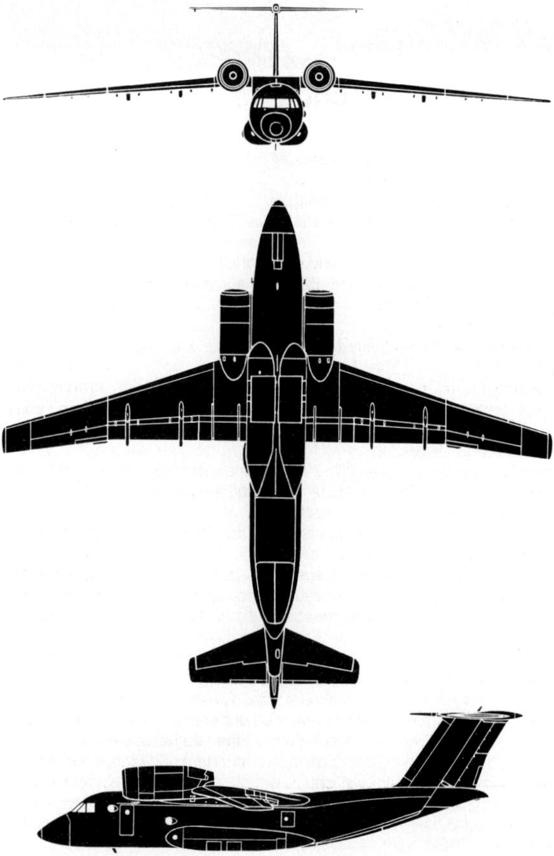

ANTONOW AN-70

Ursprungsland: Ukraine.
Kategorie: Militärischer und ziviler Mittel- und Langstreckenfrachter.
Triebwerke: Vier gegenläufige Propellerturbinen Progress D-27 von je 13800 WPS (10290 kW) Leistung.
Leistungen (geschätzt): Normale Reisegeschwindigkeit 750 km/h auf 9600 m; Reichweite mit maximaler Nutzlast 5000 km, bei erhöhtem Abfluggewicht sogar 5530 km.
Gewichte: Normales Startgewicht 112000 kg; max. Startgewicht 123000 kg.
Zuladung: Drei Mann Cockpitbesatzung und max. Nutzlast 30 Tonnen in einem druckbelüfteten Frachtraum von 18,60 m Länge, 4,00 m Breite sowie 4,10 m Höhe.
Entwicklungsstand: Der erste Prototyp wurde erstmals am 20. Januar 1995 aus der Montagehalle gerollt. Aus Geldmangel konnte aber die Flugerprobung erst am 16. Dezember 1995 aufgenommen werden. Bisher sind keine Bestellungen eingegangen, obwohl laut Hersteller von der russischen wie auch von der ukrainischen Luftwaffe Kaufsabsichten für eine grosse Anzahl von An-70 vorlägen.
Bemerkungen: Die An-70 wurde noch von der früheren UdSSR als Ersatz der An-12 bei der Luftwaffe wie bei der Aeroflot in Auftrag gegeben. Trotz der neuen politischen Lage, setzt das nun ukrainische Flugzeugwerk die Entwicklung fort und bietet die An-70 als zivilen und militärischen Frachter an. Bei der Konstruktion hat Antonow besonders auf niedrige Betriebskosten und hohe Zuverlässigkeit geachtet. Dank Verwendung von vielen Verbundwerkstoffen wird eine lange Lebensdauer angestrebt. Das interessanteste Konstruktionsteil sind die Triebwerke, welche in dieser Form erstmals in einem Serienflugzeug Verwendung finden. Die gegenläufigen Propeller haben vorn acht und hinten sechs Blätter. Die An-70 soll in der Lage sein, bei max. Abfluggewicht nach 1500 m abzuheben. Zurzeit wird unter der Bezeichnung An-77 eine Variante mit teilweise westlicher Ausrüstung in Betracht gezogen.
Hersteller: OKB Oleg K. Antonow, Kiew, Ukraine.

Abmessungen (geschätzt): Spannweite 44,06 m, Länge 40,25 m, Höhe 16,10 m.

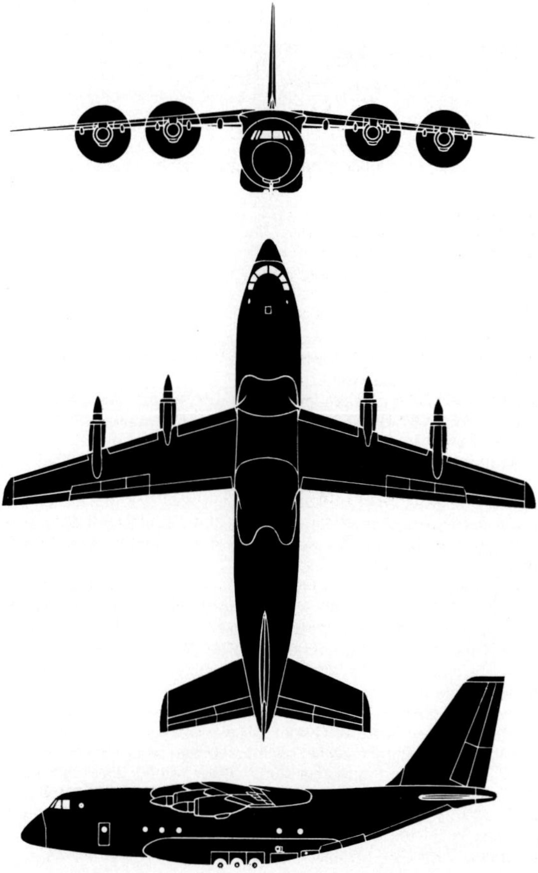

ANTONOW AN-124 RUSLAN

Ursprungsland: Ukraine.
Kategorie: Schwerer strategischer Transporter und ziviler Frachter.
Triebwerke: Vier Mantelstromtriebwerke ZMKB Progress D-18T von je 23430 kp (230 kN) Standschub.
Leistungen: Max. Reisegeschwindigkeit 865 km/h; normale Reisegeschwindigkeit 800 bis 850 km/h auf 10000 m; Reichweite mit einer Nutzlast von 120000 kg 4500 km; max. Reichweite 16500 km.
Gewichte: Rüstgewicht 172000 kg; max. Startgewicht 405000 kg.
Zuladung: Sechs Mann Besatzung. Hinter dem Cockpit befindet sich eine Kabine für 88 Personen, einschliesslich der Ersatzmannschaft. Der eigentliche Frachtraum (43,45 m lang, 6,68 m breit und 4,40 m hoch) vermag besonders sperrige und schwere zivile wie militärische Güter zu befördern. Max. Nutzlast 150000 kg.
Entwicklungsstand: Erstflug des ersten von drei Prototypen am 26. Dezember 1982. Beginn der Serienherstellung im Laufe von 1984. Bis Ende 1994 sind etwa 55 Einheiten hergestellt worden. Davon ging rund die Hälfte an die ex. sowjetische Luftwaffe. Weitere Exemplare wurden von zivilen Fluggesellschaften geordert, darunter Wolga-Dnepr 6.
Bemerkungen: Bis zum Erscheinen der An-225 (siehe Ausgabe 1991/92) war die An-124 das grösste und schwerste Flugzeug der Welt. Die Ruslan ist so konzipiert, dass sie gleichzeitig von vorn über den hochklappbaren Rumpfbug als auch von hinten beladen werden kann. Sie ist in der Lage auf unvorbereiteten Pisten wie auch auf hartgefrorenem Schnee zu operieren. Zurzeit wird geprüft, einige An-124 mit Rolls Royce RB-211-524G-Triebwerken auszustatten. Ein Entscheid steht noch aus.
Hersteller: OKB Oleg K. Antonow, Kiew, Werk Uljanowsk, Ukraine.

Abmessungen: Spannweite 73,30 m, Länge 69,10 m, Höhe 20,78 m, Flügelfläche 628 m^2.

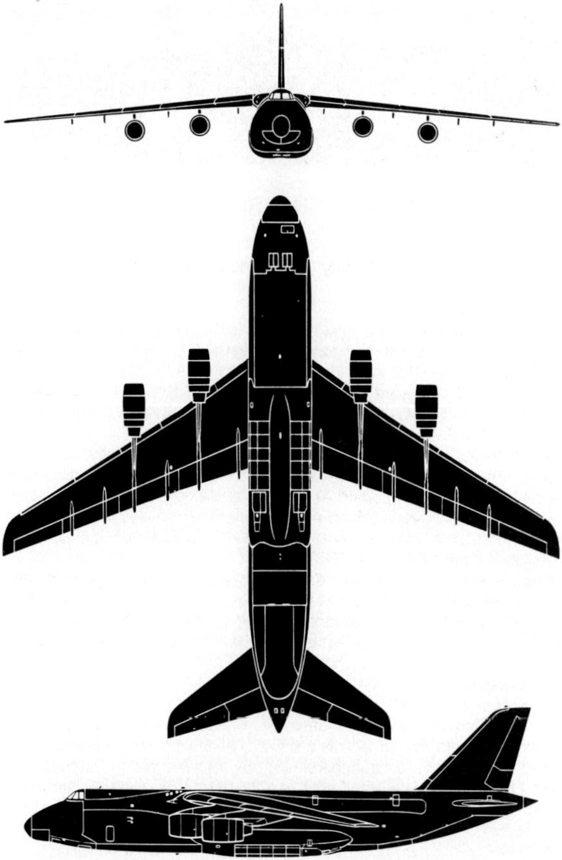

ATLAS CSH-2 ROOIVALK

Ursprungsland: Südafrika.
Kategorie: Zweisitziger Kampf- und Begleithubschrauber.
Triebwerke: Zwei Gasturbinen Topaz (Weiterentwicklung der Turboméca Makila) von je 2000 WPS (1492 kW) Leistung.
Leistungen: Höchstgeschwindigkeit 309 km/h; Marschgeschwindigkeit 278 km/h; max. Schrägsteiggeschwindigkeit 11,17 m/Sek; Schwebehöhe mit Bodeneffekt 5550 m; ohne Bodeneffekt 5030 m; max. Reichweite 700 km, mit Zusatztanks 1260 km; max. Flugdauer 3 Std. 30 Min.
Gewichte: Leergewicht 5910 kg; norm. Startgewicht 7500 kg, max. Startgewicht 8750 kg.
Bewaffnung: Eine 20-mm-Kanone GAF-1 in einem separaten Drehturm vorne unter dem Rumpf für bis zu 700 Schuss. An den Stummelflügeln seitlich am Rumpf acht oder 16 Panzerabwehrlenkwaffen unterschiedlichen Typs, vier Luft-Luft-Lenkwaffen V3B Kukri zur Selbstverteidigung oder 44 bis 88 ungelenkte 68-mm-Raketen in Behältern.
Entwicklungsstand: Der erste von zwei Prototypen nahm die Flugerprobung am 11. Februar 1990 auf. Die südafrikanische Luftwaffe hat bisher 16 Maschinen bestellt.
Bemerkungen: Die Rooivalk ist von der SA330 Puma abgeleitet und übernimmt mit Ausnahme der Triebwerksanordnung deren dynamische Komponenten. Rumpf, Waffensystem und Elektronik sind aber weitgehend Eigenentwicklungen. In seiner Auslegung orientiert sich die CSH-2 an den bekannten Vorbildern von Kampfhubschraubern. Die Elektronik ist besonders ausgefeilt: Ein Mil-Std.-1553B-Datenbus verbindet die einzelnen Systeme und die Navigation basiert auf einem Doppler-System inkl. GPS. Atlas bemüht sich zurzeit um einen Auftrag von der britischen Armee und hat dafür eine Variante mit RTM322-Triebwerken und weitgehend britischer Elektronik angeboten.
Hersteller: Atlas Aircraft Corporation, Kempton Park, Transvaal, Südafrika.

Abmessungen: Rotordurchmesser 15,58 m, Rumpflänge inkl. Heckrotor 16,65 m, Höhe inkl. Rotorkopf 5,19 m.

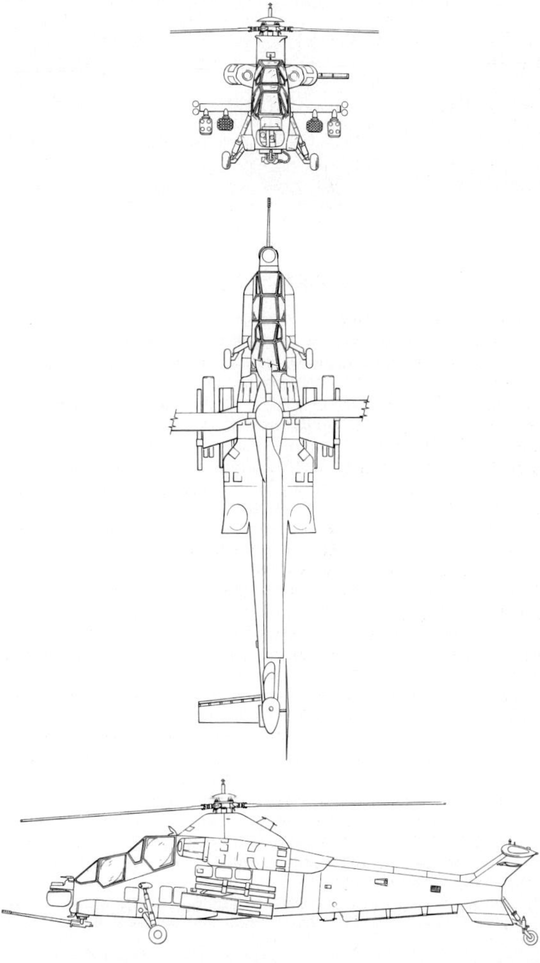

ATR (AEROSPATIALE/ALENIA) 72-210/42-500

Ursprungsland: Frankreich und Italien.
Kategorie: Regionalverkehrsflugzeug.
Triebwerke: Zwei Propellerturbinen Pratt & Whitney Canada (72-210) PW127 von 2760 WPS (2060 kW) reduziert auf 2480 WPS (1850 kW) Leistung bzw. (42-500) PW127E von 2500 WPS (1850 kW) Leistung.
Leistungen (72-210): Max. Reisegeschwindigkeit 530 km/h auf 7620 m; ökonom. Reisegeschwindigkeit 460 km/h auf 7620 m; Reichweite bei 21500 kg Gewicht 1195 km, mit 66 Passagieren 2666 km und ohne Nutzlast 4389 km.
Gewichte (72-210): Rüstgewicht 12200 kg; max. Startgewicht 19990 kg (Spezialversion 21500 kg).
Zuladung: Zwei Mann Cockpitbesatzung und (72-210) verschiedene Innenausstattungen für 64, 66, 70 oder maximal 74 Passagiere in Viererreihen mit Mittelgang, (42-500) 50 Passagiere.
Entwicklungsstand: Erstflug des Prototyps der ATR 72 am 27. Oktober 1988, der neuesten Variante ATR 42-500 am 16. September 1994. Von allen ATR-42 und -72-Versionen sind bisher rund 440 Einheiten bestellt und zum grössten Teil ausgeliefert worden.
Bemerkungen: Die ATR 72-210 (siehe Silhouette und Foto) ist die Hot & High-Version der ATR-72 mit deutlich stärkeren Triebwerken. Die neueste Ausführung -500 des Ausgangsmusters ATR 42 (siehe Ausgabe 1987/88) ist mit wesentlich stärkeren Triebwerken für bessere Flugleistungen auf höher gelegenen Flugplätzen ausgerüstet und erreicht eine max. Reisegeschwindigkeit von 565 km/h. Weitere Versionen befinden sich in Planung: ATR 42F Frachter mit grösserer seitlicher Ladetür; 50plätzige ATR 52C mit einem gegenüber der ATR 42 um 1,92 m verlängerten Rumpf und Heckladerampe als Militärtransporter (max. Nutzlast 7635 kg) sowie die ATR 82 für bis zu 80 Passagiere als grösste Variante. Bei allen letztgenannten Weiterentwicklungen ist der Produktionsentscheid noch nicht gefallen.
Hersteller: Avions de Transport Régional, Aérospatiale Toulouse-Blangnac (Frankreich) und Alenia (ex Aeritalia), Neapel (Italien).

Abmessungen (72-210):Spannweite 27,05 m, Länge 27,17 m, Höhe 7,65 m, Flügelfläche 61,00 m²; (42-500): Spannweite 24,57 m, Länge 22,67 m, Höhe 7,59 m, Flügelfläche 54,50 m².

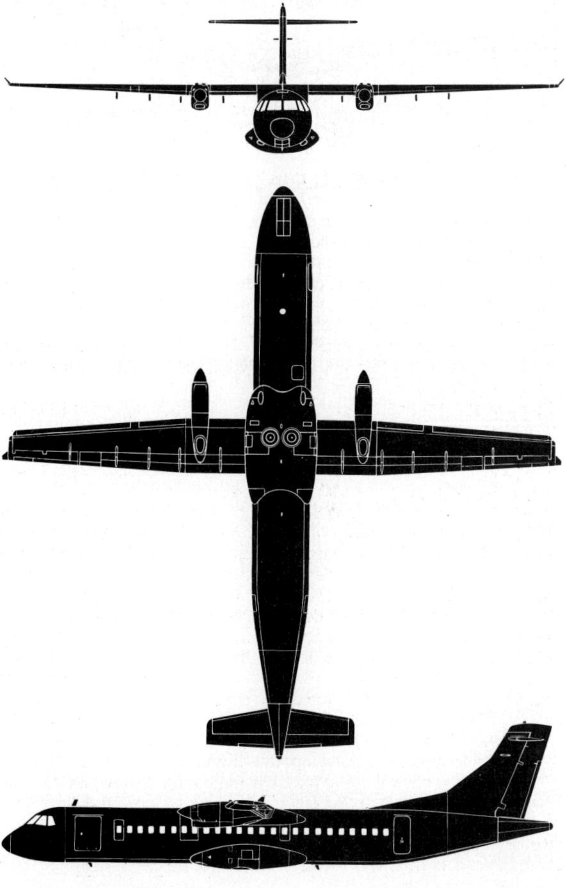

AVRO INTERNATIONAL RJ70/RJ85/RJ100/RJ115

Ursprungsland: Grossbritannien.
Kategorie: Regionalverkehrsflugzeug.
Triebwerke: Vier Mantelstromtriebwerke Textron Lycoming LF507 mit reduzierter Leistung von je 2780 kp (27,3 kN) Standschub (RJ70) bzw. 3175 kp (31,15 kN) (RJ85/100/115).
Leistungen: Max. Reisegeschwindigkeit 800 km/h auf 8840 m; ökonom. Reisegeschwindigkeit 660 km/h; Dienstgipfelhöhe 9500 m; Reichweiten mit max. Passagierzuladung (RJ70) 2046 km, (RJ85/100) 2127 km, (RJ115) 2722 km.
Gewichte: Rüstgewichte (RJ70) 23781 kg, (RJ85) 24378 kg, (RJ100) 25365 kg, (RJ115) 26160 kg; max. Startgewichte (RJ70) 38102 kg, (RJ85) 42184 kg, (RJ100) 44225 kg, (RJ115) 46040 kg.
Zuladung: Zwei Piloten und bei typischer Bestuhlung Varianten zwischen (RJ70) 70 Passagiere in Fünferreihen bzw. (RJ85) 80 - 85 Passagiere in Sechserreihen und (RJ100) 100 Passagiere in Fünferreihen bzw. (RJ115) 115 Passagiere in Sechserreihen; max. Nutzlasten (RJ70) 8650 kg, (RJ85) 11457 kg, (RJ100) 12059 kg, (RJ115) 11265 kg.
Entwicklungsstand: Der Erprobungsträger der RJ70 (eine modifizierte BAe 146-100) fliegt seit Herbst 1990, gefolgt vom ersten Serienflugzeug Mitte 1992. Die Ablieferungen begannen Mitte 1993. Von der RJ-Serie sind bis Ende 1994 65 Einheiten, von der Vorgängerversion BAe 146 deren 217 bestellt worden.
Bemerkungen: Die bereits umfangreiche Familie der früheren BAe 146 (siehe Ausgabe 1992/93) wurde in einigen wesentlichen Punkten überarbeitet. So hat man die Inneneinrichtung völlig überarbeitet, das Cockpit mit elektronischen Bildschirmanzeigen (EFIS) ausgerüstet sowie neue Triebwerke eingebaut, die zur Verlängerung der Lebensdauer mit tieferen Eintrittstemperaturen arbeiten. Weiterhin in Planung ist eine zweistrahlige Ausführung RJ-X für bis zu 125 Passagiere. Die RJ85 bzw. RJ100 sind auch als Combi-Frachter (QC) bzw. als Frachter (QT) erhältlich.
Hersteller: Avro International, Woodford, Cheshire, Grossbritannien.

Abmessungen: Spannweite 26,21 m, Länge (RJ70/85) 26,20 m, (RJ100/115) 30,99 m, Höhe 8,61 m, Flügelfläche 77,30 m².

BEECHCRAFT C90SE KING AIR

Ursprungsland: USA.
Kategorie: Firmenflugzeug.
Triebwerke: Zwei Propellerturbinen Pratt & Whitney Canada PT6A-21 von je 550 WPS (404 kW) Leistung.
Leistungen (geschätzt): Max. Reisegeschwindigkeit 450 km/h auf 3660 m, Anfangssteiggeschwindigkeit 10 m/Sek; Dienstgipfelhöhe 8800 m; max. Reichweite bei ökonomischer Reisegeschwindigkeit 2300 km.
Gewichte: Rüstgewicht 3000 kg; max. Startgewicht 4580 kg.
Zuladung: Ein bis zwei Mann Cockpitbesatzung und in der Kabine normalerweise 4 Einzelsitze in vis-à-vis-Anordnung, max. jedoch bis zu acht Passagiere.
Entwicklungsstand: Das erste Modell dieser Ausführung flog erstmals im Juli 1994. Mit der Zulassung wird Mitte 1995 gerechnet, die Auslieferungen an die Kunden sollen kurz danach beginnen. Von allen Varianten der King Air A,B,C90 sind bisher über 1600 Einheiten hergestellt worden.
Bemerkungen: Die C90SE (Special Edition) ist eine sogenannte «Sparausgabe» der Beech C90B. Sie ist vorwiegend für jene Kunden gedacht, die zwar die Leistungen der King Air verlangen, aber auf allen Luxus und auf ein EFIS-Flight-Deck verzichten können. Anstelle des Vierblatt-Propellers wird eine günstigere Dreiblatt-Variante eingebaut. Dank des Preises von nur US$ 1,7 Mio konkurrenziert die C90SE direkt Modelle mit nur einer Propellerturbine, beispielsweise die Pilatus PC-12 (siehe Seiten 250/251) und Socata TBM 700 (Seiten 278/279).
Hersteller: Beech Aircraft Corp. (Tochtergesellschaft von Raytheon Co.), Wichita, Kansas, USA.

Abmessungen: Spannweite 15,32 m, Länge 10,82 m, Höhe 4,34 m, Flügelfläche 27,31 m².

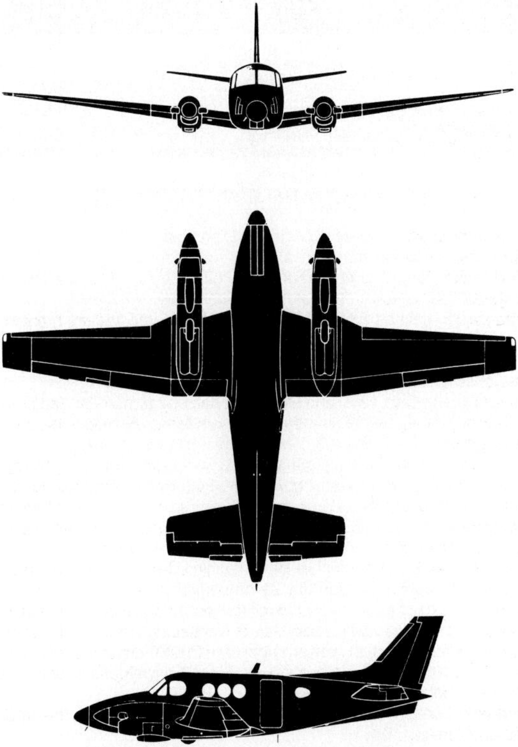

BEECHCRAFT 1900D

Ursprungsland: USA.
Kategorie: Regionalverkehrsflugzeug.
Triebwerke: Zwei Propellerturbinen Pratt & Whitney Canada PT6A-67D von je 1280 WPS (955 kW) Leistung.
Leistungen: Max. Reisegeschwindigkeit bei einem Fluggewicht von 6804 kg 502 km/h auf 3050 m, 532 km/h auf 7620 m; Anfangssteiggeschwindigkeit bei 7688 kg 13,3 m/Sek; Dienstgipfelhöhe 7620 m; Reichweite mit 19 Passagieren und IFR-Bedingungen 926 km auf 2440 m, 1056 km auf 4875 m oder 1278 km auf 7620 m.
Gewichte: Rüstgewicht 4699 kg; max. Startgewicht 7588 kg.
Zuladung: Ein bis zwei Mann Cockpitbesatzung und in der Kabine normalerweise 19 Passagiere in Einzelsitzen auf jeder Seite und einer Dreier-Sitzgruppe am Ende der Kabine. Gepäckraum im Rumpfheck.
Entwicklungsstand: Der Prototyp der Weiterentwicklung 1900D flog erstmals am 1. März 1990 und erhielt die Zulassung im März 1991. Kundenauslieferungen im November 1991 an Mesa Airlines, welche als Hauptbestellerin 118 Einheiten erhält. Bis Ende 1994 sind Aufträge für rund 180 Beech 1900D eingegangen, wovon rund 50 1994 geliefert wurden. Für eine Kombiversion hat Beech 1992 eine erste Bestellung für fünf Einheiten erhalten.
Bemerkungen: Die 1900D hat die früheren Versionen der 1900, welche in 257 Exemplaren hergestellt wurden, in der Produktion abgelöst. Das wesentlichste neue Merkmal ist die um volle 36 cm auf eine Innenhöhe von 180 cm erhöhte Kabine, die es nun erlaubt, sich darin aufrecht zu bewegen. Dazu ist auch der Boden durchgehend flach gestaltet worden. Das Kabinenvolumen erhöhte sich dadurch um 28,5 %. Der druckbelüftete Frachtraum im Heck verfügt über 4,95 m^3 Stauraum und ist durch eine verbreiterte Frachttüre zugänglich. Eine VIP-Ausführung für 12 Passagiere wird ebenfalls angeboten.
Hersteller: Beech Aircraft Corp. (Tochtergesellschaft von Raytheon Co.), Wichita, Kansas, USA.

Abmessungen: Spannweite 17,65 m, Länge 17,63 m, Höhe 4,55 m, Flügelfläche 28,15 m².

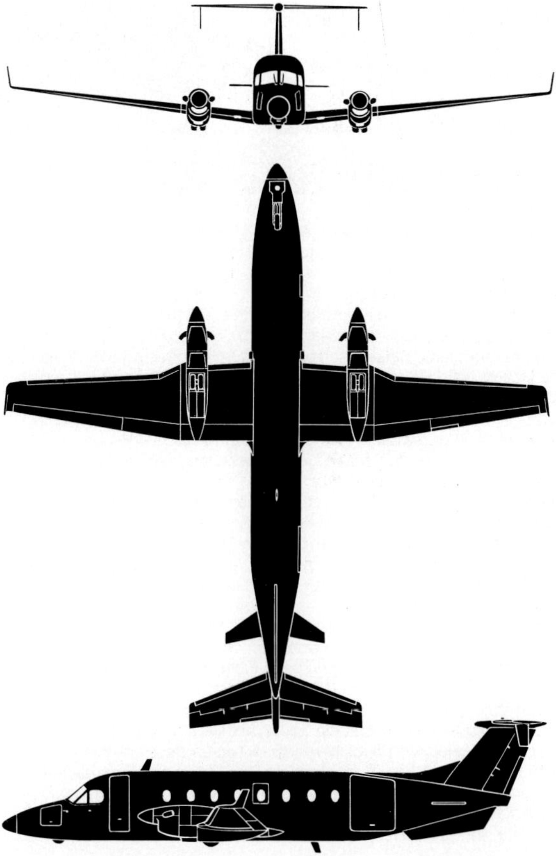

BEECHCRAFT SUPER KING AIR 350

Ursprungsland: USA.
Kategorie: Firmenflugzeug.
Triebwerke: Zwei Propellerturbinen Pratt & Whitney Canada PT6A-60A von je 1050 WPS (783 kW) Leistung.
Leistungen: Max. Reisegeschwindigkeit 580 km/h auf 7315 m; normale Reisegeschwindigkeit 537 km/h auf 10600 m; Anfangssteiggeschwindigkeit 15,1 m/Sek; Dienstgipfelhöhe 10600 m; max. Reichweite 3500 km.
Gewichte: Leergewicht 4105 kg; max. Startgewicht 6804 kg.
Zuladung: Ein bis zwei Mann Cockpitbesatzung und in der Kabine zwischen 10 und 14 Passagiere.
Entwicklungsstand: Der Erstflug dieser vorläufig letzten Version der umfangreichen King Air-Familie erfolgte im September 1988 mit ersten Ablieferungen an Kunden am 6. März 1990. Bisher sind gegen 100 Exemplare bestellt worden, darunter zwei für die Deutsche Flugsicherungs GmbH sowie als Vermessungsflugzeug für die Eidgenössische Landestopographie.
Bemerkungen: Die Super King Air 350 ist die zurzeit neueste Ausführung der seit 30 Jahren ununterbrochen in Produktion stehenden King Air-Familie. Sie weist einen gegenüber der Vorgängerversion Super King Air 300LW um 0,86 m längeren Rumpf mit zwei zusätzlichen Fenstern auf. Dadurch konnte die Passagierkabine geräumiger gestaltet werden. Zudem hat Beech die Spannweite um 0,46 m vergrössert und an den Flügelenden Winglets montiert. Neben der Passagierversion ist unter der Bezeichnung Super King Air 350C auch eine Frachtausführung lieferbar. Die US Army erhält eine Elint-Version RC-350 Guardian.
Hersteller: Beech Aircraft Corp. (Tochtergesellschaft von Raytheon Co.), Wichita, Kansas, USA.

Abmessungen: Spannweite inkl. Winglets 17,65 m, Länge 14,22 m, Höhe 4,37 m, Flügelfläche 26,09 m².

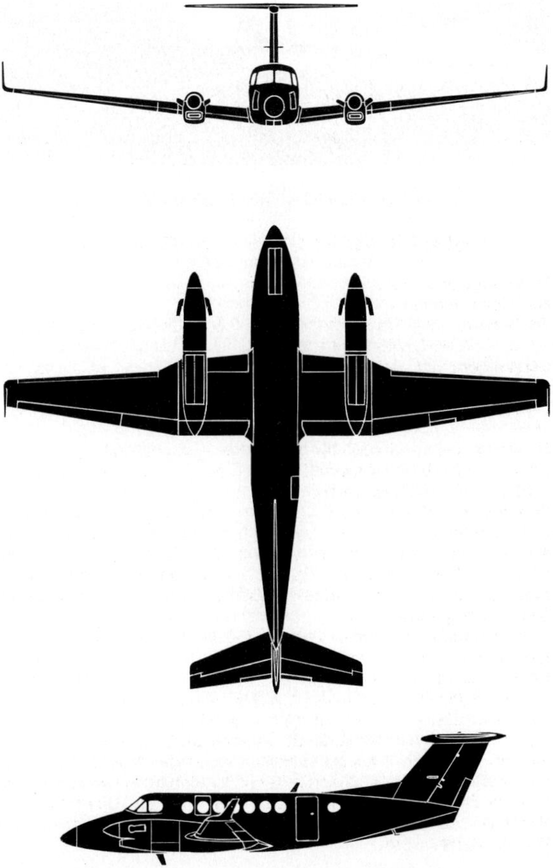

BEECHCRAFT T-1A JAYHAWK

Ursprungsland: USA.
Kategorie: Trainer für Bomber- und Tankerpiloten.
Triebwerke: Zwei Mantelstromtriebwerke Pratt & Whitney Canada JT15D-5B von je 1315 kp (12,9 kN) Standschub.
Leistungen: Höchstgeschwindigkeit 865 km/h auf 12495 m; ökonom. Reisegeschwindigkeit 834 km/h auf 12495 m; Langstrecken-Reisegeschwindigkeit 732 km/h; Anfangssteiggeschwindigkeit 20,12 m/Sek; Steigzeit auf 12500 m 22 Min; Dienstgipfelhöhe 13715 m; Reichweite mit vier Passagieren, max. Treibstoffzuladung und VFR-Reserven 3537 km.
Gewichte: Rüstgewicht 4817 kg; max. Startgewicht 7303 kg.
Zuladung: Zwei Pilotenschüler und Instruktor/Beobachter.
Entwicklungsstand: Die Militärversion T-1A der Beechjet 400A (siehe Ausgabe 1991/92) flog erstmals am 5. Juli 1991. Erste Auslieferung an die USAF am 17. Januar 1992. Sie hat 180 Einheiten bestellt, wovon jährlich 36 zu liefern sind. Die japanische Luftwaffe beschafft ebenfalls eine als T-400 bezeichnete Transport- und Trainingsausführung der Beechjet 400A. Drei davon sind bestellt, weitere sechs könnten folgen. Das erste Exemplar wurde 1994 abgeliefert.
Bemerkungen: Ursprünglich unter dem Namen Diamond von der japanischen Mitsubishi entwickelt, wurde die Produktion nach nur elf hergestellten Exemplaren an Beechcraft übergeben. Diese entwickelte die verbesserte Ausführung Beechjet 400A (siehe Foto und Silhouette). Die davon abgeleitete T-1A der USAF verfügt über folgende Aenderungen: Einpunkt-Betankung, Cockpitverglasung mit verstärktem Schutz vor Vogelschlag, robusteres Fahrwerk. Die erste Einheit wurde im September 1992 auf der Reese AFB in Dienst gestellt. Voraussichtlich wird eine vergrösserte Version der zivilen Beechjet 400A gebaut, ausgerüstet mit einem neuen Flügel.
Hersteller: Beech Aircraft Corp. (Tochtergesellschaft von Raytheon Co.), Wichita, Kansas, USA.

Abmessungen: Spannweite 13,25 m, Länge 14,75 m, Höhe 4,24 m, Flügelfläche 22,43 m².

BELL 206B JETRANGER III/TH-67 CREEK

Ursprungsland: USA (Kanada).
Kategorie: Leichter Trainingshubschrauber.
Triebwerke: Eine Gasturbine Allison 250-C20J von 420 WPS (315 kW) Leistung.
Leistungen: Höchstgeschwindigkeit 225 km/h; max. Reisegeschwindigkeit auf 1525 m 216 km/h; max. Schrägsteiggeschwindigkeit 6,4 m/Sek; Dienstgipfelhöhe 4115 m; Schwebehöhe mit Bodeneffekt 3900 m, ohne Bodeneffekt 2680 m; Reichweite ohne Reserven auf 1525 m 748 km.
Gewichte: Standard-Leergewicht 742 kg; max. Startgewicht 1451 kg.
Zuladung: Pilot und zwei Flugschüler.
Entwicklungsstand: Die jüngste Variante ist der neue Standard-Trainingshubschrauber TH-67 für die US-Streitkräfte. Zurzeit sind 137 Einheiten bestellt, bei einem Gesamtbedarf von 155. Sie basiert auf der seit 1986 nur noch in Kanada hergestellten 206B JetRanger III. Die türkische Armee erhält 20 ähnliche bei Agusta in Italien in Lizenz hergestellte Trainingshubschrauber AB206R Jetranger III. Auch die Kampf- und Aufklärungsausführung 406/OH-58 (siehe Ausgabe 1991/92) wird weiter produziert, bzw. für die US Army aus alten OH-58 in die Version OH-58D umgebaut.
Bemerkungen: Die TH-67 Creek ist ein Bestandteil eines integralen Ausbildungssystems, bestehend nebst den Hubschraubern aus Simulatoren, Infrastruktur und logistischer Unterstützung. Alle zukünftigen Hubschrauberpiloten aller Teilstreitkräfte der USA werden inskünftig damit in Fort Rucker, Alabama, ausgebildet. Die ersten 102 Einheiten verfügen über eine Blindflug-Instrumentation, während die restlichen nur in Sichtflug-Bedingungen zum Einsatz gelangen können.
Hersteller: Bell Helicopter Textron Inc., Canadian Division, Mirabel, Montreal, Kanada.

Abmessungen: Rotordurchmesser 10,16 m, Rumpflänge 9,50 m, Höhe inkl. Rotorkopf 2,91 m.

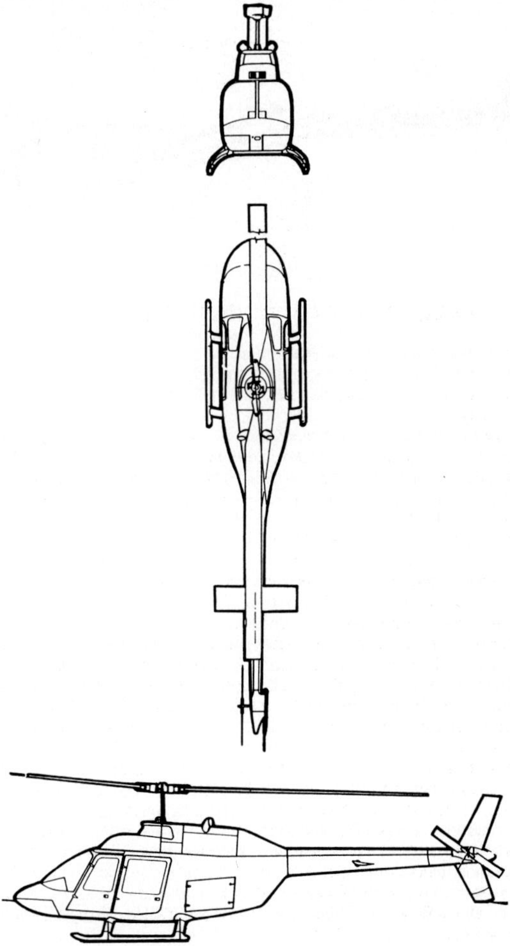

BELL/TRIDAIR 206 TWIN RANGER/GEMINI ST

Ursprungsland: USA (Kanada).
Kategorie: Leichter Mehrzweck- und Transporthubschrauber.
Triebwerke: Zwei Gasturbinen Allison 250-C20R Dual Pac von je 450 WPS (335 kW) reduziert auf 370 WPS (276 kW) Dauerleistung.
Leistungen: Höchstgeschwindigkeit 241 km/h; max. Reisegeschwindigkeit 217 km/h; max. Schrägsteiggeschwindigkeit 7,9 m/Sek; Schwebehöhe mit Bodeneffekt 4815 m, ohne Bodeneffekt 1675 m; Reichweite mit max. Nutzlast und Treibstoffzuladung 643 km.
Gewichte: Leergewicht 1175 kg; max. Startgewicht mit externer Ladung 1928 kg.
Zuladung: Zwei Piloten und bis zu sieben Passagiere; als Ambulanzhubschrauber zwei liegende und zwei sitzende Patienten bzw. Pfleger. Max. Nutzlast extern 907 kg.
Entwicklungsstand: Der erste von drei Prototypen aus umgebauten LongRangers III nahm die Flugerprobung am 16. Januar 1991 auf. Die Zulassung erfolgte am 19. November 1993. Tridair bestellte vorerst bei Bell 25 neue einmotorige Rumpfzellen zum Umbau in zweimotorige Geminis. In der Zwischenzeit bietet auch Bell diese Ausführung für neue 206er an, während sich Tridair in Zukunft auf den Umbau von bestehenden JetRangers konzentriert.
Bemerkungen: Die Tridair initialisierte 1989 ein entsprechendes Umbaupaket in enger Zusammenarbeit mit Bell. Während der Rumpf grundsätzlich unverändert übernommen wird, sind sämtliche dynamischen Komponenten, das Getriebe, die Elektrik und das Treibstoffsystem neu für den Doppelturbinen-Antrieb ausgelegt. Bell/Tridair bieten Umbaupakete für die Versionen 206L-4 LongRanger, 206L-1 und 206L-3 an. Neu gebaute Modelle werden als 206LT Twin Ranger bezeichnet, Umbauten als Gemini ST.
Hersteller: Bell Helicopter Textron Inc., Canadian Division, Mirabel, Montreal, Kanada und Tridair Helicopters Inc., Costa Mesa, Kalifornien, USA.

Abmessungen: Rotordurchmesser 11,28 m, Rumpflänge inkl. Heckausleger 10,44 m, Höhe inkl. Rotorkopf 3,14 m.

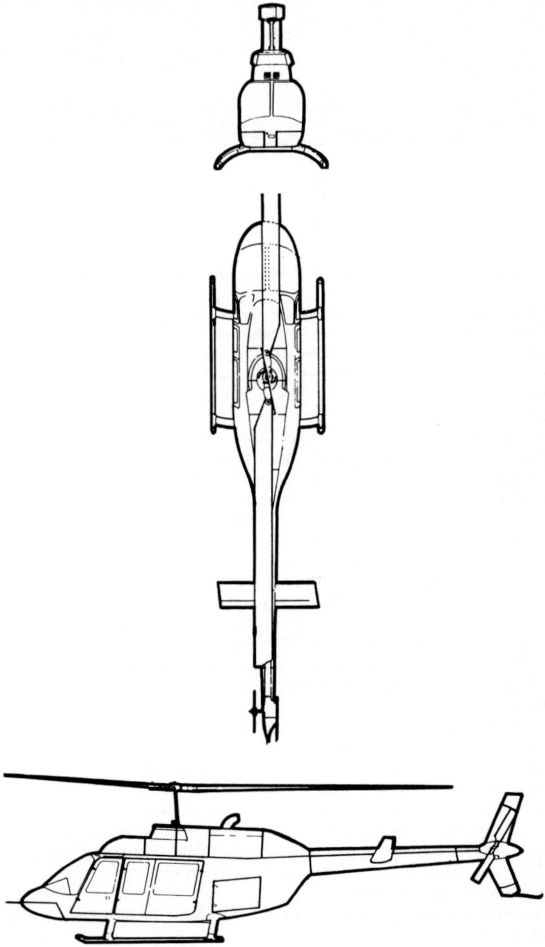

BELL 230/430

Ursprungsland: USA (Kanada).
Kategorie: Leichter Mehrzweck- und Transporthubschrauber.
Triebwerke: Zwei Gasturbinen Allison 250-C30G2 von je 700 WPS (522 kW) Leistung.
Leistungen: Max. Reisegeschwindigkeit 259 km/h bzw. 252 km/h (Mehrzweckversion); Dienstgipfelhöhe 4575 m; Schwebehöhe mit Bodeneffekt 3750 m, ohne Bodeneffekt 2225 m; Reichweite 609 km bzw. 780 km (Mehrzweckversion); max. Flugdauer 2,4 Std. bzw. 3,0 Std.
Gewichte: Leergewicht 2245 kg; max. Startgewicht 3810 kg.
Zuladung: Pilot und sechs bis zehn Passagiere; max. Nutzlast 1565 kg.
Entwicklungsstand: Erstflug der neuen Bell 230 am 12. August 1991. Die Zulassung wurde Ende April 1992 erteilt. Bisher sind von dieser Ausführung rund 20 Maschinen hergestellt worden, vom Ausgangsmuster Bell 222 insgesamt nur 184 Exemplare. Die neueste Ausführung 430 nahm die Flugerprobung am 25. Oktober 1994 auf und soll ab November 1995 erhältlich sein.
Bemerkungen: Die Bell 230 (siehe Silhouette) ersetzt das Ausgangsmuster 222 in der Produktion. Die ersten 50 sind noch mit dem Allison-Triebwerk ausgerüstet, die folgenden sollen das Textron Lycoming LTS-101-Triebwerk als Option erhalten. Der Kunde kann zwischen Kufen oder einem Dreipunktfahrwerk fix oder einziehbar wählen. Ab der 15. Bell 230 wurde ein neues auf Flüssigkeitsbasis funktionierendes Vibrationsunterdrückungssystem eingebaut (= **L**iquid **I**nertial **V**ibration **E**limination System = LIVE). Bell bietet eine EMS-Version (**E**mergency **M**edical **S**ystem = Notfallhubschrauber) der 230 an, ausgerüstet mit medizinischer Ausrüstung, bruchsicheren Treibstofftanks und selbstdichtenden Treibstoffleitungen. Chile hat eine militärische Ausführung für SAR-Aufgaben bestellt. Unter der Bezeichnung Bell 430 (siehe Foto) bietet der Hersteller eine neue Ausführung an mit Vierblattrotor aus Kunststoff, um 0,45 m verlängertem Rumpf mit 23 % grösserem Kabinenvolumen, Fenestrom-Heckrotor und stärkeren Allison 250-C40-Triebwerken. Bei einem Abfluggewicht von 3900 kg kann eine max. Nutzlast von 1550 kg mitgeführt werden.
Hersteller: Bell Helicopter Textron Inc., Canadian Division, Mirabel, Montreal, Kanada.

Abmessungen: Rotordurchmesser 12,80 m, Rumpflänge 12,97 m.

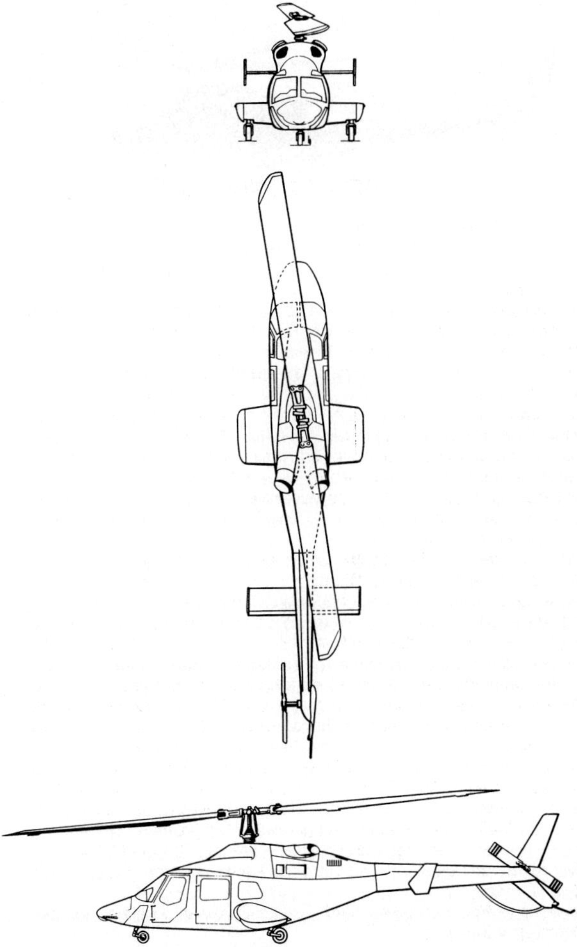

BELL 412HP

Ursprungsland: USA (Kanada).
Kategorie: Mehrzweck- und Transporthubschrauber.
Triebwerke: Eine Gasturbine Pratt & Whitney Canada PT6T-3BE-Turbo Twin Pac von 1600 WPS (1193 kW) Leistung.
Leistungen: Höchstgeschwindigkeit 259 km/h auf Meereshöhe; Reisegeschwindigkeit 230 km/h; max. Schrägsteiggeschwindigkeit 6,86 m/Sek; Dienstgipfelhöhe 5030 m; Schwebehöhe mit Bodeneffekt 3110 m bei 4762 kg, ohne Bodeneffekt 1585 m; max. Reichweite 745 km ohne Zusatztanks auf 1525 m.
Gewichte: Leer 2950 kg; max. Startgewicht 5397 kg.
Zuladung: Ein bis zwei Piloten und 13 bis 14 Passagiere; max. Nutzlast 2395 kg.
Entwicklungsstand: Die neueste Ausführung -HP erhielt die Zulassung im Februar 1991. Militärische Ausführungen der 412 von Bell bzw. Agusta haben 17 Länder erhalten, darunter Italien 14+, Niederländische Marine 3, Kanada 100, Norwegen 18, Thailand 50. Neuester Besteller: Slowenien 5. Darüber hinaus ist eine unbekannte Anzahl ziviler 412 hergestellt worden. Die jährliche Produktionsrate soll rund 24 Einheiten betragen.
Bemerkungen: Die Bell 412HP ist das vorläufig neueste Modell der Bell 412. Sie verfügt über stärkere Triebwerke mit entsprechend angepasster Transmission und ein erhöhtes Abfluggewicht. Sie wird, abgesehen vom Bell-Werk in Mirabel, auch in Indonesien bei IPTN (100 Exemplare; Produktion zurzeit eingestellt) und bei Agusta, Italien, gebaut.
Hersteller: Bell Helicopter Textron Inc., Canadian Division, Mirabel, Montreal, Kanada.

Abmessungen: Rotordurchmesser 14,02 m, Rumpflänge 12,92 m.

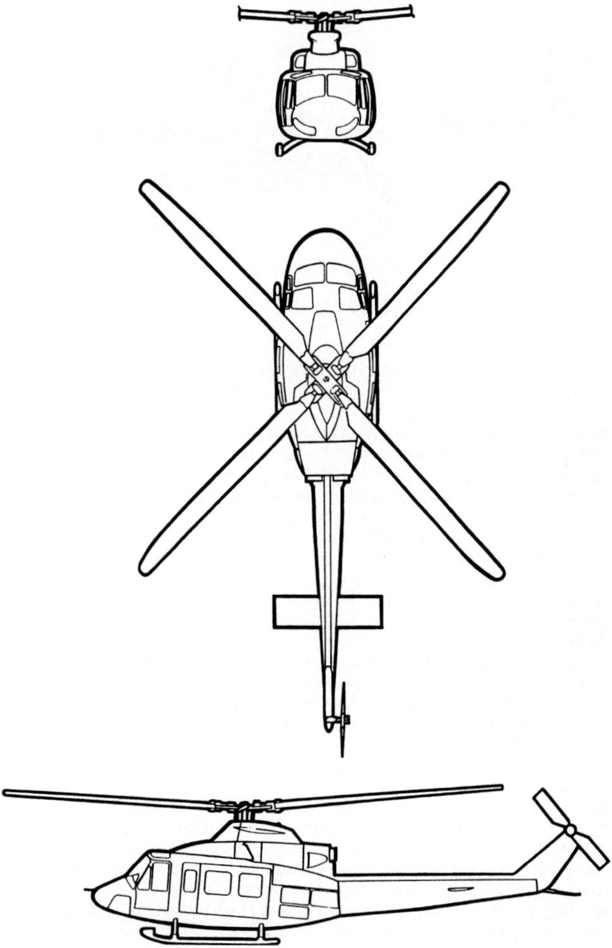

BELL AH-1W SUPERCOBRA

Ursprungsland: USA.
Kategorie: Zweisitziger Kampfhubschrauber.
Triebwerke: Zwei Gasturbinen General Electric T700-GE-401 von je 1625 WPS (1213 kW) Leistung.
Leistungen (bei einem Fluggewicht von 6690 kg): Höchstgeschwindigkeit 315 km/h auf Meereshöhe; max. Reisegeschwindigkeit 278 km/h; Schwebehöhe mit Bodeneffekt 4495 m, ohne Bodeneffekt 914 m; Reichweite ohne Zusatztanks 587 km auf Meereshöhe.
Gewichte: Leergewicht 4627 kg; max. Startgewicht 6690 kg.
Bewaffnung: Eine dreiläufige 20-mm-Revolverkanone und bis zu vier Luft-Luft-Lenkwaffen AIM-9L Sidewinder unter den Stummelflügeln. Weitere Bewaffnungsmöglichkeiten sind acht lasergelenkte Panzerabwehrraketen TOW oder Hellfire, 76 ungelenkte 70-mm-Raketen, zusätzliche Kanonenbewaffnung oder ungelenkte Zuni-Raketen.
Entwicklungsstand: Erstflug am 16. November 1983. Das USMC inkl. USMC-Reserve hat einen Bedarf von 230 Maschinen angemeldet. Der grösste Teil davon ist bereits ausgeliefert, bei einer jährlichen Kadenz von 12 Einheiten. Weitere Besteller dieser Ausführung: Taiwan 42, Türkische Armee 10. Japan erhält bis 1997 84 von der etwas leistungsschwächeren Version AH-1S.
Bemerkungen: Als Weiterentwicklung der AH-1T Sea Cobra mit erweitertem Leistungsspektrum wird sie durch das USMC hauptsächlich als Eskorte für Transporthubschrauber und Landungstruppen eingesetzt. Zusätzlich hat man alle überlebenden AH-1T auf diesen Standard gebracht. Ein Erprobungsmuster unter der Bezeichnung AH-1-4BW wurde mit einem Vierblattrotor ohne Gelenke und grösserem Durchmesser ausgerüstet. Eine ähnliche Ausführung mit GEC-Elektronik wird der englischen Armee unter der Bezeichnung Cobra Venom angeboten.
Hersteller: Bell Helicopter Textron Inc., Fort Worth, Texas, USA.

Abmessungen: Rotordurchmesser 14,63 m, Rumpflänge 13,87 m.

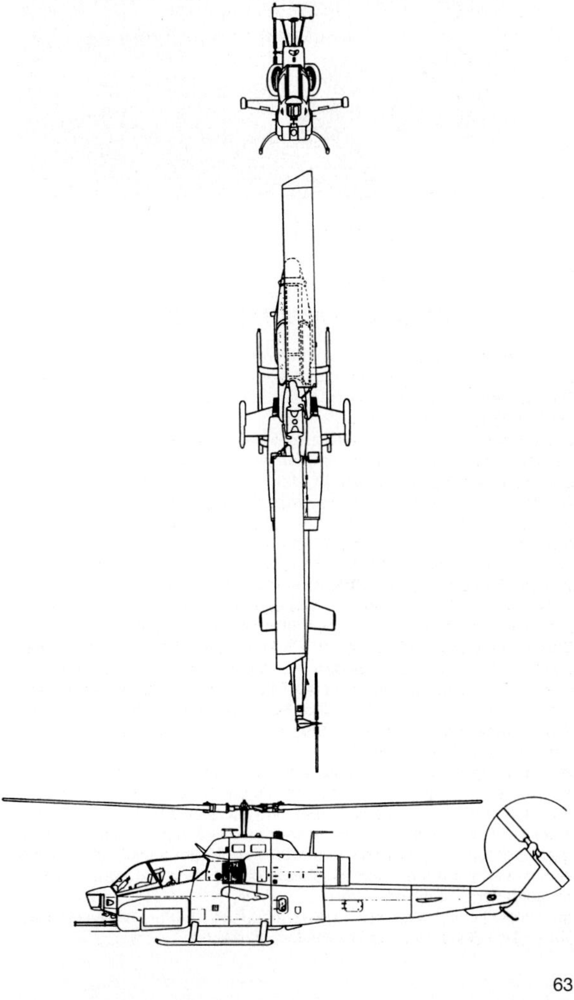

BELL-BOEING V-22 OSPREY

Ursprungsland: USA.
Kategorie: Mehrzweck-Kippflügelflugzeug.
Triebwerke: Zwei Propellerturbinen Allison T406-4D-400 von je 6150 WPS (4586,7 kW) Leistung.
Leistungen (Schätzungen des Herstellers): Max. Reisegeschwindigkeit als Flächenflugzeug 509 km/h auf Meereshöhe oder 550 km/h auf optimaler Höhe, in Helikopterkonfiguration 185 km/h auf Meereshöhe; max. Geschwindigkeit mit einer Aussenlast von 6804 kg 370 km/h; Reichweite bei Senkrechtstart mit 5443 kg 2224 km, bei Kurzstart und einer Nutzlast von 9072 kg 3336 km; Überführungsreichweite 3892 km.
Gewichte: Rüstgewicht 15700 kg; normales Startgewicht unter VTO-Bedingungen 23000 kg, STO-Bedingungen 24947 kg; max. STO-Gewicht 26310 kg.
Zuladung: Drei Mann Besatzung und bis zu 24 ausgerüstete Soldaten, 12 Tragbahren für Verletzte plus Pfleger, max. Nutzlast 9072 kg.
Entwicklungsstand: Der erste von sechs Prototypen nahm die Flugerprobung am 9. März 1989 auf, wobei zwei Einheiten durch Absturz verloren gingen. Deshalb wurde die Flugerprobung während längerer Zeit unterbrochen. Seit dem 17. Juni 1993 fliegt der dritte Prototyp wieder. Ab 1994 werden vier weitere, dem Produktionsstandard entsprechende V-22 hergestellt. Die US-Streitkräfte haben folgenden Bedarf angemeldet: USMC 425, USN 48, USAF 50 für Spezialmissionen. Der definitive Beschaffungsentscheid steht aber immer noch aus.
Bemerkungen. Diese Gemeinschaftsentwicklung von Bell und Boeing stellt das erste in der Welt einsatzbereit entwickelte Kippflügel-Modell dar. Zum platzsparenden Verstau auf Flugzeugträgern kann der gesamte Flügel um 90 Grad gedreht und die Rotoren gefaltet werden. Beide Rotoren sind untereinander mit einer Achse verbunden, so dass im Falle eines Triebwerkausfalls die V-22 weiterhin fliegen kann. Die V-22 soll Ausgangsmuster von mehreren verschiedenen Varianten werden, darunter auch für zivile Einsätze.
Hersteller: Bell Helicopter Textron Inc., Fort Worth, Texas, USA, und Boeing Helicopter Company, Philadelphia, USA.

Abmessungen: Spannweite inkl. Rotoren 25,77 m, Länge 19,09 m, Höhe 5,38 m.

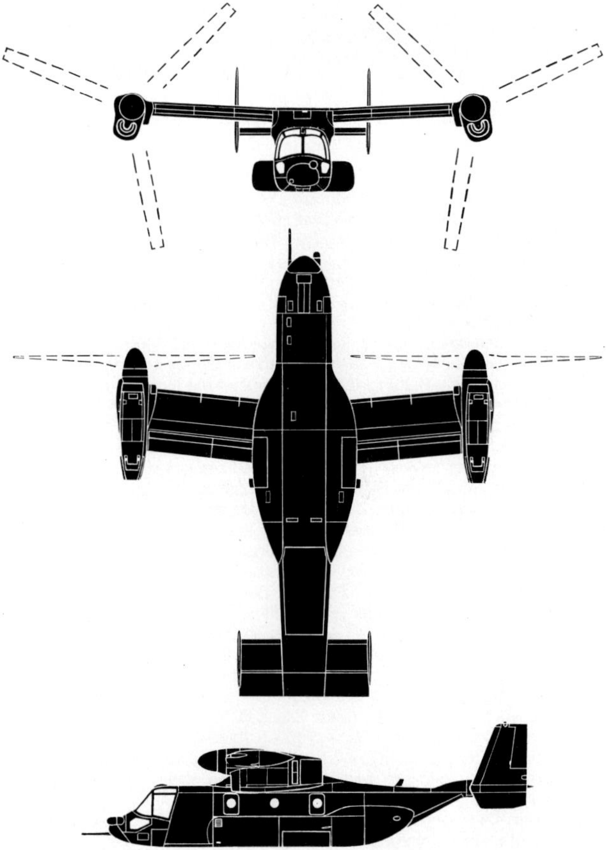

BERIEW BE-42 ALBATROS/Be-200

Ursprungsland: Russland.
Kategorie: Mehrzweck-Amphibienflugzeug und U-Boot-Jäger.
Triebwerke: Zwei Mantelstromtriebwerke MKB (Solowiew) D-30KPV von je 15000 kp (147,1 kN) sowie zwei Hilfstriebwerke Rybinsk Novikow RKBM RD-36-35 von je 2800 kp (27,5 kN) Standschub.
Leistungen: Höchstgeschwindigkeit 834 km/h; max. Reisegeschwindigkeit 700 km/h; ökonom. Reisegeschwindigkeit 550 km/h; Reichweite mit einer Nutzlast von 6500 kg 4635 km; max. Reichweite 5560 km; Dienstgipfelhöhe 13000 m.
Gewichte: Leergewicht 62000 kg; max. Startgewicht 86000 kg.
Zuladung (bei Such- und Rettungseinsätzen): Flugbesatzung von vier Personen sowie ein Rettungsteam, ausgerüstet mit Motorbooten, Rettungswesten und weiterem Spezialgerät. Möglichkeit bis zu 54 gerettete Personen aufzunehmen. Max. Nutzlast 10000 kg.
Entwicklungsstand: Der erste von zwei Prototypen der Be-40 (früher A-40) flog erstmals im April 1987. Das zweite Exemplar wurde unter der Bezeichnung Be-42 zum Such- und Rettungsflugzeug umgebaut. Die Marine Russlands hat 20 Be-42 als U-Boot-Jäger bestellt.
Bemerkungen: Die Be-42 (siehe Foto) ist speziell für Such- und Rettungseinsätze sowie für ASW-Überwachungs- und Minenlegeaufgaben konzipiert. An der Unterseite des Rumpfes befindet sich ein Schacht von 6,10 m Länge für verschiedene Lasten. Beriew entwickelt zurzeit drei weitere Versionen: Eine Feuerwehr-Ausführung mit einer abwerfbaren Wasserkapazität von 25 Tonnen, eine Passagier-Variante für 95/100 Personen sowie eine kombinierte Passagier-/Frachtversion mit einer Nutzlast von 37 Passagieren und 6,5 Tonnen Fracht. Die Serienversion wird die Bezeichnung Be-42 Mermaid führen. Eine um rund 40 % verkleinerte Mehrzweckversion Be-200 (siehe Silhouette) befindet sich zurzeit im Bau und soll noch 1995 die Flugerprobung aufnehmen. Offenbar liegen für diese Ausführung bereits Aufträge für 107 Einheiten von russischen Regionalverwaltungen als Mehrzweckflugzeuge bzw. Waldbrandbekämpfer vor.
Hersteller: OKB Georgi Beriew bzw. Taganrog Aviation Development and Manufacturing Enterprise, Taganrog, Russland.

Abmessungen: Spannweite 41,80 m, Länge ohne Sonde an der Spitze 43,00 m, Höhe 11,00 m, Flügelfläche 220 m^2.

BOEING 737-400

Ursprungsland: USA.
Kategorie: Kurz-und Mittelstrecken-Verkehrsflugzeug.
Triebwerke: Zwei Mantelstromtriebwerke CFM International CFM56-3C1 von 9978 kp (97,86 kN) Standschub.
Leistungen: Max. Reisegeschwindigkeit 908 km/h auf 7925 m; Langstrecken-Reisegeschwindigkeit 795 km/h auf 10670 m; Reichweite mit 146 Passagieren 5000 km, Optionsvariante bis zu 5900 km.
Gewichte: Rüstgewicht 33434 kg; max. Startgewicht 62822 kg oder als Option 68039 kg.
Zuladung: Zwei Mann Cockpitbesatzung mit verschiedenen Kabinenausstattungen für normalerweise 146 bis zu maximal 168 Passagiere in Sechserreihen; Versionen -300 149 bzw. -500 132 Passagiere. Max. Nutzlast 15565 kg.
Entwicklungsstand: Erstflug des ersten Erprobungsmusters am 19. Februar 1988. Beginn der Ablieferungen am 15. September 1988. Von den Varianten der neuen Generation wurden bisher bestellt (ca.-Zahlen): -300: 836; -400: 364 ; -500: 274. In diesen Zahlen sind Bestellungen von nicht spezifizierten Varianten noch nicht eingeschlossen.
Bemerkungen: Boeing lancierte Ende 1993 eine neue Generation der 737 unter der Bezeichnung 737-X. Sie soll mit verbesserten Triebwerken CFM56-3XS zu je 11600 kp (115,5 kN) Standschub ausgerüstet werden, die geringeren Lärm und wesentlich reduzierten Schadstoffausstoss verursachen und eine erhebliche Verbrauchsminderung ermöglichen. Zudem wird die Reisegeschwindigkeit von Mach 0,75 auf 0,78 bis 0,80 gesteigert. Ein neuer Flügel mit einer um 5 m vergrösserten Spannweite ermöglicht Reichweiten bis zu 5350 km. Drei Ausführungen mit unterschiedlicher Rumpflänge werden erhältlich sein: -700 mit der fast gleichen Rumpflänge wie die -300 für 149 Passagiere (bestellt u.a. in 69 Exemplaren (+ 63 Optionen) durch die Southwest Airlines), -800 mit gegenüber der -400 um 2,80 m verlängertem Rumpf für 189 Passagiere (18 von Hapag-Lloyd bestellt) sowie -900 mit der gleichen Rumpflänge wie die -500 und max. 132 Passagieren. Das erste Muster dieser Folgegeneration soll Ende 1996 fertig erstellt sein.
Hersteller: The Boeing Company, Commercial Airplane Company, Renton, Washington, USA.

Abmessungen: Spannweite 28,90 m, Länge 36,45 m, Höhe 11,12 m, Flügelfläche 105,4 m².

BOEING 747-400

Ursprungsland: USA.
Kategorie: Langstrecken-Verkehrsflugzeug.
Triebwerke: Wahlweise vier Mantelstromtriebwerke General Electric CF60-80C2B4 von 26263 kp (257,5 kN), Pratt & Whitney PW4256 von je 25742 kp (252,4 kN) oder Rolls Royce RB.211-524G von je 26309 kp (258 kN) Standschub.
Leistungen (RB.211): Höchstgeschwindigkeit 976 km/h auf 9150 m; max. Reisegeschwindigkeit 939 km/h auf 10670 m; Langstrecken-Reisegeschwindigkeit 907 km/h; Reichweite mit 412 Passagieren und üblichen Reserven 13528 km, mit max. Nutzlast als Frachter 8100 km; Reichweite mit max. Treibstoffzuladung 15412 km.
Gewichte (RB.211): Rüstgewicht 178661 kg; max. Startgewicht 362875 kg oder 397000 kg (Spezialversionen).
Zuladung: Zwei Mann Cockpitbesatzung und 450 Passagiere in drei Klassen. Maximalkapazität 660 Passagiere. Als Frachter -400F über 113000 kg Nutzlast.
Entwicklungsstand: Erstflug dieser Version am 29. April 1988. Beginn der Auslieferungen an (Northwest) am 26. Januar 1989. Wegen diversen Annullationen sank die Zahl der bestellten 747 der Variante -400 Ende 1994 auf 439. Angesichts der rückläufigen Nachfrage wird die monatliche Produktion ab Januar 1995 nur noch zwei Einheiten betragen. Von allen 747 sind bisher rund 1160 Einheiten bestellt worden.
Bemerkungen: Eine Kombiversion für Fracht und Passagiere 747-400M sowie eine Nurfrachtvariante 747-400F werden ebenfalls angeboten. Im Rahmen einer Weiterentwicklung soll in zwei Phasen bis Mitte 1996 das maximale Abfluggewicht auf 422700 kg gesteigert werden. Dadurch wären Reichweiten bei max. Nutzlast von bis zu 14800 km möglich. Boeing studiert im übrigen Varianten mit wesentlich erhöhter Kapazität durch Verlängerung des Oberdecks nach hinten und/oder Verlängerung des Rumpfes. Am wahrscheinlichsten wird eine Ausführung mit zwei zusätzlichen Rumpfsektionen von je 3,60 m Länge und entsprechend vergrössertem Oberdeck sein. Die Passagierkapazität stiege um rund 70 Personen. Zusätzlich wäre ein neuer Flügel mit einer um 5 m grösseren Spannweite notwendig. Ein Entscheid ist noch nicht gefallen.
Hersteller: The Boeing Company, Commercial Airplane Company, Everett, Washington, USA.

Abmessungen: Spannweite 64,31 m, Länge 70,67 m, Höhe 19,30 m, Flügelfläche 524,88 m².

BOEING 757-200

Ursprungsland: USA.
Kategorie: Mittelstrecken-Verkehrsflugzeug.
Triebwerke: Wahlweise zwei Mantelstromtriebwerke Rolls-Royce RB.211-535C von 16965 kp (166,4 kN), zwei Pratt & Whitney PW2037 von 17327 kp (170 kN), oder zwei Rolls-Royce RB.211-535E4 von je 18190 kp (178,4 kN) Standschub.
Leistungen (RB.211-535E4): Max. Reisegeschwindigkeit 935 km/h auf 9150 m; ökonom. Reisegeschwindigkeit 850 km/h auf 11900 m; Dienstgipfelhöhe 11675 m; Reichweite mit max. Nutzlast 5890 km; max. Reichweite 8460 km.
Gewichte: Rüstgewicht 57180 kg; max. Startgewicht (Mittelstreckenausführung) 104325 kg, (Langstreckenausführung) 113395 kg.
Zuladung: Zwei Piloten und neun verschiedene Innenausstattungen für 178 bis 239 Passagiere. Typische Bestuhlung für 196 Touristklass- und 12 Erstklasspassagiere oder 170 Touristklass- und 16 Erstklasspassagiere. Max. Nutzlast als Frachter 36222 kg.
Entwicklungsstand: Erstflug der Boeing 757 am 19. Februar 1982. Beginn der Kundenlieferungen (an Eastern) im Dezember 1982. Ende 1994 waren 856 Flugzeuge bestellt und davon mehr als 600 abgeliefert. Die Produktionsrate wurde kontinuierlich von sieben auf drei Einheiten pro Monat gesenkt.
Bemerkungen: Zurzeit sind folgende Spezialversionen verfügbar: Die Boeing 757ER (Ablieferungsbeginn Mai 1986), die Boeing 757PF (Frachter, bisher 72 bestellt, darunter 65 von UPS) und die Boeing 757-200M Combi, wovon letztere eine gemischte Passagier-/Frachtausführung mit eingebautem Frachttor im Vorderrumpf ist. Die Boeing 757PF kann als fensterloses Frachtflugzeug bis zu 15 Standard-Frachtpaletten aufnehmen. Von der 757-200 ist auch eine Ausführung als Firmenflugzeug erhältlich.
Hersteller: The Boeing Company, Commercial Airplane Company, Renton, Washington, USA.

Abmessungen: Spannweite 38,05, Länge 47,43 m, Höhe 13,56 m, Flügelfläche 185,25 m².

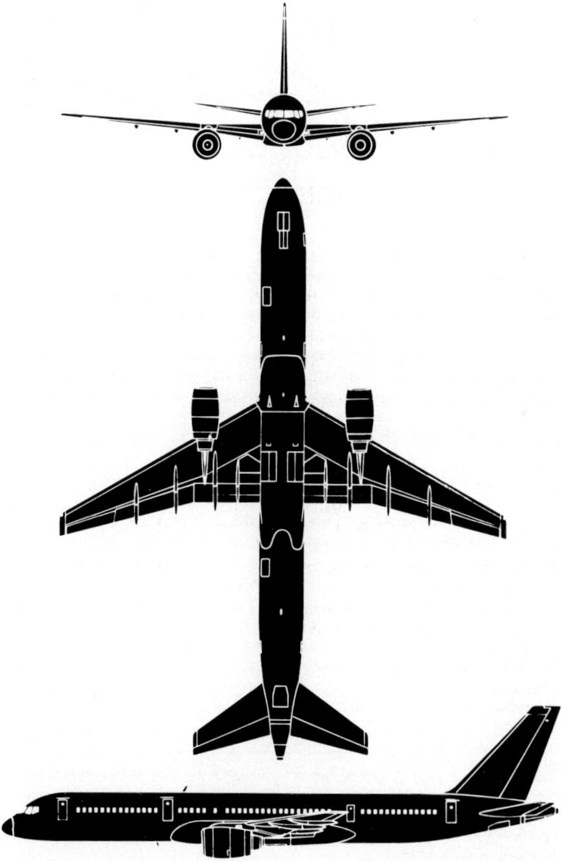

BOEING 767-300

Ursprungsland: USA.
Kategorie: Mittel- bis Langstrecken-Verkehrsflugzeug.
Triebwerke: Zwei Mantelstromtriebwerke Pratt & Whitney PW4050 von 22680 kp (222,4 kN) oder zwei General Electric CF6-80C2B2 von je 23815 kp (233,5 kN) Standschub.
Leistungen (CF6-80C2B2): Max. Reisegeschwindigkeit bei 117935 kg 906 km/h auf 11890 m; Langstrecken-Reisegeschwindigkeit 852 km/h auf 11890 m; Reichweite mit max. Nutzlast 5965 km, mit max. Treibstoffzuladung 9915 km.
Gewichte (CF6-80C2B2): Rüstgewicht 83461 kg; max. Startgewicht 156489 kg.
Zuladung: Zwei Piloten und normal 18 Erstklass-Passagiere in Sechserreihen und 198 Touristenklasse-Passagiere in Siebnerreihen. Als Alternative Einklassenausstattungen für 230, 242, 255 und 290 Passagiere in Siebnerreihen oder max. 325 Passagiere in Achterreihen. Max. Nutzlast 40825 kg.
Entwicklungsstand: Erstflug der Boeing 767-100 am 26. September 1981, der 767-300 am 1. Februar 1986. Durch Annullationen sank der Bestellungsstand Ende 1994 auf 667 Einheiten aller Versionen. Die monatliche Produktionsrate beläuft sich auf vier Einheiten.
Bemerkungen: Mehrere weitere Ausführungen sind im Bau oder in Planung: Ein auf der 767-300ER basierender Frachter mit einer Nutzlast von 56000 kg. United Parcel hat 30 davon bestellt, Ablieferung ab 1995. Er kann im Hauptdeck bis zu 24 Container aufnehmen und verfügt auf der linken Rumpfseite über ein Frachttor von 3,40 Breite x 2,67 Höhe. CF6-80C2B7-Triebwerke mit einem Schub von je 27579 kp (269,6 kN) gelangen zum Einbau. Definitiv wird eine AEW-Ausführung mit einem Rotordome auf dem Rumpf gebaut. Japan beschafft vier Einheiten.
Hersteller: The Boeing Company, Commercial Airplane Company, Everett, Washington, USA.

Abmessungen: Spannweite 47,47 m, Länge 54,94 m, Höhe 15,85 m, Flügelfläche 283,3 m^2.

BOEING 777

Ursprungsland: USA.
Kategorie: Mittel- bis Langstrecken-Verkehrsflugzeug.
Triebwerke (A-Market): Zwei Mantelstromtriebwerke Rolls-Royce Trent 870/877, Pratt & Whitney PW4073A/4077 oder General Electric GE-90-B3/5 von zwischen 32295 und 33792 kp (317 bis 331 kN) bzw. (B-Market) Trent 884, GE-90-B4 oder PW4084 von zwischen 38283 und 38419 kp (375 bis 377 kN) Standschub.
Leistungen (-B, geschätzt): Max. Reisegeschwindigkeit rund 930 km/h; Langstrecken-Reisegeschwindigkeit 882 km/h; Reichweite (-A) mit 375 Passagieren 7500 km, (-B) mit 305 Passagieren 12400 km.
Gewichte: Leergewicht (-A) 135580 kg, (-B) 138120 kg; max. Startgewicht (-A Standard) 229520 kg, (-B Standard) 263085 kg, als Option bis 286900 kg.
Zuladung: Zwei Piloten und je nach Innenausstattung in Zweiklassenkonfiguration zwischen 375 und 400 Passagiere, in Einklassenbestuhlung bis zu 440 Passagiere. Max. Nutzlast 54600 kg.
Entwicklungsstand: Der erste Prototyp nahm die Flugerprobung am 12. Juni 1994 auf, gefolgt vom zweiten für United Airlines bestimmten am 15. Juli 1994. Von allen Versionen sind bis Ende 1994 durch 16 Gesellschaften 147 Einheiten (+ 108 Optionen) bestellt worden. Zulassung im Mai 1995.
Bemerkungen: Mit der 777 lanciert Boeing eine Alternative zur A330. Dabei werden die neuesten technologischen Errungenschaften in die Konstruktion eingegliedert: Fly-by-wire-System, neuentwickeltes Flügelprofil, eine Alu-Legierung mit besten Druck- und Ermüdungseigenschaften, Seitenleitwerk aus Verbund-Materialien und modernste Avionik. Von Anfang an wurde eine ganze Familie von Boeing 777 vorgesehen: Mittel- bis Langsteckenversion 777-200A-Market mit drei verschiedenen Abfluggewichten, Langstreckenvariante 777-200B-Market mit erhöhtem Abfluggewicht sowie eine 777-Stretch besonders für den asiatischen Raum. Alle erhältlichen Kombinationen zusammen ergeben insgesamt ein Angebot von nicht weniger als 18 Varianten.
Hersteller: The Boeing Company, Commercial Airplane Company, Everett, Washington, USA.

Abmessungen: Spannweite 60,93 m (mit gefalteten Flügelspitzen 47,29 m), Länge 63,73 m, Höhe 18,44 m, Flügelfläche 427,80 m².

BOEING HELICOPTERS CH-47D CHINOOK

Ursprungsland: USA.
Kategorie: Mittelschwerer Transporthubschrauber.
Triebwerke: Zwei Gasturbinen Textron Lycoming T55-L-712SSB von je 4378 WPS (3264 kW) oder T55-L-714 von je 5028 WPS (3749 kW) Leistung.
Leistungen (L-714-Triebwerke bei 24494 kg): Höchstgeschwindigkeit 298 km/h auf Meereshöhe; Durchschnittsgeschwindigkeit 245 km/h; max. Schrägsteiggeschwindigkeit 7,73 m/Sek; Schwebehöhe ohne Bodeneffekt 2415 m; max. Flughöhe 4570 m; max. Einsatzradius 585 km.
Gewichte: Leer 10695 kg; normal beladen 22679 kg; max. Startgewicht 24494 kg.
Zuladung: Zwei Piloten und bis zu 45 Personen; als Ambulanzhubschrauber 24 Patienten plus zwei Pfleger. Max. 10334 kg Aussenlasten.
Entwicklungsstand: Im Oktober 1993 ist die letzte von insgesamt 472 auf den D-Standard gebrachten Chinook an die US Army abgeliefert worden. Die erste umgebaute CH-47D flog erstmals am 11. Mai 1979. Griechenland, Grossbritannien, Niederlande und Spanien lassen ihre Chinooks auf einen ähnlichen Stand bringen. Von der MH-47E sind 51 umgebaute CH-47D bestellt; die erste Ablieferung erfolgte Anfang 1994. Neueste Besteller: Süd Korea 18+, Singapur 6 neue CH-47D. Von allen Versionen wurden bisher rund 1050 Chinooks hergestellt.
Bemerkungen: Die MH-47E stellt eine für die US Army bestimmte Ausführung für schwierige Einsätze der Spezialtruppen (siehe Ausgabe 1991/92) dar. Das Modell 414-100 International Chinook ist eine leistungsfähigere Variante der CH-47D, besonders auch für zivile Einsätze mit höheren Gewichten und stärkeren Triebwerken (Leistungen siehe oben). Eine Ableitung davon erhält Japan (Lizenzbau Kawasaki) als CH-47J. Unter der Bezeichnung CH-47F offeriert Boeing eine neue, leistungsfähigere Version mit Triebwerken der 5000-WPS-Klasse, neuen Vierblattrotoren, grösseren Treibstofftanks, modernisierter Avionik und max. Abfluggewicht von 26982 kg.
Hersteller: Boeing Helicopters, Philadelphia, Pennsylvania, USA.

Abmessungen: Durchmesser jedes der beiden Rotoren 18,29 m, Rumpflänge ohne Betankungsrohr 15,54 m, Höhe inkl. Rotorkopf 5,77 m.

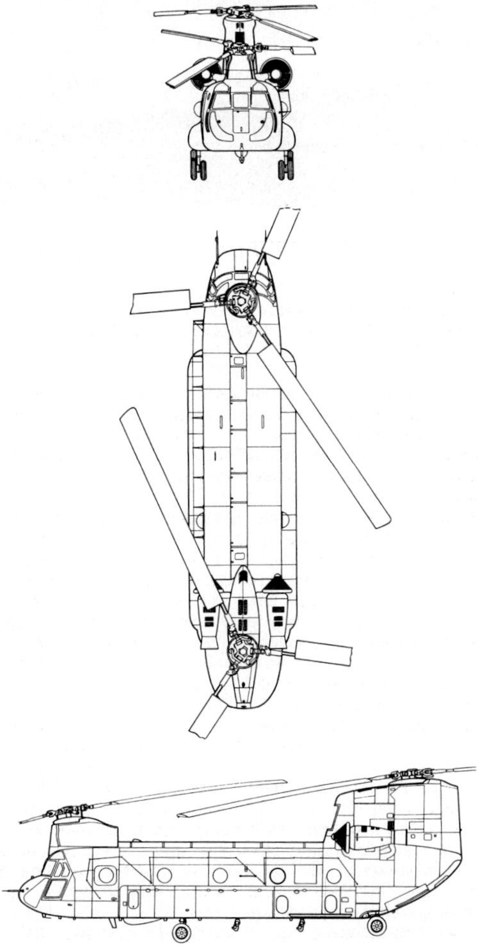

BRITISH AEROSPACE JETSTREAM 41

Ursprungsland: Grossbritannien.
Kategorie: Regionalverkehrsflugzeug.
Triebwerke: Zwei Propellerturbinen Garrett TPE331-14GR/HR von je 1650 WPS (1230 kW) Leistung.
Leistungen: Max. Reisegeschwindigkeit 475 km/h auf 3650 m; ökonom. Reisegeschwindigkeit 465 km/h auf 6100 m; Anfangssteiggeschwindigkeit 11,1 m/Sek; Dienstgipfelhöhe 7620 m; Reichweite mit 29 Passagieren und IFR-Reserven 1350 km.
Gewichte: Typisches Rüstgewicht 6990 kg; max. Startgewicht 11385 kg.
Zuladung: Zwei Piloten und bis zu 29 Passagiere ohne oder 27 Passagiere mit Bordküche in Dreierreihen. Als Geschäftsflugzeug wird eine 14-plätzige Einrichtung angeboten. Grosser Gepäckraum im Heck des Flugzeuges, erreichbar mittels eines separaten Frachttores. Max. Nutzlast 3300 kg.
Entwicklungsstand: Das erste von drei Erprobungsmodellen flog erstmals am 25. September 1991. Beginn der Kundenauslieferungen Ende 1992. Die Jetstream wird parallel zur kleineren Jetstream Super 31 (bis heute rund 380 Einheiten ausgeliefert, siehe Ausgabe 1989/90) hergestellt. Die Bestellungen beliefen sich Ende 1994 auf 65 Maschinen (+ mind. 35 Optionen) für sechs Kunden.
Bemerkungen: Als Weiterentwicklung der Jetstream Super 31 unterscheidet sie sich im wesentlichen durch einen um 4,88 m verlängerten Rumpf, verbesserten Passagierzugang und einen Flügel grösserer Spannweite, welcher im Gegensatz zu den früheren Varianten unter dem Rumpf verläuft. Ausserdem wurde der Gepäckraum wesentlich vergrössert. Dank stärkerer Triebwerke sind auch die Flugleistungen angehoben worden. Mit Hilfe eines Modifikationsprogrammes sind sowohl Nutzlast wie auch Reichweitenleistung gegenüber den ersten J41 leicht verbessert worden. Weiterhin wird an einer vergrösserten Ausführung Jetstream 51 gearbeitet. Sie soll 50 bis 59 Personen Platz bieten.
Hersteller: British Aerospace, Civil Aircraft Division, Prestwick Airport, Ayrshire, Grossbritannien.

Abmessungen: Spannweite 18,29 m, Länge 19,25 m, Höhe 5,74 m, Flügelfläche 32,59 m².

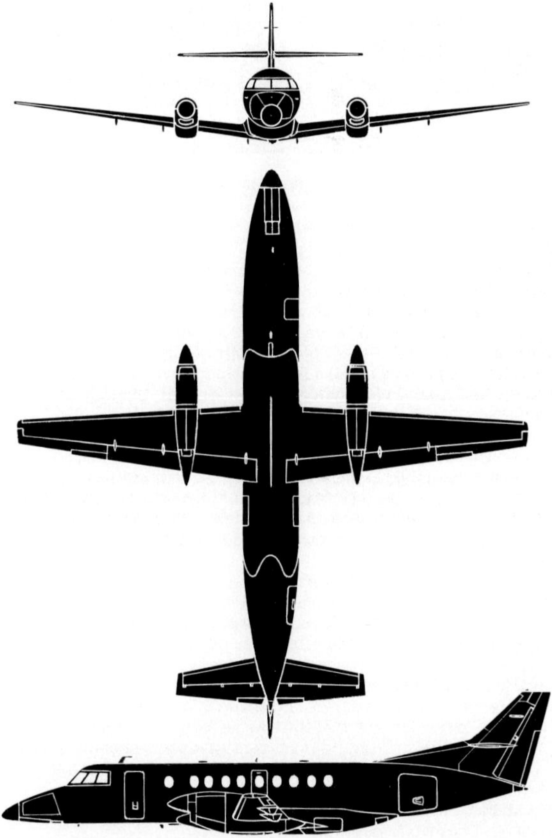

BRITISH AEROSPACE JETSTREAM 61

Ursprungsland: Grossbritannien.
Kategorie: Regionalverkehrsflugzeug.
Triebwerke: Zwei Propellerturbinen Pratt & Whitney PW127D von je 2750 WPS (2000 kW) Leistung.
Leistungen: Max. Reisegeschwindigkeit 500 km/h auf 4270 m; ökonom. Reisegeschwindigkeit 435 km/h auf 6700 m; Anfangssteiggeschwindigkeit 6,96 m/Sek; max. Reiseflughöhe 7600 m; Reichweite mit max. Nutzlast 1300 km, max. Reichweite 3936 km.
Gewichte: Typisches Rüstgewicht 14424 kg; max. Startgewicht 23680 kg.
Zuladung: Zwei Piloten und Standard-Innenausstattung für 64 Passagiere in Viererreihen, max. 72 Passagiere. Max. Nutzlast 7348 kg.
Entwicklungsstand: Erstflug des ersten Serienmusters Jetstream 61 am 10. Mai 1994. Die Ablieferungen an Kunden begannen im Herbst 1994. Bisher hat British Aerospace rund 62 feste Bestellungen für Jetstreams 61/ATP erhalten, wovon bis Ende 1994 die meisten abgeliefert waren.
Bemerkungen: Mit der Jetstream 61 hat BAe eine konkurrenzfähigere Weiterentwicklung der ATP lanciert, welche die teilweise beanstandeten Leistungen der ATP entscheidend verbessert. Nebst stärkeren Triebwerken wurde besonders die Zelle einer aerodynamischen Überarbeitung unterzogen und die Inneneinrichtung aktualisiert. Auch Flugleistungen und Nutzlast konnten angehoben werden. In Entwicklung steht die verlängerte Variante Jetstream 71 für bis zu 78 Passagiere. Sie wird über neue und leistungsfähigere Triebwerke verfügen. Der Zeitpunkt für die Einführung ist noch nicht bekannt. Neu werden Jetstream 31/41 und 61/71 gemeinsam vermarktet und im gleichen Werk in Prestwick endmontiert.
Hersteller: British Aerospace, Civil Aircraft Division, Prestwick Airport, Ayrshire, Cheshire, Grossbritannien.

Abmessungen: Spannweite 30,63 m, Länge 26,01 m, Höhe 7,54 m, Flügelfläche 78,39 m².

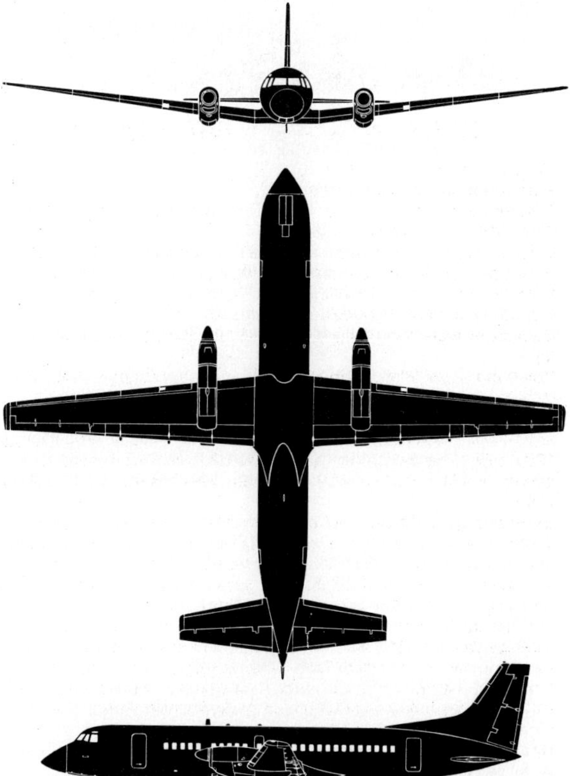

BRITISH AEROSPACE SEA HARRIER F/A.2

Ursprungsland: Grossbritannien.
Kategorie: Einsitziges V/STOL-Marinekampfflugzeug.
Triebwerke: Ein Schwenkdüsen-Mantelstromtriebwerk Rolls Royce Pegasus Mk. 106 von 9760 kp (95,7 kN) Standschub.
Leistungen: Höchstgeschwindigkeit 1160 km/h auf 300 m (Mach 0,95), 977 km/h auf 10975 m (Mach 0,92) oder 962 km/h auf Meereshöhe (Mach 0,83) mit je zwei Lenkwaffen Martel und AIM-9L Sidewinder; Einsatzradius (Abfangjagd mit 3 Min. Luftkampf) 750 km, bzw. (Erdkampf) 370 km.
Gewichte: Ungefähres Rüstgewicht 6577 kg; max. Startgewicht 12020 kg.
Bewaffnung: Behälter mit je zwei 25-mm- oder 30-mm-Kanonen oder AIM-120 Luft-Luft-Lenkwaffen unter dem Rumpf, plus an Flügelstationen Freifall- oder verzögerte 453,6-kg-Bomben, Matra 115/116 68-mm-Raketenwerfer, AIM-9L-, AIM-120-, Alarm- oder Sea-Eagle-Lenkwaffen für die verschiedensten Einsatzspektren.
Entwicklungsstand: Erstflug der Sea Harrier FRS Mk.2 (neu F/A.2 bezeichnet) am 19. September 1988. 31 FRS Mk.1 der Royal Navy werden auf diesen Stand gebracht. Zudem sind 18 neue F/A.2 bestellt worden, die ab 1995 zu liefern sind.
Bemerkungen: Die weiterentwickelte Sea Harrier F/A.2 ist fähig, mehrere tieffliegende Ziele jenseits der Sichtweite des Piloten gleichzeitig zu bekämpfen. Dazu ist sie mit einem Dopplerradar Blue Vixen ausgerüstet, ergänzt durch die neuesten Luft-Luft-Lenkwaffen AIM-120 AMRAAM, wovon vier mitgeführt werden können. Das Cockpitinnere wurde komplett überarbeitet und das Rumpfheck gegenüber der Ausgangsversion um 35 cm verlängert.
Hersteller: British Aerospace PLC, Werk Brough, Humberside, Grossbritannien.

Abmessungen: Spannweite 7,70 m, Länge 14,17 m, Höhe 3,71 m, Flügelfläche 18,68 m².

BRITISH AEROSPACE HARRIER GR MK.7

Ursprungsland: Grossbritannien und USA.
Kategorie: Einsitziges V/STOL-Erdkampfflugzeug und taktischer Aufklärer, zweisitziger Einsatztrainer.
Triebwerke: Ein Schwenkdüsen-Mantelstromtriebwerk Rolls-Royce Pegasus Mk.105 von 9866 kp (96,7 kN) Standschub.
Leistungen: Höchstgeschwindigkeit ohne Aussenlasten 1065 km/h oder Mach 0,87 auf Meereshöhe bzw. 966 km/h oder Mach 0,91 auf 10970 m; taktischer Einsatzradius mit 12 Mk.82-Bomben und einer Stunde Aufenthalt im Zielgebiet 167 km (Einsatzprofil hoch-tief-hoch), mit zwei 1136-l-Zusatztanks und sieben Mk.82-Bomben, aber ohne Reserven im Zielgebiet 889 km; Überführungsreichweite mit vier 1136-l-Zusatztanks unter den Flügeln 3243 km, bei Abwurf der Tanks 3891 km.
Gewichte: Rüstgewicht 6350 kg; max. Startgewicht für Senkrechtstart 8595 kg, für Kurzstart 14061 kg.
Bewaffnung: Zwei 25-mm-Kanonen an Stationen unter dem Rumpf und bis zu 16 Mk.82- oder sechs Mk.83-Bomben, sechs BL-755 Bombenbehälter, vier Maverick Luft-Boden-Lenkwaffen oder zehn Lenkwaffenbehälter an sechs Flügelstationen. Max. Waffenladung 4173 kg.
Entwicklungsstand: Aufnahme der Flugerprobung der GR Mk.7 (eine umgebaute GR Mk.5) am 29. November 1989. Die Auslieferung der ersten von 34 neu bestellten GR Mk.7 an die RAF begann Anfang 1991. Danach wurden die bisher gelieferten 58 GR Mk.5 entsprechend umgebaut. Der zweisitzige Einsatztrainer T Mk.10 startete am 7. April 1994 zum Erstflug. 13 Einheiten hat die RAF bestellt.
Bemerkungen: Die Harrier GR Mk.7 ist mit der GR Mk.5 weitgehend identisch, verfügt aber für Nacht- und Schlechtwettereinsätze über eine verbesserte Ausrüstung. Die Harrier T Mk.10 ist zusätzlich mit einem nach vorne wirkenden Infrarot- und Nachtsichtsystem ausgerüstet.
Hersteller: British Aerospace PLC, Warton Aerodrome, Preston, Lancashire, Grossbritannien und McDonnell Douglas Corp., St. Louis, Missouri, USA.

Abmessungen: Spannweite 9,24 m, Länge 14,12 m, Höhe 3,55 m, Flügelfläche 22,18 m^2.

BRITISH AEROSPACE HAWK 100/200

Ursprungsland: Grossbritannien.
Kategorie (100): Zweisitziger Fortgeschrittenentrainer und leichter Erdkämpfer; (200): Einsitziges Mehrzweckkampfflugzeug.
Triebwerke: Ein Mantelstromtriebwerk Rolls-Royce/Turboméca Adour 871 von 2650 kp (26,0 kN) Standschub.
Leistungen (200): Höchstgeschwindigkeit 1021 km/h oder Mach 0,83; max. Reisegeschwindigkeit 1019 km/h auf Meereshöhe; ökonom. Reisegeschwindigkeit 796 km/h auf 12500 m; max. Anfangssteiggeschwindigkeit 58,5 m/Sek; Dienstgipfelhöhe 15250 m; taktischer Einsatzradius im Tiefflug 322 km mit acht 227-kg-Bomben, bzw. 193 km mit fünf 454-kg-Bomben und vier 227-kg-Bomben (Einsatzprofil hoch-tief-hoch); Ueberführungsreichweite mit zwei 860-l- und einem 590-l-Zusatztank 3606 km.
Gewichte: Leer (100) 3970 kg, (200) 4510 kg; max. Startgewicht (100) 8500 kg, (200) 9101 kg.
Bewaffnung (200): Zwei 25-mm-Aden- oder zwei 27-mm-Mauser-Kanonen und maximal 3493 kg externe Waffenlasten, verteilt auf vier Flügel- und eine Rumpfstation.
Entwicklungsstand: Erstflug des Prototypen der Version 200 am 19. Mai 1986, des technisch gleichwertigen, bereits dem Serienstandard entsprechenden Doppelsitzers 100 1990. Bis Ende 1993 sind folgende Bestellungen für beide Versionen (100/200) eingegangen: Abu Dhabi 18 (100), Brunei 8/8, Indonesien 8/16 + Optionen für mindestens weitere 20, Oman 4/8, Malaysia 10/18, Saudi Arabien 20/0. Von allen Varianten (inkl. T-45, siehe Seiten 214/215) sind bis Ende 1994 rund 770 Exemplare von 15 Luftwaffen bestellt worden.
Bemerkungen: Die Hawk 200 (Version 100 siehe Foto und Silhouette) ist eine spezialisierte Erdkampf- und Mehrzweckversion des zweisitzigen Basis- und Fortgeschrittenentrainers Hawk und vereinigt in sich die für die Hawk 100 geleistete Entwicklungsarbeit und damit auch 80 % aller Bauteile des Doppelsitzers. Die Instrumentierung umfasst eine Inertial-Navigationsanlage, einen Laser-Entfernungsmesser und ein computergesteuertes Feuerleitgerät.
Hersteller: British Aerospace PLC, Military Aircraft Division, Warton, Preston, Lancashire, Grossbritannien.

Abmessungen: Spannweite inkl. Lenkwaffen 9,94 m, Länge 11,38 m, Höhe 4,16 m, Flügelfläche 16,69 m².

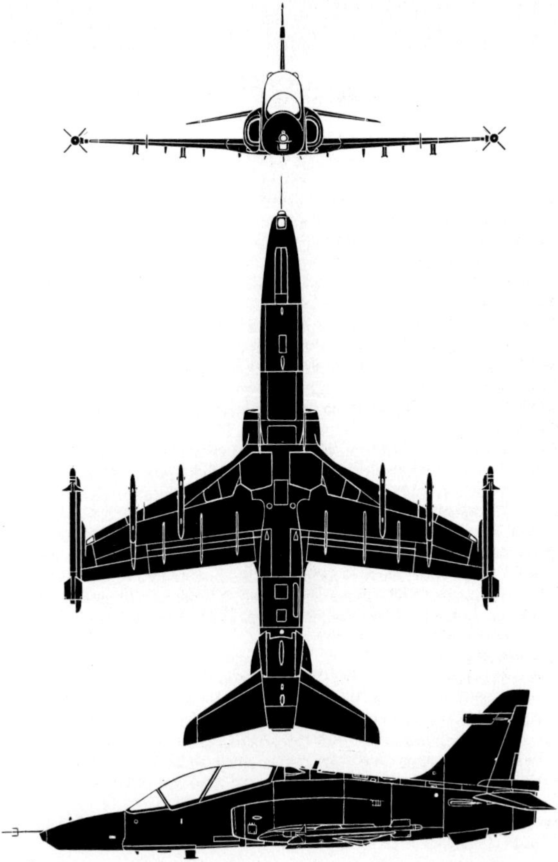

CANADAIR CL-415

Ursprungsland: Kanada.
Kategorie: Mehrzweck-Amphibium.
Triebwerke: Zwei Propellerturbinen Pratt & Whitney Canada PW123AF von je 2380 WPS (1775 kW) Leistung.
Leistungen: Max. Reisegeschwindigkeit bei 14741 kg 375 km/h auf 1525 m; normale Reisegeschwindigkeit 287 km/h; Patrouillengeschwindigkeit bei 15876 kg 204 km/h auf Meereshöhe; Anfangssteiggeschwindigkeit bei 20865 kg 7,0 m/Sek; Überführungsreichweite 2427 km.
Gewichte: Rüstgewicht für Mehrzweckaufgaben 11789 kg, als Wasserbomber 12043 kg; max. Startgewicht an Land 19800 kg, im Wasser 17100 kg; max. Fluggewicht nach Wasseraufnahme 21000 kg.
Zuladung: Zwei Mann Besatzung und, als Transporter, 32 bis 35 Passagiere. Maximale Nutzlast von 4790 kg in Mehrzweckkonfiguration, 6123 kg als Wasserbomber. Für Marine-Patrouillenaufgaben bestehen zwei weitere Stationen für Flugingenieur/Navigator und für zwei Beobachter.
Entwicklungsstand: Erstflug der ersten definitiven CL-415-Ausführung am 6. Dezember 1993. Die Auslieferungen begannen im Oktober 1994. Bisher sind 24 Einheiten bestellt worden: Sécurité Civile 12, Provinz von Quebec 8, SISAM Italien 4. Bestehende CL-215 mit Kolbenmotoren, wovon insgesamt 125 hergestellt wurden, können umgerüstet werden. Bisher haben die Provinz Quebec und die spanische Marine von dieser Möglichkeit Gebrauch gemacht.
Bemerkungen: Die CL-415 ist eine modifizierte, turbopropgetriebene Ausführung des Basismodells CL-215 (siehe Ausgabe 1987). Sie besitzt neben neuen Triebwerken ein verbessertes Wassertanksystem. Im übrigen wurde die Aerodynamik optimiert, u.a. durch Anbringen von sog. Winglets, und es wurde ein EFIS-Cockpit installiert. Für zivile wie militärische Überwachungs- und Rettungseinsätze sowie für Passagier- und Frachttransporte entwickelt Canadair die Version CL-415M. Nähere Details dazu sind noch nicht bekannt.
Hersteller: Canadair Limited, Cartierville Airport, St. Laurent, Montreal, Kanada.

Abmessungen: Spannweite 28,60 m, Länge 19,82 m, Höhe (an Land) 8,98 m, Flügelfläche 100,33 m^2.

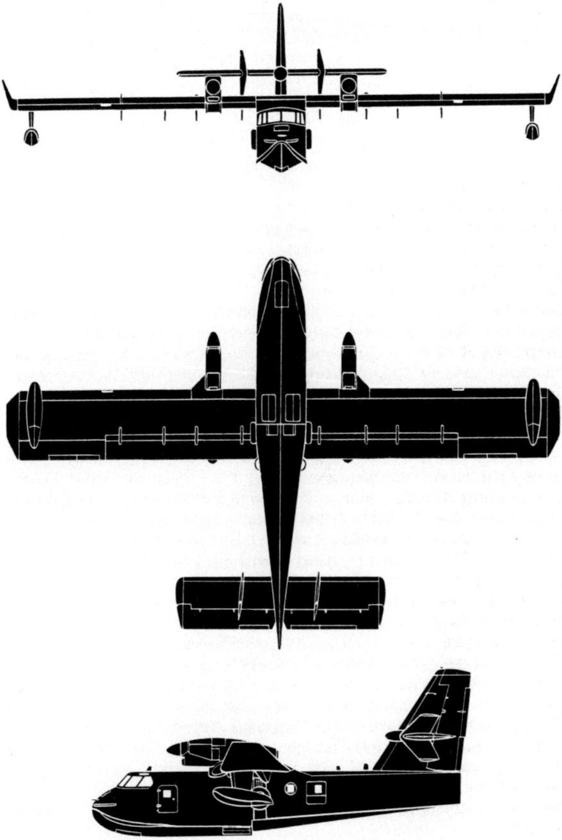

CANADAIR REGIONAL JET

Ursprungsland: Kanada.
Kategorie: Regionalverkehrsflugzeug.
Triebwerke: Zwei Mantelstromtriebwerke General Electric CF34-3A1 von je 3959 kp (38,83 kN) Leistung oder 4182 kp (41,0 kN) inkl. automatischem Reserveschub.
Leistungen: Max. Reisegeschwindigkeit 851 km/h auf 10975 m oder Mach 0,8; Langstrecken-Reisegeschwindigkeit 786 km/h auf 10975 m oder Mach 0,74; Anfangssteiggeschwindigkeit 17,8 m/Sek; Steigzeit auf 10670 m 23 Min; Dienstgipfelhöhe 12497 m; Reichweite mit max. Nutzlast 1566 km; max. Reichweite 2628 km, Version -100ER 2940 km.
Gewichte: Leergewicht 13655 kg; max. Startgewicht (RJ Series 100) 21635 kg, Version mit grösserer Reichweite (RJ Series 100ER) 23245 kg.
Zuladung: Zwei Piloten und in Standardausführung 50 Passagiere in Viererreihen. Max. Nutzlast von 6295 kg.
Entwicklungsstand: Die erste Vorserienmaschine nahm die Flugerprobung am 10. Mai 1991 auf. Die Auslieferungen begannen im vierten Quartal 1992 an Lufthansa Cityline. Bis Ende 1994 waren 76 fest bestellt, während für weitere 54 Optionen vorlagen. Eine Geschäftsreise-Ausführung (RJ Series 100ER) wurde durch die Xerox Corporation bestellt.
Bemerkungen: Der Regional Jet oder kurz RJ ist eine Abwandlung des Firmenflugzeugs Challenger. Der Rumpf ist um 3,25 m vor und 2,84 m hinter dem Flügel verlängert, die Flügelfläche vergrösserte man um rund 15 %. Verschiedene weitere Aenderungen waren nötig, um aus einem Geschäftsreiseflugzeug ein Regionalverkehrsflugzeug zu machen. Die Grundausführung wird als Series 100, diejenige mit grösserer Reichweite als Series 100ER bezeichnet. Ganz neu wird die Version 100LR (Long Range) angeboten mit einem auf 23995 kg angehobenen Abfluggewicht und einer maximalen Reichweite von 3500 km. Noch in Planung befindet sich eine für 70 Passagiere verlängerte Ausführung.
Hersteller: Canadair Limited, Cartierville Airport, St. Laurent, Montreal, Kanada.

Abmessungen: Spannweite 21,44 m, Länge 26,95 m, Höhe 6,30 m, Flügelfläche 48,31 m^2.

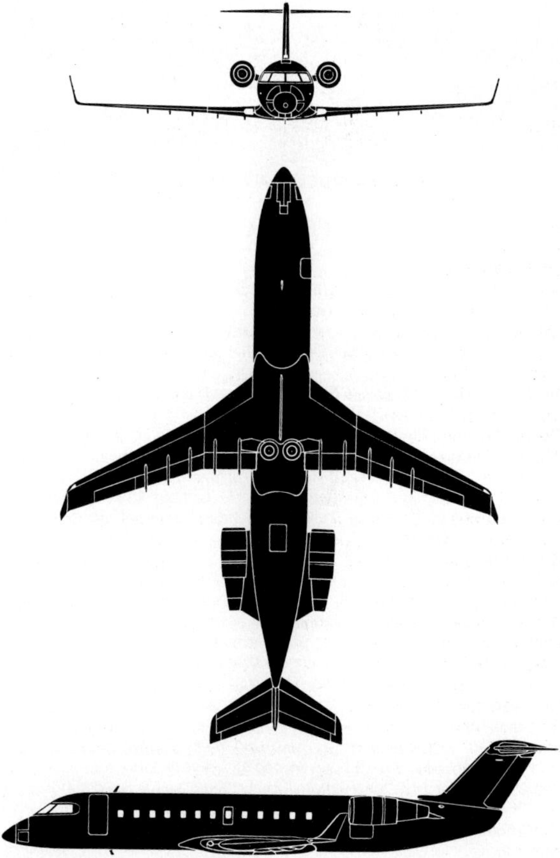

CANADAIR CHALLENGER 604

Ursprungsland: Kanada.
Triebwerke: Zwei Mantelstromtriebwerke General Electric CF34-3B von je rund 4000 kp (39,3 kN) Standschub.
Leistungen (nach Schätzungen des Herstellers): Max. Reisegeschwindigkeit 880 km/h (Mach 0,83); Dienstgipfelhöhe 12500 m; Reichweite bis zu 7400 km.
Gewichte (nach Schätzung des Herstellers): Max. Abfluggewicht 21600 kg.
Zuladung: Zwei Piloten und bis zu 19 Passagiere in Dreierreihen.
Entwicklungsstand: Der erste Prototyp dieser weiterentwickelten Version der Challenger 601 nahm die Flugerprobung im Oktober 1994 auf. Erste Ablieferungen an Kunden sind für Dezember 1995 geplant. Von den früheren Versionen der Challenger wurden bisher gebaut: 84 600, 66 601-1A, 134 601-3A, mind. 20 601-3R.
Bemerkungen: Gegenüber den Vorgängern ist die 604 strukturell verstärkt, um bei gleichen oder sogar besseren Start- und Landeleistungen erheblich weiter fliegen zu können. Dafür hat Canadair auch die Treibstoffkapazität erhöht und ein neues Fahrwerk vorgesehen mit verbessertem Antiblockiersystem. Die Avionik wird ebenfalls aufdatiert und verfügt über sechs EFIS-Anzeigen. Auch die Wirtschaftlichkeit sowie die Wartung sollen verbessert werden. Canadair kündigte unter dem Namen Global Express eine wesentlich leistungsfähigere Ausführung mit einer Reichweite bis zu 11000 km und höherer Reisegeschwindigkeit an. Der Rumpf wird wesentlich länger sein und mehr Passagieren Platz gewähren. Schliesslich sind neue Mantelstromtriebwerke vom Typ BMW Rolls-Royce BR710 vorgesehen. Der Erstflug ist für September 1996 vorgesehen.
Hersteller: Canadair Limited, Cartierville Airport, St. Laurent, Montreal, Kanada.

Abmessungen: Spannweite 19,61 m, Länge 20,85 m, Höhe 6,30 m, Flügelfläche 41,82 m².

CESSNA 208 GRAND COMMANDER

Ursprungsland: USA.
Kategorie: Mehrzweckflugzeug.
Triebwerke: Eine Propellerturbine Pratt & Whitney Canada PT6A-114A von 675 WPS (503 kW) Leistung.
Leistungen: Max. Reisegeschwindigkeit 337 km/h auf 3050 m, 295 km/h auf 6095 m; Anfangssteiggeschwindigkeit 4,9 m/Sek; Dienstgipfelhöhe 7620 m; max. Reichweite mit 45 Min. Reserven 1677 km auf 3050 m.
Gewichte: Leergewicht 1861 kg; max. Startgewicht 3969 kg.
Zuladung: Pilot und in der Standardausführung neun Passagiere oder 1587 kg Fracht.
Entwicklungsstand: Der Prototyp der 208 flog erstmals am 9. Dezember 1982; Beginn der Kundenablieferungen im Februar 1985. Die militärische Variante U-27A wurde 1986 eingeführt. Die verbesserte Version 208B nahm am 3. März 1986 die Flugerprobung auf, gefolgt von der Grand Commander 1991. Bis Ende 1994 sind rund 600 Caravans aller Versionen geliefert worden. Hauptbestellerin ist die Federal Express mit 266 Einheiten (davon 235 der Version 208B).
Bemerkungen: Das Ausgangsmuster 208 Caravan I hat eine Länge von 11,46 m und wurde als fensterloser Kleinfrachter zuerst für Federal Express als Cargomaster hergestellt. Die neueste Variante der um 1,22 m verlängerten Cessna 208B, die Grand Commander, verfügt über ein stärkeres Triebwerk und entsprechend verbesserte Flugleistungen. Cessna entwickelt zurzeit eine Variante für Feuerlöscheinsätze, die einen Wasserbehälter von 1800 Litern unter dem Rumpf aufweisen wird. Die Soloy Corp. hat eine Cessna 208B mit zwei Propellerturbinen Pratt & Whitney PT6A-25 ausgerüstet, die über ein gemeinsames Untersetzungsgetriebe auf einen einzigen Propeller wirkt. Gleichzeitig wird diese als Caravan 208B Dual Pac bezeichnete Ausführung um 1,80 m verlängert, um die zusätzliche Leistung wirtschaftlich einsetzen zu können.
Hersteller: Cessna Aircraft Company, Wichita, Kansas, USA.

Abmessungen: Spannweite 15,87 m, Länge 12,67 m, Höhe 4,52 m, Flügelfläche 25,96 m².

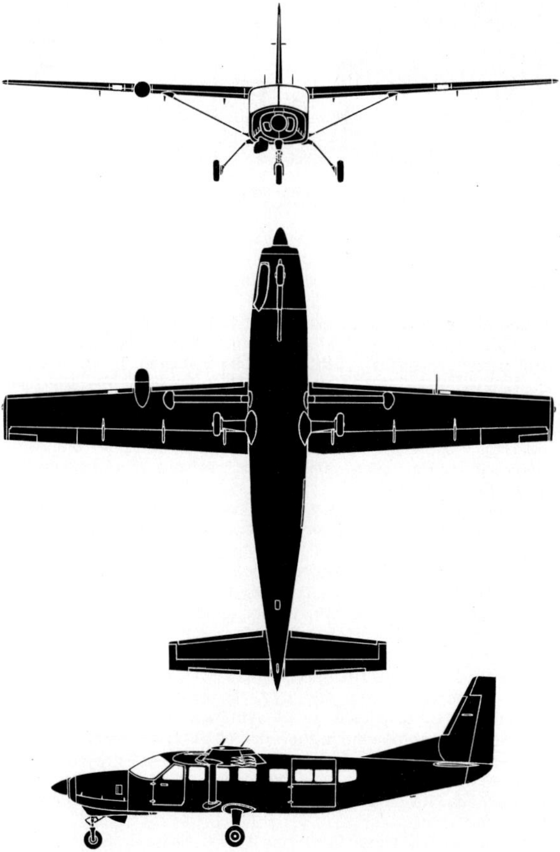

CESSNA 525 CITATIONJET

Ursprungsland: USA.
Kategorie: Firmenflugzeug.
Triebwerke: Zwei Mantelstromtriebwerke Williams International FJ44 von je 861 kp (8,45 kN) Standschub.
Leistungen: Max. Reisegeschwindigkeit 704 km/h auf 10670 m; ökonom. Reisegeschwindigkeit 570 km/h auf 11885 m; Anfangssteiggeschwindigkeit 18 m/Sek; Dienstgipfelhöhe 12495 m; Reichweite mit max. Nutzlast und 45 Min. Reserven 1992 km, mit max. Treibstoffzuladung und IFR-Reserven 2600 km.
Gewichte: Leergewicht 2599 kg; max. Startgewicht 4536 kg.
Zuladung: Pilot und Copilot/Passagier im Cockpit und in der Standardausführung fünf Passagiere in vier Einzelsitzen vis-à-vis und einem Sitz quer zur Flugrichtung.
Entwicklungsstand: Die erste 525 CitationJet nahm die Flugerprobung am 29. April 1991 auf, die zweite, bereits dem Serienstandard entsprechende Maschine, folgte am 20. November 1991. Nach Erhalt der FAA-Zulassung am 16. Oktober 1992 begannen die ersten Ablieferungen im März 1993. Bisher sind rund 150 Einheiten bestellt und bis Ende 1994 etwa 80 abgeliefert worden. Von den Vorgängern Citation 500 und Citation I wurden insgesamt 352 bzw. 345 Maschinen produziert.
Bemerkungen: Die 525 soll die Nachfolge der Citation I übernehmen, die seit 1985 nicht mehr hergestellt wird. Von der weiterentwickelten Citation II übernimmt sie die ganze Struktur des Vorderrumpfes, während Flügel, Rumpfheck und Höhenleitwerk völlig neu konstruiert sind. Die Flügel wurden in Zusammenarbeit mit Boeing und der NASA entwickelt. Gegenüber der Citation I weist sie bei einem um 840 kg kleineren Leergewicht ein höheres Kabinenvolumen auf. Trotz geringerem Treibstoffbedarf kann sie dank verbesserter Aerodynamik schneller und weiter fliegen.
Hersteller: Cessna Aircraft Company, Wichita, Kansas, USA.

Abmessungen: Spannweite 14,26 m, Länge 12,98 m, Höhe 4,18 m, Flügelfläche 22,30 m².

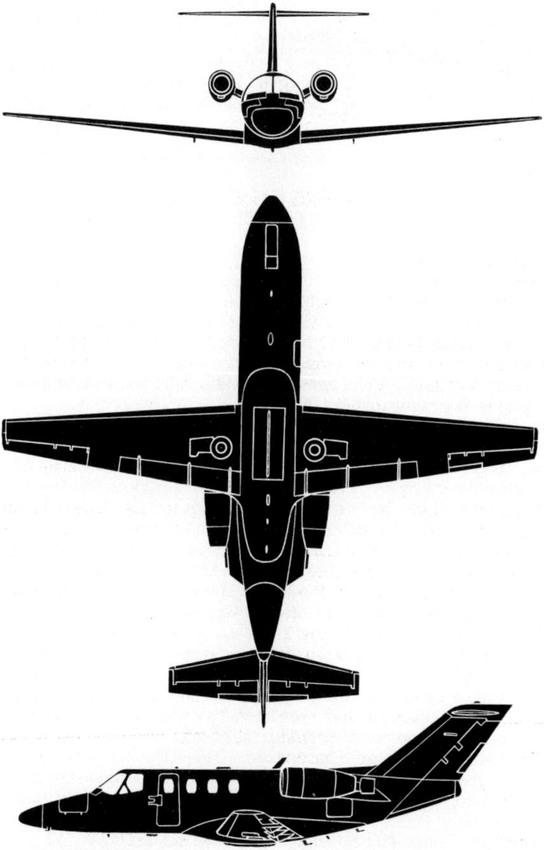

CESSNA 526 CITATIONJET TRAINER

Ursprungsland: USA.
Kategorie: Zweisitziger Basis- und Fortgeschrittenentrainer.
Triebwerke: Zwei Mantelstromtriebwerke Williams Rolls-Royce F129 (= militärische Ausführung der FJ44) von je 860 kp (8,45 kN) Standschub.
Leistungen: Der Hersteller hat bisher keine Angaben veröffentlicht.
Gewichte: Keine Angaben bekannt.
Entwicklungsstand: Die Cessna 526 wurde ohne vorherige Ankündigung innert kürzester Zeit entwickelt und völlig überraschend anlässlich des Erstfluges der Öffentlichkeit bekanntgemacht. Der erste Prototyp nahm die Flugerprobung am 20. Dezember 1993 auf, gefolgt vom zweiten am 2. März 1994. Bereits Ende Juni 1994 konnte die Zulassung erreicht werden, um am JPATS-Wettbewerb für ein neues Trainingsflugzeug für die US-Streitkräfte teilnehmen zu können. Der Gesamtbedarf beläuft sich auf 711 Maschinen, 372 für die USAF, 339 für die USN.
Bemerkungen: Die Cessna 526 ist der einzige Teilnehmer am obenerwähnten Wettbewerb, der vollständig aus US-Produktion stammt. Um Entwicklungszeit und Herstellkosten zu sparen, hat der Hersteller von der Cessna CitationJet (siehe Seiten 98/99) den Flügel mit Laminarprofil, das Heckleitwerk, die Triebwerke sowie ein Grossteil der Systeme übernommen. Nur der Rumpf wurde vollständig neu konstruiert. Der CitationJet Trainer ist das einzige Modell im Wettbewerb, welches über zwei Triebwerke verfügt. Während der Flugerprobung zeigte sich, dass das Höhenleitwerk neu konstruiert werden musste. Cessna arbeitet zur Entwicklung eines integralen Ausbildungssystems eng mit Williams und FlightSafety International zusammen. Der Gewinner des JPATS-Wettbwerbs soll im Frühjahr 1995 bekannt gegeben werden. Bisher hat Cessna bei der Publikation von Daten über die 526 grosse Zurückhaltung geübt.
Hersteller: Cessna Aircraft Company, Wichtia, Kansas, USA.

Abmessungen: Keine Angaben erhältlich.

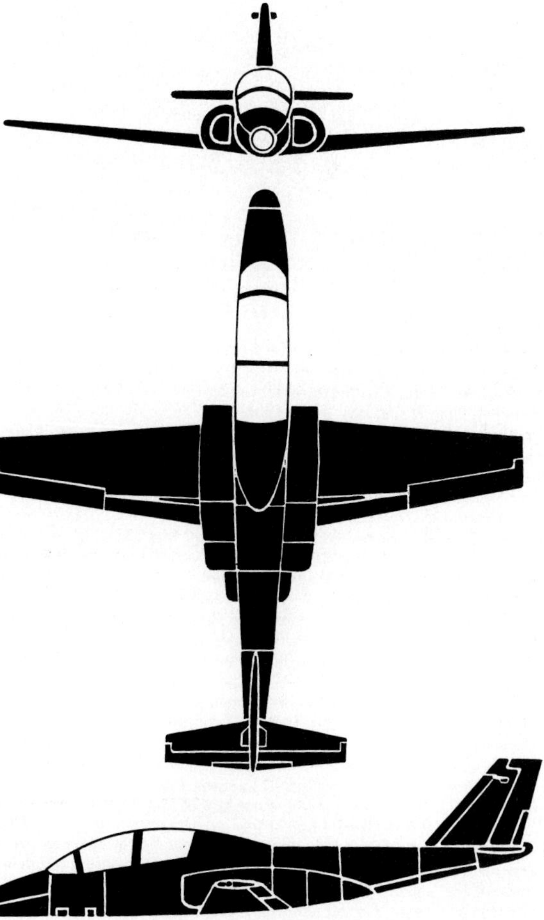

CESSNA 560 CITATION V ULTRA

Ursprungsland: USA.
Kategorie: Firmenflugzeug.
Triebwerke: Zwei Mantelstromtriebwerke Pratt & Whitney JT15D-5D von je 1380 kp (13,54 kN) Standschub.
Leistungen (Citation V): Max. Reisegeschwindigkeit bei einem Fluggewicht von 5897 kg 791 km/h auf 10060 m; max. Anfangssteiggeschwindigkeit 18,54 m/Sek; Gipfelhöhe 13700 m; Steigzeit auf 13110 m 29 Min; Reichweite bei ökonom. Reisegeschwindigkeit mit sechs Passagieren und 45 Min. Reserven 3558 km.
Gewichte: Leergewicht 4060 kg; max. Startgewicht 7390 kg.
Zuladung: Pilot und Copilot/Passagier im Cockpit und Standard-Innenausstattung für acht, max. neun Passagiere.
Entwicklungsstand: Die Citation V Ultra fliegt seit September 1994. Das Ausgangsmuster Citation V nahm die Flugerprobung am 18. August 1987 auf, mit Ablieferungsbeginn im März 1989. Von dieser Version sind bisher rund 270 Einheiten bestellt worden.
Bemerkungen: Die Ultra basiert auf der Citation V, die wiederum eine um rund 0,60 m verlängerte und leistungsfähigere Weiterentwicklung der Citation S/II (siehe Ausgabe 1984/85) darstellt. Nebst den stärkeren Triebwerken und der damit verbundenen höheren Zuladung und Reichweitenleistung wurde ein neues Interieur konzipiert. Zudem ist das Cockpit mit drei EFIS-Anzeigen Honeywell Primus 1000 ausgerüstet. Auch die kleinere Citation II wird einer Modellpflege unterworfen. Unter dem Namen Bravo (siehe Foto) startet im März 1995 eine verbesserte Version, ausgerüstet mit PW530A-Triebwerken von je 1250 kp (12 kN) Standschub, die deutliche Leistungssteigerungen ermöglichen. Sie soll das gleiche Digital-Cockpit erhalten wie die Ultra.
Hersteller: Cessna Aircraft Company, Wichita, Kansas, USA.

Abmessungen: Spannweite 15,90 m, Länge 14,90 m, Höhe 4,75 m, Flügelfläche 31,70 m².

CESSNA 650/660 CITATION VI/VII

Ursprungsland: USA.
Kategorie: Firmenflugzeug.
Triebwerke: Zwei Mantelstromtriebwerke Garrett TFE731-3B-100S von je 1655 kp (16,24 kN) oder TFE731-4R-2S von je 1814 kp (17,79 kN) Standschub.
Leistungen (Citation VII): Max. Reisegeschwindigkeit auf 10670 m und 8165 kg 885 km/h; Langstrecken-Reisegeschwindigkeit 806 km/h; Anfangssteiggeschwindigkeit 18,8 m/Sek; Dienstgipfelhöhe 15545 m; Reichweite mit 45 Min. Reserven 4077 km.
Gewichte (Citation VII): Standard-Leergewicht 5300 kg; max. Startgewicht 10850 kg.
Zuladung: Zwei Mann Cockpitbesatzung und normalerweise sechs Passagiere in Einzelsitzen. Max. Zuladung bis neun Passagiere.
Entwicklungsstand: Rollout des ersten Erprobungsmusters Citation VI am 2. Januar 1991. Ein Erprobungsträger Citation VII flog erstmals im Februar 1991. Ende Januar 1992 erhielt die dem Serienstandard entsprechende Version die Zulassung. Bisher wurden rund 90 Exemplare hergestellt.
Bemerkungen: Die Familie der Citation Jets wird immer grösser. Abgeleitet von der Citation III bzw. V (siehe Ausgabe 1991/92) wurde die Citation VI 1990 als kostengünstige Alternative zur Vorgängerin entwickelt. Bezüglich Dimensionen, Gewichte und Flugleistungen bestehen keine Unterschiede, hingegen ist die Avionik vereinfacht, und es ist nur eine Standardeinrichtung erhältlich. Die Citation VII hingegen, ebenfalls von der Citation III abgeleitet, verfügt über stärkere Triebwerke und deshalb bei gleichen Dimensionen bessere Flugleistungen und grössere Nutzlast. Auch diese Reihe wird einer Verjüngungskur unterworfen. Unter dem Namen Excel wird zurzeit ein Zwischenmuster entwickelt, das viele Komponenten der Citation V Ultra aufweist, verbunden mit dem verkürzten Rumpf der Citation X, welcher den Passagieren in der Kabine durchwegs Stehhöhe ermöglicht. Dank stärkeren Triebwerken ist das Leistungsspektrum wesentlich erweitert. Der Erstflug wird für 1996 erwartet, die Auslieferungen sollen im dritten Quartal 1997 beginnen.
Hersteller: Cessna Aircraft Company, Wichita, Kansas, USA.

Abmessungen: Spannweite 16,31 m, Länge 16,90 m, Höhe 5,12 m, Flügelfläche 29,0 m².

CESSNA 750 CITATION X

Ursprungsland: USA.
Kategorie: Firmenflugzeug.
Triebwerke: Zwei Mantelstromtriebwerke Allison GMA 3007C von je 2900 kp (28,5 kN) Standschub.
Leistungen: Max. Reisegeschwindigkeit auf 11275 m 934 km/h oder Mach 0,88; Langstrecken-Reisegeschwindigkeit 851 km/h; Anfangssteiggeschwindigkeit 22,4 m/Sek; Dienstgipfelhöhe 15545 m; Reichweite mit 45 Min. Reserven 6115 km.
Gewichte: Leer 9250 kg; max. Startgewicht 15650 kg.
Zuladung: Zwei Mann Cockpitbesatzung und normalerweise acht, maximal aber bis zu 12 Passagiere in Einzelsitzen und einer dreiplätzigen Couch.
Entwicklungsstand: Das erste von drei Erprobungsmustern nahm die Flugtests am 21. Dezember 1993 auf. Mit den Kundenauslieferungen soll im Oktober 1995 begonnen werden. Bis jetzt sind ungefähr 10 Bestellungen und 40 Kaufabsichtserklärungen für die Citation X eingegangen.
Bemerkungen: Mit dem Ausgangsmuster Citation III hat die Citation X nur noch den Rumpfquerschnitt gemeinsam. Im übrigen handelt es sich um eine völlig neue Konstruktion. Das Flugzeug soll die höchste Reisegeschwindigkeit aller Zivilflugzeuge ausser der Concorde erreichen. Es ist deshalb mit einem neuartigen und hochentwickelten Flügel versehen, der eine Pfeilung von 35° aufweist, gegenüber 25° bei der Citation III, VI und VII. Als erstes Cessna-Flugzeug verfügt sie über eine servounterstützte Flugsteuerung. Der Rumpfquerschnitt erlaubt durchgehend Stehhöhe. Das Cockpit ist mit dem digitalen EFIS-System Honeywell Primus 2000 ausgerüstet. Die Citation X soll bei Cessna das oberste Segment im Angebot von düsengetriebenen Firmenflugzeugen abdecken.
Hersteller: Cessna Aircraft Company, Wichita, Kansas, USA.

Abmessungen: Spannweite 19,50 m, Länge 19,66 m, Höhe 5,09 m.

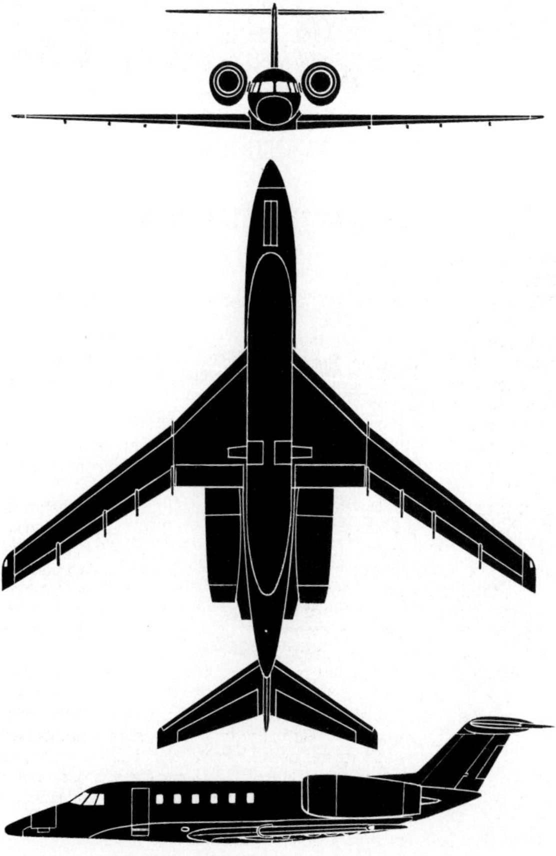

DASSAULT ATLANTIQUE 2 (ATL2)

Ursprungsland: Frankreich.
Kategorie: Langstrecken-Marinepatrouillenflugzeug.
Triebwerke: Zwei Propellerturbinen Rolls-Royce/SNECMA Tyne RTy 20 Mk.21 von je 6100 WPS (4549 kW) Leistung.
Leistungen: Höchstgeschwindigkeit 593 km/h auf Meereshöhe oder 648 km/h auf optimaler Höhe; max. Reisegeschwindigkeit 586 km/h auf 7620 m; normale Reisegeschwindigkeit 556 km/h auf 7600 m; typische Patrouilliengeschwindigkeit 315 km/h; Anfangssteiggeschwindigkeit 10,1 m/Sek; Dienstgipfelhöhe 9100 m; typisches Einsatzprofil: 8 Std. Aufenthalt im Zielgebiet auf 610 bis 915 m Höhe, 1110 km vom Stützpunkt entfernt; Überführungsreichweite 9075 km.
Gewichte: Leer 25700 kg; normales Startgewicht 44200 kg; max. Startgewicht 50640 kg.
Zuladung: Zwölf Mann Besatzung: Zwei Piloten, ein Flugingenieur, drei Beobachter, ein Navigator, ein ESM/ECM/MAD-Operateur, ein Radaroperateur, ein taktischer Einsatzleiter und zwei Sonarbojenoperateure.
Bewaffnung: Bis zu acht zielsuchende Torpedos Mk.46, neun 250-kg-Bomben oder zwölf Tiefenbomben plus zwei Lenkwaffen AM-39 Exocet. Vier Flügelstationen mit einer max. Tragkraft von 3500 kg.
Entwicklungsstand: Erstflug des ersten von zwei Prototypen am 8. Mai 1981, des ersten Serienflugzeugs am 19. Oktober 1988. Die Aéronavale erhält bis 2001 insgesamt 30 Maschinen. Die erste Maschine wurde am 26. Oktober 1989 an die Aéronavale ausgeliefert.
Bemerkungen: Die Atlantique 2, auch als ATL2 bezeichnet, ist eine modernisierte Version der Atlantique 1 (oder ATL1), wovon Dassault bis 1973 insgesamt 87 Einheiten baute. War die ATL1 ein multinationales Programm, haben sich an der ATL2 bisher nur die Franzosen beteiligt. Dassault offeriert der RAF als Ersatz für die Nimrod 25 sog. «Atlantique 2 1/2» mit neuen Allison AE2100-Triebwerken und verbesserten Flugleistungen. Auch die Missions-Elektronik wäre zu weiten Teilen neu.
Hersteller: Avions Marcel Dassault-Breguet Aviation, Vaucresson, Frankreich.

Abmessungen: Spannweite 37,42 m, Länge 31,62 m, Höhe 10,89 m, Flügelfläche 120,34 m².

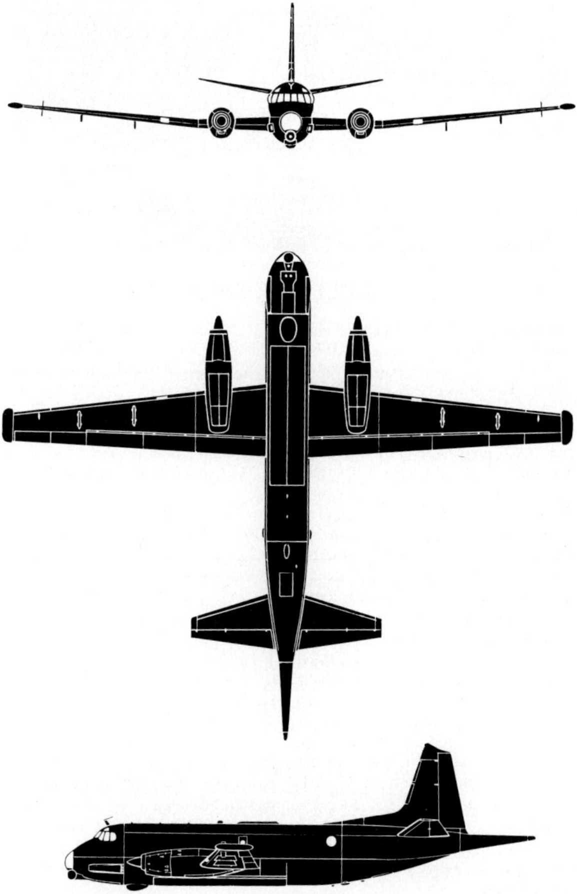

DASSAULT FALCON 900EX

Ursprungsland: Frankreich.
Kategorie: Firmenflugzeug.
Triebwerke: Drei Mantelstromtriebwerke Garrett TFE731-60 von je 2270 kp (22,13 kN) Standschub.
Leistungen (900B): Höchstgeschwindigkeit bei 12250 kg 924 km/h auf 10975 m (Mach 0,87); max. Reisegeschwindigkeit 893 km/h auf 11890 m (Mach 0,84); Langstrecken-Reisegeschwindigkeit 797 km/h auf 11275 m (Mach 0,75); Dienstgipfelhöhe 15550 m; Reichweite mit max. Nutzlast und IFR-Reserven 6412 km, mit 15 Passagieren 6968 km und mit acht Passagieren 7227 km.
Gewichte (900B): Rüstgewicht 10615 kg; max. Startgewicht 20640 kg.
Zuladung: Zwei Piloten und, je nach Innenausstattung, 8 bis 15 Passagiere. Maximale Passagierkapazität 19 Personen in Dreierreihen.
Entwicklungsstand: Erstflug des ersten Prototypen des Falcon 900 am 21. September 1984. Die Ablieferungen begannen am 19. Dezember 1986 und Ende 1993 waren rund 120 Falcons 900 beider Varianten bestellt. Die Version 900EX soll im Mai 1995 erstmals fliegen.
Bemerkungen: Die Falcon 900 ist das grösste Modell in der Mystère-Falcon-Familie von Geschäftsreiseflugzeugen und wird u.a. von mehreren Nationen für Regierungsaufträge eingesetzt. Zwei Exemplare für Seeüberwachungsaufgaben setzt die Japanese Maritime Safety Agency ein. Mit der neuen Version EX bietet Dassault ein Modell mit nochmals erweiterter Reichweitenleistung an. Sie soll in der Lage sein, mit acht Passagieren bis zu 8300 km weit zu fliegen. Um das durch die grössere Treibstoffzuladung erhöhte Abfluggewicht aufzufangen, sind etwas stärkere Triebwerke vorgesehen.
Hersteller: Avions Marcel Daussault-Breguet Aviation, Vaucresson, Frankreich.

Abmessungen: Spannweite 19,33 m, Länge 20,21 m, Höhe 7,55 m, Flügelfläche 49,03 m².

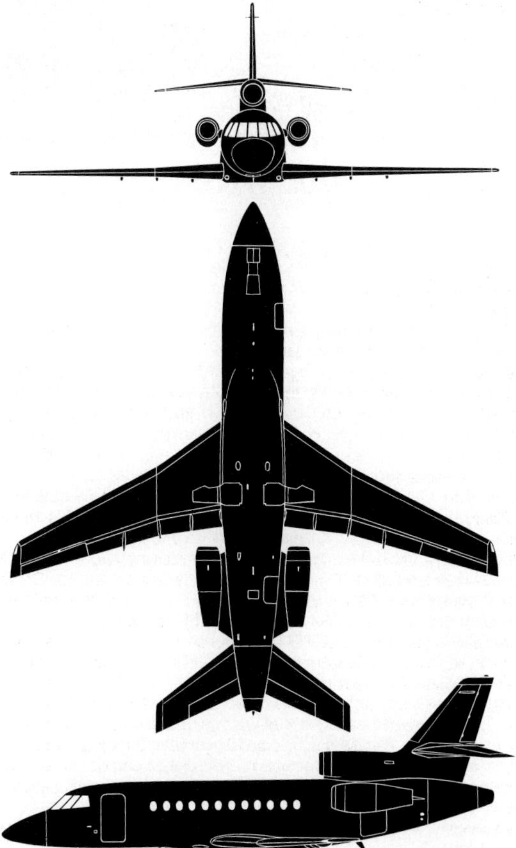

DASSAULT FALCON 2000

Ursprungsland: Frankreich.
Kategorie: Firmenflugzeug.
Triebwerke: Zwei Mantelstromtriebwerke General Electric/Garrett CFE 738 von je 2721 kp (26,7 kN) Standschub.
Leistungen: Max. Reisegeschwindigkeit auf 11890 m 903 km/h (Mach 0,85); Dienstgipfelhöhe 14300 m; Reichweite mit acht Passagieren, max. Treibstoffzuladung und NBAA-Reserven 5550 km, mit max. Nutzlast rund 1850 km.
Gewichte: Rüstgewicht 8936 kg; max. Startgewicht 15875 kg.
Zuladung: Zwei Piloten im Cockpit und je nach Innenausstattung acht bis zwölf Passagiere in der Kabine, bei enger Bestuhlung sogar 19 Passagiere.
Entwicklungsstand: Das Programm wurde noch unter der Bezeichnung Falcon X im Juni 1989 öffentlich bekannt. Der eigentliche Programmstart erfolgte am 4. Oktober 1990, gefolgt vom Erstflug des Erprobungsmusters am 4. März 1993. Zulassung und Beginn der Ablieferungen an Kunden ab Ende 1994, zuerst an ALG Aeroleasing, Genf. Bisher sind 50 Bestellungen/Optionen eingegangen.
Bemerkungen: Die Falcon 2000 verfügt über den gleichen komfortablen Rumpfquerschnitt mit durchgehender Stehhöhe wie die Falcon 900/900B (siehe Seiten 110/111). Dank nur zwei Triebwerken kann sie deutlich wirtschaftlicher betrieben werden. Das Cockpit ist mit vier CRT EFIS-Displays des Typs Collins Pro Line 4 ausgerüstet. Als erstes Geschäftsreiseflugzeug kann die Falcon 2000 mit einem Head-up Display (HUD) als Option ausgerüstet werden. Sie soll nicht, wie ursprünglich erwartet, die Familie der Falcon 10/100 bzw. 20/200 ersetzen, sondern vielmehr die Angebotslücke zwischen diesen und der dreistrahligen Falcon 50/900 schliessen. Der Flügel ist mit wenigen Modifikationen von letzterer übernommen worden.
Hersteller: Avions Marcel Dassault-Breguet Aviation, Vaucresson, Frankreich.

Abmessungen: Spannweite 19,33 m, Länge 20,23 m, Höhe 6,99 m, Flügelfläche 49,02 m².

DASSAULT MIRAGE 2000-5

Ursprungsland: Frankreich
Kategorie: Ein- oder zweisitziges Mehrzweckkampfflugzeug.
Triebwerke: Ein Mantelstromtriebwerk SNECMA M53-P2 von 6558 kp (64,3 kN) Standschub ohne und 9700 kp (95,1 kN) mit Nachbrenner.
Leistungen: Höchstgeschwindigkeit über längere Zeit 2230 km/h oder Mach 2,1 auf über 11000 m, bzw. 1118 km/h oder Mach 0,912 im Tiefflug mit acht 250-kg-Bomben und zwei Magic Luft-Luft-Lenkwaffen ohne Nachbrenner; max. Anfangssteiggeschwindigkeit 305 m/Sek; Steigzeit auf 15000 m und Beschleunigung auf Mach 2,0 4 Min; Reichweite mit max. interner und externer Treibstoffzuladung 3355 km; taktischer Einsatzradius mit zwei abwerfbaren 1700-l-Zusatztanks, 1000 kg Waffen und zwei Magic-Lenkwaffen 1500 km.
Gewichte: Leergewicht 7500 kg; Startgewicht ohne Aussenlasten 9500 kg; max. Startgewicht 15000 kg.
Bewaffnung: Als Abfangjäger typischerweise zwei 30-mm-DEFA-Kanonen, zwei Kurzstrecken-Luft-Luft-Lenkwaffen Magic und vier mit einem Aktivradar ausgerüstete Mittelstrecken-Luft-Luft-Lenkwaffen Mica. Als Erdkämpfer Waffenlasten bis zu 6500 kg, verteilt auf fünf Rumpf- und vier Flügelstationen.
Entwicklungsstand: Der erste zweisitzige Prototyp der Mirage 2000-5-Version flog erstmals am 24. Oktober 1990, gefolgt vom einsitzigen Muster am 27. April 1991. Taiwan hat 60 Einheiten, Oman bis zu 20 bestellt, Frankreich wird 37 heutige Mirage 2000 in diese Version umbauen. Von allen Mirage 2000-Varianten sind 570 Einheiten bestellt worden.
Bemerkungen: Die Mirage 2000-5 ist eine verbesserte Mehrzweckvariante mit neuem Multifunktionsradar RPY und modernisiertem Cockpit. Zudem wurde die Struktur verstärkt, um höhere Belastungen auszuhalten. Daneben wird noch die zweisitzige Tiefangriffsversion 2000D produziert (siehe Ausgabe 1991/92). Eine vereinfachte Ableitung davon für den Exportmarkt Mirage 2000S ist bisher noch nicht bestellt worden.
Hersteller: Avions Marcel Dassault-Breguet Aviation, Vaucresson, Frankreich.

Abmessungen: Spannweite 9,13 m, Länge 14,36 m, Höhe 5,02 m, Flügelfläche 41,00 m2.

DASSAULT RAFALE D/M

Ursprungsland: Frankreich.
Kategorie: Zweisitziges Mehrzweckkampflugzeug/Einsatztrainer (D) bzw. einsitziger, bordgestützter Abfangjäger und Mehrzweckkampfflugzeug (M).
Triebwerke: Zwei Mantelstromtriebwerke SNECMA M88-2 von je 4966 kp (48,7 kN) Standschub ohne und 7438 kp (72,9 kN) mit Nachbrenner.
Leistungen (geschätzt): Höchstgeschwindigkeit 2124 km/h über 10975 m (Mach 2,0), 1390 km/h im Tiefflug (Mach 1,15); taktischer Einsatzradius in Abfangmission mit acht Mica Luft-Luft-Lenkwaffen, einem Zusatztank von 1700 l unter dem Rumpf und je einem von 1300 l unter den Flügeln 1853 km, bei einem Einsatzprofil hoch-tief-tief-hoch mit 12 250-kg-Bomben, vier Mica-Lenkwaffen und Zusatztanks von insgesamt 4300 l 1093 km.
Gewichte: Rüstgewicht (D) 8600, (M) 9800 kg; max. Startgewicht 19500 bis 21500 kg.
Bewaffnung: Eine 30-mm-GIAT-DEFA-Kanone und normalerweise eine Waffenlast von 6000 kg, max. 8000 kg, verteilt auf 13 Aufhängepunkte unter Rumpf und Flügeln sowie an den Flügelenden.
Entwicklungsstand: Erstflug des ersten von vier Prototypen (Rafale C) am 19. Mai 1991, des zweiten als Marineversion Rafale M (siehe Silhouette) am 12. Dezember 1991. Der Doppelsitzer-Prototyp Rafale B folgte im Frühjahr 1993. Der vierte Prototyp Rafale M 02 schliesslich fliegt seit 8. November 1993. Nach heutiger Planung erhält die französische Luftwaffe 235 Rafale B, während für die französische Marine 86 Rafale M vorgesehen sind, die ab 1997 geliefert werden.
Bemerkungen: Die Marineversion Rafale M ist mit den Landversionen Rafale B und C strukturell zu 95 % identisch. Um den harten Einsatz ab Flugzeugträgern auszuhalten, wurden aber einzelne Elemente verstärkt, so dass das Leergewicht um rund 750 kg höher liegt. Völlig neu und wesentlich kräftiger ausgelegt ist das Fahrwerk für Katapultkräfte von bis zu 120 t! Ursprünglich wollte die Armée de l'Air 225 einsitzige Rafale C und 25 zweisitzige Rafale B bestellen. Aus Kostengründen wurde die einsitzige Variante gestrichen, sie bleibt aber für den Export weiter im Angebot.
Hersteller: Avions Marcel Dassault-Breguet Aviation, Vaucresson, Frankreich.

Abmessungen: Spannweite inkl. Lenkwaffen an den Flügelspitzen 10,90 m, Länge 15,30 m, Höhe 5,18 m, Flügelfläche 45,00 m².

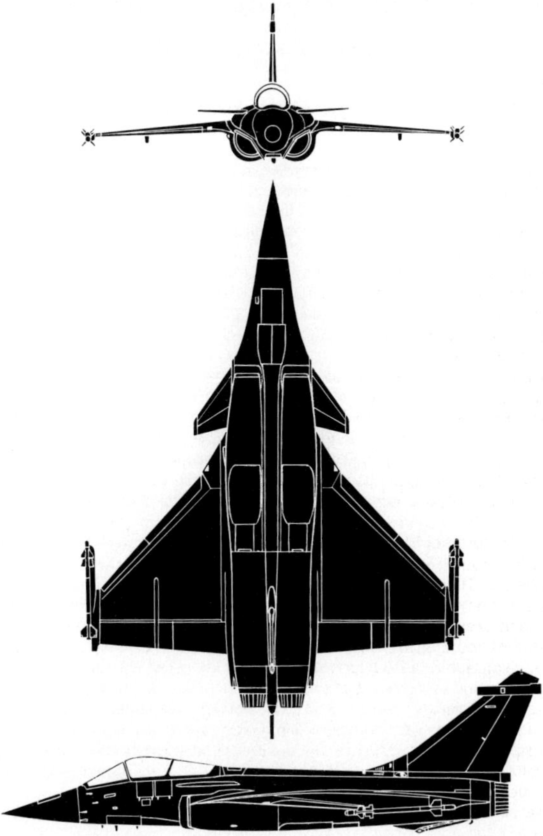

DE HAVILLAND CANADA DASH 8-300A

Ursprungsland: Kanada.
Kategorie: Regionalverkehrsflugzeug.
Triebwerke: Zwei Propellerturbinen Pratt & Whitney Canada PW123 von je 2380 WPS (1776 kW) oder als Option 2500 WPS (1864 kW) Leistung.
Leistungen: Max. Reisegeschwindigkeit bei 18530 kg 531 km/h auf 4575 m, 523 km/h auf 6100 m; ökonom. Reisegeschwindigkeit 444 km/h; max. Reiseflughöhe 7620 m; Anfangssteiggeschwindigkeit 9,1 m/Sek; Dienstgipfelhöhe 7620 m; Reichweite mit 50 Passagieren und IFR-Reserven 1556 km, als Option 2315 km.
Gewichte: Rüstgewicht 11657 kg; max. Startgewicht 18643 kg, als Option 19505 kg.
Zuladung: Zwei Piloten und Standard-Innenausstattung für 50 Passagiere in Viererreihen. Maximal 56 Passagiere. Max. Nutzlast 6505 kg.
Entwicklungsstand: Die erste Dash 8-300 fliegt seit 15. Mai 1987. Erste Ablieferung erfolgte am 27. Februar 1989. Die Variante -300A mit erhöhtem Abfluggewicht ist seit 24. August 1990 im Einsatz. Seither werden nur noch Flugzeuge dieser Version hergestellt. Ende November 1994 waren 410 Dash 8 bestellt und deren 385 an über 60 Kunden ausgeliefert.
Bemerkungen: Die Dash 8-300 unterscheidet sich von der Dash 8-100 hauptsächlich durch den längeren Rumpf, welcher durch Einsetzen eines 1,85 m messenden Rumpfsegments vor dem Flügel und eines solchen von 1,57 m hinter dem Flügel entstand. Verlängerte Flügelspitzen und stärkere Triebwerke sind weitere Merkmale. Das Grundmuster trägt die Bezeichnung Srs.301; die Srs.320B bzw. Combiversion 320C werden als Dash 8-300A angeboten und verfügen über ein höheres Abfluggewicht und verbesserte Inneneinrichtung. Mitte 1995 fällt der Entscheid über Realisierung der um 5,80 m gestreckten Variante -400 für bis zu 70 Passagiere. Sie wird über stärkere Triebwerke und über ein breiteres Flügelmittelstück verfügen. Die australischen Zollbehörden haben drei mit Suchradar ausgerüstete DHC-8-200 zur Küstenüberwachung bestellt.
Hersteller: The de Havilland Aircraft of Canada Ltd. (Tochtergesellschaft von Bombardier, Downsview, Ontario, Kanada.

Abmessungen: Spannweite 27,43 m, Länge 25,68 m, Höhe 7,49 m, Flügelfläche 56,20 m^2.

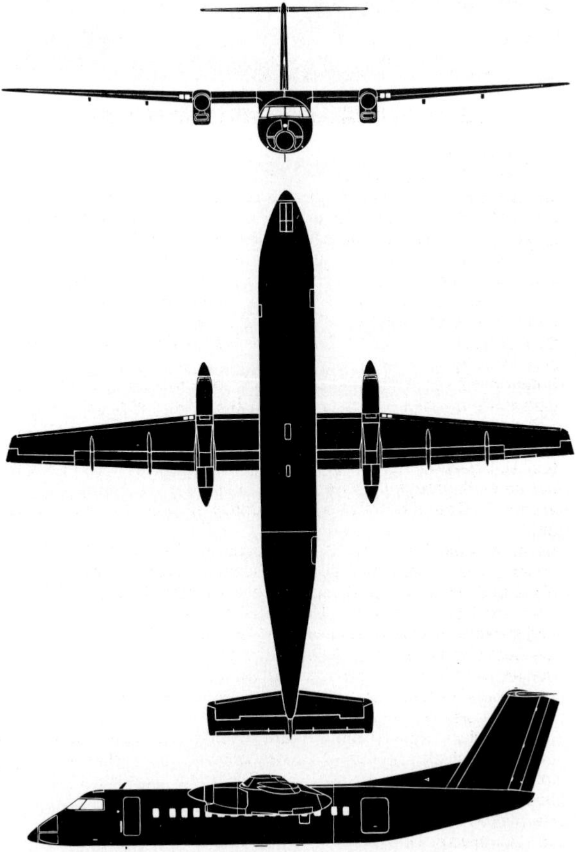

DEUTSCHE AEROSPACE (DORNIER) 328-110

Ursprungsland: Bundesrepublik Deutschland.
Kategorie: Regionalverkehrsflugzeug.
Triebwerke: Zwei Propellerturbinen Pratt & Whitney Canada PW119B von je 2180 WPS (1625 kW) Leistung.
Leistungen: Max. Reisegeschwindigkeit 620 km/h auf 7620 m; Anfangssteiggeschwindigkeit 12,34 m/Sek; Dienstgipfelhöhe 9450 m; Reichweite mit max. Nutzlast 1850 km; max. Reichweite mit 16 Passagieren 2780 km.
Gewichte: Rüstgewicht 9175 kg; max. Startgewicht 13990 kg.
Zuladung: Zwei Piloten und 30 bis 33 Passagiere in Dreierreihen mit Mittelgang bzw. max. 39 Passagiere in Viererreihen. Max. Nutzlast 3450 kg.
Entwicklungsstand: Der Erstflug des ersten von vier Erprobungsmustern erfolgte am 6. Dezember 1991, der zweite nahm die Flugerprobung am 4. Juni 1992 auf. Das erste Serienmuster wurde am 21. Oktober 1993 der Air Engadina übergeben. Bis Ende 1994 sind Aufträge für 90 Einheiten (plus 50 Optionen) von 15 Bestellern eingegangen.
Bemerkungen: Die Do 328 ist für ihre Klasse eine extrem schnelle Maschine und in der Auslegung des kreisförmigen Rumpfes mit Druckkabine sehr auf Komfort der Passagiere bedacht. Sie weist einen superkritischen Flügel neuester Technologie auf. Dies ermöglicht der Maschine, von kurzen und unvorbereiteten Pisten starten und landen zu können. Die Do 328 ist das erste kommerzielle Flugzeug, welches über einen Druckspant aus Kunststoff verfügt (Kevlar kombiniert mit karbonverstärktem Plastik). Neben der Passagierausführung werden weiter eine Geschäftsreiseversion (wofür die erste Bestellung bereits eingegangen ist), zivile und militärische Frachter sowie eine Überwachungsvariante angeboten. Auf die Herstellung einer vergrösserten Variante hat DASA definitiv verzichtet. Hingegen wurde die Version -110 im Oktober 1994 zugelassen, die aerodynamisch verfeinert ist, einen etwas grösseren Propeller besitzt und in mehreren Bereichen höhere Leistungen erbringt.
Hersteller: Deutsche Aerospace/Dornier GmbH, Wessling, BRD.

Abmessungen: Spannweite 20,98 m, Länge 21,22 m, Höhe 7,20 m.

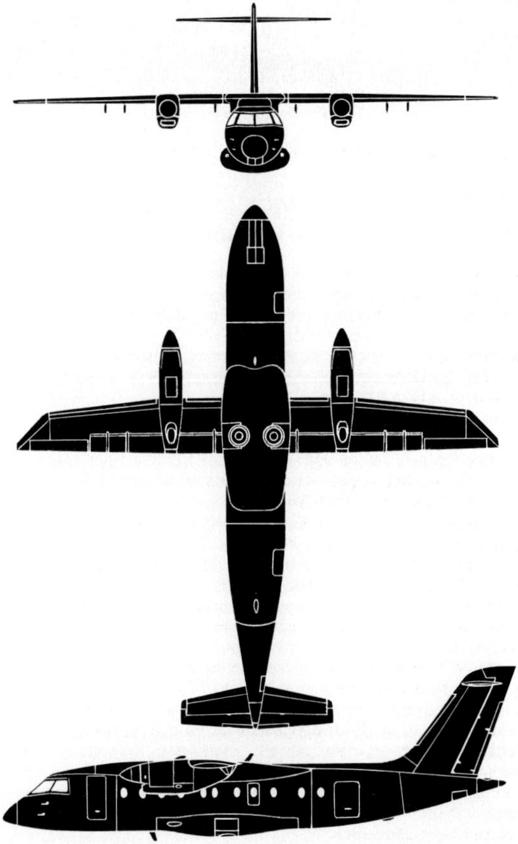

DEUTSCHE AEROSPACE (DASA)/ROCKWELL FANRANGER

Ursprungsland: Bundesrepublik Deutschland und USA.
Kategorie: Leichter strahlgetriebener Basistrainer.
Triebwerke: Ein Mantelstromtriebwerk Pratt & Whitney JT15C-4 von 1170 kp (14,17 kN) Standschub.
Leistungen: Höchstgeschwindigkeit 610 km/h auf Bodenhöhe, 742 km/h auf 9144 m; Steigzeit auf 5500 m 8 Min; Dienstgipfelhöhe 11500 m; Flugdauer rund 2, 5 Std; Reichweite 1800 km.
Gewichte: Leer ca. 2170 kg; max. Startgewicht 3500 kg.
Entwicklungsstand: Der erste Prototyp nahm am 15. Januar 1993 die Flugerprobung auf, gefolgt vom zweiten am 14. Juni 1993. Dieser ging aber am 27. Juli 1993 verloren und wurde durch einen dritten Prototypen ersetzt, Erstflug am 20. Juni 1994.
Bemerkungen: Aus dem mantelschraubengetriebenen Fantrainer (siehe Ausgabe 1987/88) wurde das integrierte Strahltrainer-Ausbildungssystem Fanranger entwickelt. Damit beteiligen sich DASA/Rockwell am JPATS-Wettbewerb von USAF/USN. Das komplette Ausbildungssystem umfasst nebst dem Fluggerät auch Simulatoren, Lernprogramme und das Management. Von Rhein-Flugzeugbau (RFB) stammen das aerodynamische Grundkonzept, der Rumpfvorderteil, Leitwerk und Rumpfheck, das Steuersystem sowie die Triebwerkinstallation. Der Rest ist eine Neukonstruktion, wobei man besonders auf robuste und kostengünstige Herstellweise achtete. Das Cockpit ist mit EFIS-Anzeigen ausgerüstet. Aufgrund der Erprobungsresultate wurden am dritten Prototypen die Luftbremsen neu plaziert sowie das Rumpfheck partiell verstärkt.
Hersteller: Deutsche Aerospace (DASA), Ottobrunn, Bundesrepublik Deutschland und Rockwell International, North American Division, El Segundo, Kalifornien, USA.

Abmessungen: Spannweite 10,64 m, Länge 10,89 m, Höhe 3,90 m, Flügelfläche 15,55 m².

DORNIER MALAYSIA SEASTAR CD-2

Ursprungsland: Bundesrepublik Deutschland und Malaysia.
Kategorie: Leichtes Mehrzweckamphibium.
Triebwerke: Zwei Propellerturbinen Pratt & Whitney Canada PT6A-135A vis-à-vis angeordnet von je 650 WPS (485 kW) Leistung.
Leistungen (bei einem Fluggewicht von 4000 kg): Max. Reisegeschwindigkeit 352 km/h auf 3000 m; Anfangssteiggeschwindigkeit 8,0 m/Sek; Dienstgipfelhöhe 8600 m; Reichweite mit 12 Passagieren inkl. 10 % Reserven 555 km, mit 450 kg Nutzlast 1680 km; Überführungsreichweite 1850 km.
Gewichte: Leer 2800 kg; max. Startgewicht 4600 kg.
Zuladung: Zwei Piloten und bis zu 12 Passagiere in Dreierreihen oder als Ambulanzflugzeug fünf Patienten und zwei Pfleger.
Entwicklungsstand: Der Prototyp absolvierte den Jungfernflug bereits am 17. August 1984, das erste stark modifizierte Serienflugzeug am 24. April 1987. Zwar wurde die Musterzulassung im Oktober 1990 erteilt, hingegen konnte die Produktion wegen Konkurses des Herstellers nie aufgenommen werden. Ein deutsch-malaysisches Konsortium wird nun ab 1995 die Seastar in Malaysia herstellen. Bereits liegen 26 Aufträge bzw. Optionen vor.
Bemerkungen: Die Zelle dieses Amphibienflugzeuges ist weitgehend in glasfaser- und graphitverstärkem Epoxydharz aufgebaut und damit sehr korrosionsbeständig gegen Meerwasser. Ohne Spezialausrüstung kann die Seastar von Graspisten, vom Wasser sowie von Schnee- und Eisflächen aus eingesetzt werden. Als Marineüberwachungs- und Seenotrettungsflugzeug könnte die Seastar dank der speziellen Anordnung der Triebwerke mit einer stillgelegten Turbine bis zu acht Stunden auf Station bleiben.
Hersteller: Dornier Seastar Malaysia (DSM), Werk Penang Airport, Malaysia.

Abmessungen: Spannweite 17,80 m, Länge 12,46, Höhe 4,60 m, Flügelfläche 30,60 m².

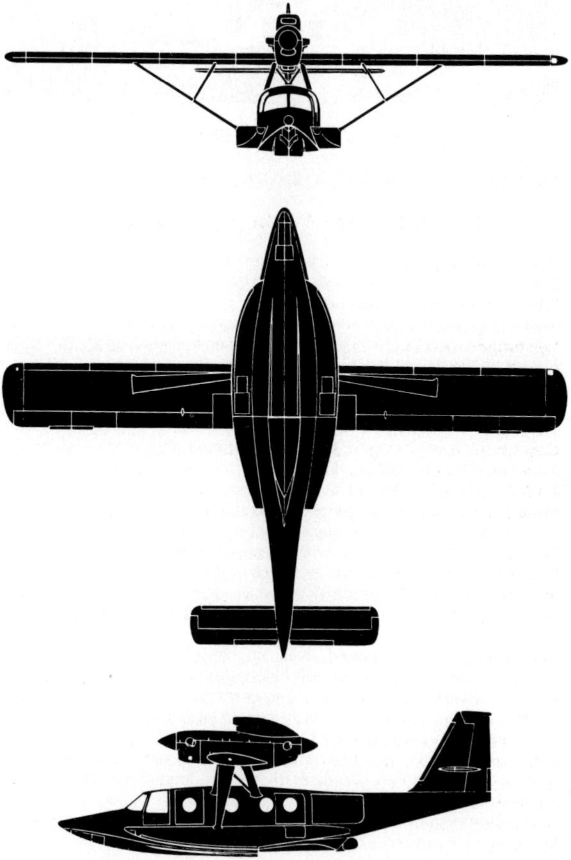

EH INDUSTRIES EH 101

Ursprungsland: Grossbritannien und Italien.
Kategorie: U-Boot-Jäger sowie ziviler und militärischer Transporthubschrauber.
Triebwerke: Drei Gasturbinen (RN) Rolls-Royce-Turboméca RTM 322 von je 2312 WPS (1566 kW) oder (Italienische Marine) General Electric T700-GE-T6A von je 1714 WPS (1278 kW) oder (NSA) CT7-6A1 von je 2000 WPS (1491 kW) Leistung.
Leistungen (CT7-6): Max. Fluggeschwindigkeit 308 km/h; typische Reisegeschwindigkeit 272 km/h; ökonom. Reisegeschwindigkeit 267 km/h; Schwebehöhe mit Bodeneffekt 2745 m, ohne Bodeneffekt 1675 m; max. Flughöhe 4600 m; Reichweite mit 30 Passagieren und üblichen Reserven 926 km; Überführungsreichweite mit Zusatztanks 1760 km.
Gewichte: Rüstgewichte ASW-Ausführung 9275 kg, Militärversion 9000 kg, Zivilausführung 8993 kg; max. Startgewicht ASW-Ausführung 13530 kg, übrige 14288 kg.
Zuladung: Zwei Piloten und bis zu 30 Passagiere; max. Nutzlast 6700 kg.
Bewaffnung: Zwei Leichtgewichttorpedos Stingray und die Möglichkeit, Antischiffslenkwaffen der Exocet-Harpoon-Klasse mitzuführen.
Entwicklungsstand: Die erste von neun Entwicklungs- und Versuchsmaschinen flog erstmals am 9. Oktober 1987 (Grossbritannien), die zweite am 14. Dezember 1987 (Italien). Flugzeuge Nummer vier (seit 1993 mit RTM 322-Triebwerken ausgerüstet) und fünf sind Marineprototypen, Nummer sechs der Mehrzweckprototyp der Armeeversion und Nummer acht und neun sind Zivilausführungen. Grossbritannien wird voraussichtlich 50, Italien 38 ASW-Hubschrauber bestellen. Der Zeitpunkt der Indienststellung ist aber immer noch nicht genau bekannt.
Bemerkungen: Obwohl noch nicht einmal im Einsatz, stellt die Royal Navy bereits Überlegungen für eine aufdatierte ASW-Version an. Nebst Verbesserungen an der Zellenstruktur soll die Missions- und Abwehrfähigkeit erhöht werden. Westland offeriert im übrigen der RAF eine als mittelschwerer Kampfzonentransporter ausgelegte Variante. Von der Zivilausführung (siehe Foto) sind noch keine Einheiten bestellt worden.
Hersteller: EH Industries Ltd., London, Grossbritannien.

Abmessungen: Rotordurchmesser 18,59 m, Rumpflänge 19,51 m, Höhe inkl. Rotorkopf 5,21 m.

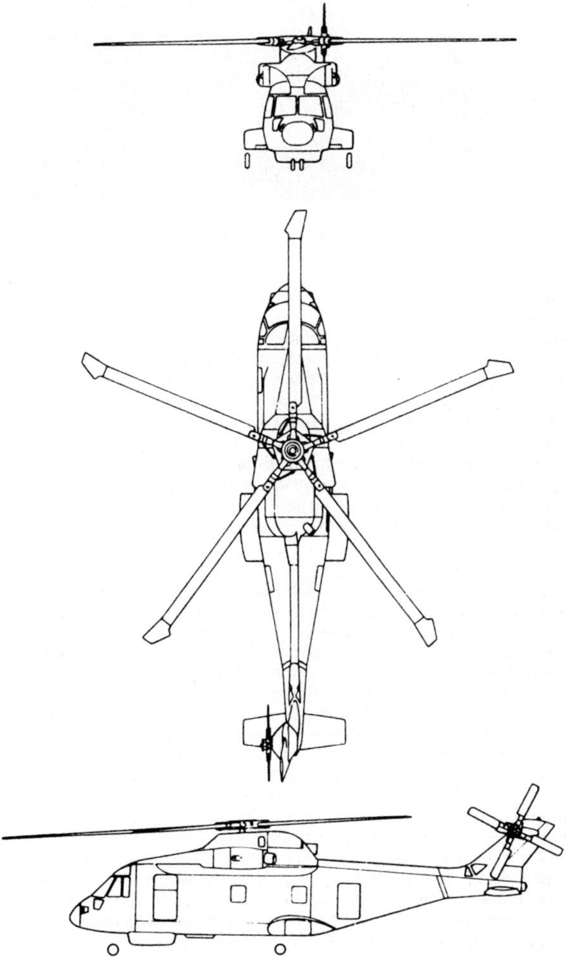

EMBRAER EMB-120ER BRASILIA

Ursprungsland: Brasilien.
Kategorie: Regionalverkehrs- und Firmenflugzeug.
Triebwerke: Zwei Propellerturbinen Pratt & Whitney Canada PW118A von je 1800 WPS (1342,9 kW) Leistung.
Leistungen: Höchstgeschwindigkeit 608 km/h auf 6100 m; max. Reisegeschwindigkeit 574 km/h auf 7620 m; Langstrecken-Reisegeschwindigkeit 483 km/h auf 7620 m; Anfangssteiggeschwindigkeit 10,77 m/Sek; Dienstgipfelhöhe 9755 m; max. Reichweite mit der max. Nutzlast von 30 Passagieren 1460 km.
Gewichte: Leergewicht 7070 kg; max. Startgewicht 11990 kg.
Zuladung: Zwei Piloten und Innenausstattungen für 24, 26 oder 30 Passagiere in Dreierreihen mit versetztem Mittelgang. Kombinierte Passagier-/Frachtversion für 24 oder 26 Passagiere und 900 kg Fracht. Als Frachter 4000 kg.
Entwicklungsstand: Drei Prototypen, die am 27. Juli 1983, am 21. Dezember 1983 und am 9. Mai 1984 erstmals flogen. Beginn der Ablieferungen im August 1985. Das erste Firmenflugzeug wurde an UTC im September 1986 geliefert. Bis Ende 1994 waren von 26 verschiedenen Bestellern 315 Maschinen in Auftrag gegeben, davon 283 geliefert.
Bemerkungen: Die Brasilia-Familie wird immer zahlreicher. Die oben beschriebene Ausführung für grössere Reichweiten EMB-120ER wird seit 1991 angeboten und ist ebenfalls als Nachrüstsatz für ältere Maschinen erhältlich. Erst kürzlich wurde die erste Kombiversion EMB-120QC (Quick Change) ausgeliefert. Diese kann innert kürzester Zeit vom Passagier- zum Frachtflugzeug umgerüstet werden. Auch eine reine Frachtversion EMB-120 Cargo wird angeboten. Die Bezeichnung EMB-120ERX steht für die neueste Ausführung, die eine Fülle von Detailverbesserungen aufweist, u.a. bezüglich Passagierkomfort, Wirtschaftlichkeit und Wartung sowie Aerodynamik. Ganz neu wurde durch die brasilianische Luftwaffe eine AEW-Version, ausgerüstet mit dem Frühwarnradar Ericsson Erieye, in fünf Exemplaren bestellt.
Hersteller: EMBRAER (Emprêsa Brasileira de Aeronautica SA), Sao José dos Campos, Brasilien.

Abmessungen: Spannweite 19,78 m, Länge 20,00 m, Höhe 6,35 m, Flügelfläche 39,43 m².

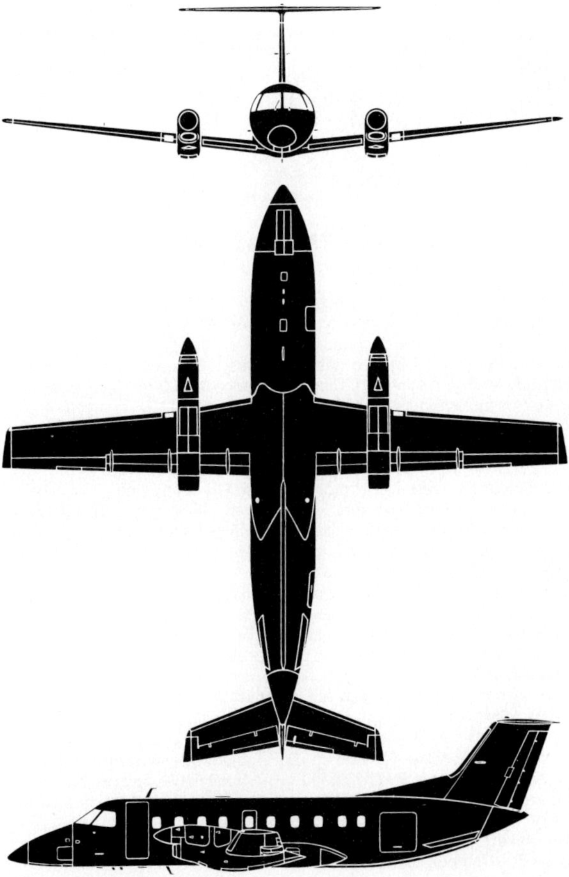

EMBRAER EMB-145 AMAZON

Ursprungsland: Brasilien.
Kategorie: Regionalverkehrsflugzeug.
Triebwerke: Zwei Mantelstromtriebwerke Allison GMA 3007A von 3190 kp (31,3 kN) Standschub.
Leistungen (nach Angaben des Herstellers): Max. Reisegeschwindigkeit 800 km/h auf 10668 m; Dienstgipfelhöhe 11270 m; Reichweite mit max. Passagierzuladung 1482 km.
Gewichte: Leergewicht 11585 kg; max. Startgewicht 19200 kg.
Zuladung: Zwei Piloten und je nach Innenausstattung bis zu 50 Passagiere in Dreierreihen mit Mittelgang. Max. Nutzlast 5515 kg.
Entwicklungsstand: Der Prototyp soll die Flugerprobung im Mai 1995 aufnehmen, gefolgt von drei Vorserienmaschinen. Die Einsatzbereitschaft wird für die zweite Hälfte von 1996 erwartet. Bisher sind zehn Bestellungen, zwei Optionen und rund 135 Kaufsabsichten von 16 Airlines für die EMB-145 eingegangen.
Bemerkungen: Nach mehrmaligem Abändern des Konzepts steht nun eine definitive Ausführung in Bau. Aehnlich wie beim Regional Jet (siehe Seiten 92/93) soll die EMB-145 auch im Regionalverkehr den Düsenantrieb einführen, damit längere Steckenabschnitte, beispielsweise in dünnerbesiedelten Regionen, schneller und komfortabler bedient werden können. Mehrere Firmen auf der ganzen Welt partizipieren an der Entwicklung. Die Rumpfgrundkonstruktion sowie andere Elemente sind von der EMB-120 übernommen, während es sich in den anderen Bereichen um eine völlige Neukonstruktion handelt. Bereits wird auch eine Version für grössere Reichweiten EMB-145ER (Extended Range) angeboten. Bei einem höheren Abfluggewicht von 20600 kg soll sie 50 Passagiere 2185 km weit befördern können.
Hersteller: EMBRAER (Emprêsa Brasileira de Aeronautica SA), Sao José dos Campos, Brasilien.

Abmessungen: Spannweite 20,04 m, Länge 29,87 m, Höhe 6,71 m.

EMBRAER EMB-312H SUPER TUCANO

Ursprungsland: Brasilien.
Kategorie: Zweisitziger Basis- und Fortgeschrittenentrainer.
Triebwerke: Eine Propellerturbine Pratt & Whitney Canada PT6A-68/1 von 1600 WPS (1190 kW) Leistung.
Leistungen: Höchstgeschwindigkeit 563 km/h; max. Reisegeschwindigkeit 535 km/h; Anfangssteiggeschwindigkeit 22 m/Sek; Dienstgipfelhöhe 11600 m; Reichweite auf 9140 m mit 30 Min. Reserven 1500 km; max. Flugdauer 4 Std. 40 Min.
Gewichte: Leergewicht 2390 kg; max. Startgewicht unbewaffnet 3160 kg, mit Waffenlast 3790 kg.
Bewaffnung (als Waffentrainer und leichter Erdkämpfer): Zwei Flügelstationen für je 250 kg Waffenlasten.
Entwicklungsstand: Der erste von zwei Prototypen flog am 15. Mai 1993. Vom Ausgangsmuster EMB-312 Tucano (siehe Ausgabe 1991/92) sind bisher 650 Bestellungen von 14 Luftwaffen eingegangen, davon bis Ende 1994 rund 580 geliefert. Als vorläufig letzter Kunde hat die französische Luftwaffe 80 EMB-312F bestellt. Für eine einsitzige Erdkampfversion ALX der Super Tucano interessiert sich die brasilianische Luftwaffe. Der Bedarf soll sich bei 120 Maschinen bewegen.
Bemerkungen: Die Version H ist eine wesentliche Weiterentwicklung des Ausgangsmusters. Das PT6A-25C-Triebwerk von 750 WPS mit Vierblatt-Propeller wurde durch das mehr als doppelt so starke PT6A-67R mit einem Fünfblattrotor ersetzt. Dadurch erbringt die Super Tucano Flugleistungen, die sonst nur Düsenflugzeuge erreichen. Weiter wurden Zero-Zero-Schleudersitze und ein Druckbetankungssystem eingebaut. Mit der Super Tucano bewirbt sich Embraer in Zusammenarbeit mit Northrop für den JPATS-Wettbewerb von USAF/USN.
Hersteller: EMBRAER (Emprêsa Brasileira de Aeronautica SA), Sao José dos Campos, Brasilien.

Abmessungen: Spannweite 11,14 m, Länge 11,42 m, Höhe 3,90 m, Flügelfläche 19,40 m².

EUROCOPTER TIGER/GERFAUT

Ursprungsland: Frankreich und Bundesrepublik Deutschland.
Kategorie: Zweisitziger Panzerabwehr- und Erdkampfunterstützungs-Hubschrauber.
Triebwerke: Zwei Gasturbinen MTU/Rolls-Royce/Turboméca MTR 390 von je 1285 WPS (958 kW) Leistung.
Leistungen (geschätzt bei 5400 kg): Höchstgeschwindigkeit 315 km/h; max. Reisegeschwindigkeit 280 km/h; normale Reisegeschwindigkeit 250 km/h; max. Schrägsteiggeschwindigkeit 10 m+/Sek; Dienstgipfelhöhe 3960 m; Schwebehöhe ohne Bodeneffekt 2000 m+; Flugdauer inkl. 20 Min. Reserven 2,85 Std.
Gewichte: Leer 3300 kg; normales Startgewicht 5300 - 5800 kg; max. Ueberlast 6000 kg.
Bewaffnung (HAP): 30-mm-Kanone, ungelenkte Raketen und vier Mistral-Luft-Luft-Lenkwaffen; (HAC/PAH-2): Acht Panzerabwehrlenkwaffen HOT und zwei Luft-Luft-Lenkwaffen Mistral oder Stinger.
Entwicklungsstand: Fünf Prototypen werden gebaut, wovon der erste am 27. April 1991 erstmals flog, der zweite (Version HAP unter dem Namen Gerfaut) am 22. April 1993 und der letzte 1995 die Flugerprobung aufnehmen wird. Von der Tiger sind drei Versionen geplant: HAP (Hélicoptère d'Appui Protection = Feuerunterstützung) und HAC (Hélicoptère Anti-Char = Panzerabwehrhubschrauber) für die französische Armee (75 bzw. 140 Einheiten) und PAH-2 (Panzerabwehrhubschrauber) für die deutsche Armee (wahrscheinlich nur noch zwischen 80 und 100 Einheiten).
Bemerkungen: Die Zelle besteht zu über 75 % aus Verbundwerkstoffen. Zur Abschirmung von elektromagnetischen Einflüssen und zum Blitzschutz sind grosse Teile des Rumpfes mit einem Kupfer-Bronze-Gitter versehen. Die Panzerabwehrversion erhält ein auf dem Rotormast montiertes Visier mit Kamera und Infrarotsensor sowie Laser-Entfernungsmesser.
Hersteller: Eurocopter Hubschrauber GmbH, München, BRD (Aérospatiale, France, und Deutsche Aerospace (MBB), Helicopter Division, BRD).

Abmessungen: Rotordurchmesser 13,00 m, Rumpflänge 14,00 m.

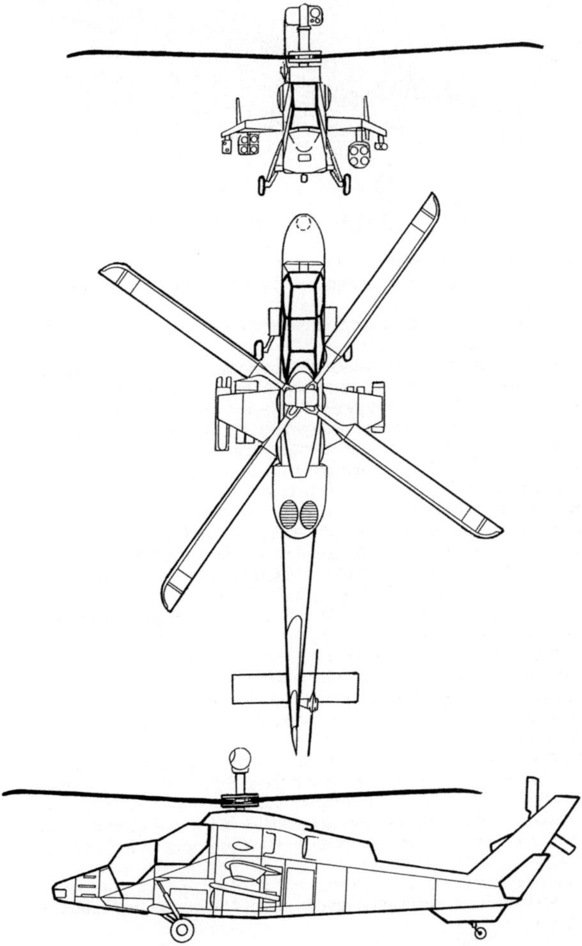

EUROCOPTER AS 332 SUPER PUMA MK.II / AS 532 COUGAR MK. II

Ursprungsland: Frankreich.
Kategorie: Mittelschwerer ziviler (AS 332) und militärischer (AS 532) Mehrzweckhubschrauber.
Triebwerke: Zwei Gasturbinen Turboméca Makila 1A2 von je 1959 WPS (1461 kW) Leistung.
Leistungen (AS 532): Höchstgeschwindigkeit 315 km/h; Reisegeschwindigkeit 276 km/h auf Meereshöhe; max. Schrägsteiggeschwindigkeit 6,5 m/Sek; Schwebehöhe mit Bodeneffekt 2500 m, ohne Bodeneffekt 1600 m; Reichweite mit Standardtreibstoffzuladung 647 km.
Gewichte: Leer 4650 kg; max. Startgewicht 9500 kg, mit Aussenlast 10000 kg.
Zuladung: Zwei Piloten und 24 Passagiere oder 29 Soldaten (AS 532). Max. Nutzlast 4140 kg.
Entwicklungsstand: Von allen Super Puma-Varianten sind bis heute rund 450 Maschinen in Auftrag gegeben worden, davon rund zwei Drittel durch 31 militärische bzw. paramilitärische Organisationen. Neueste Besteller: Niederlande 17, Türkei 20, Schweden zusätzliche 2, Frankreich zusätzliche 4 Einheiten. Die AS 332/532 wird in Indonesien in Lizenz gebaut.
Bemerkungen: Die AS 332 Super Puma Mk.II ist die zivile und die AS 532 Cougar Mk.II die militärische Ausführung des gleichen Ausgangsmusters, welches in Prototypform am 6. Februar 1987 erstmals flog. Gegenüber der Mk.I-Version unterscheidet sich die Mk.II-Variante durch etwas längere Hauptrotorblätter und einen verlängerten Heckkonus. Die gegenwärtig produzierte Zivilausführung heisst AS 332L2 und wurde im April 1992 zuerst an Bristow Helicopters geliefert. Weitere Ausführungen: AS 532MC für SAR-Aufgaben und AS 532SC für ASW-Einsätze, AS 532UC für taktische Einsätze, ausgerüstet mit 20-mm-Kanonen und Raketenwerfer sowie Transportversion AS 532U2, welche auch zur Evakuation von Verwundeten geeignet ist (sechs liegende und sechs sitzende Verletzte).
Hersteller: Eurocopter (Aérospatiale), Werk Marignane, La Courneuve, Frankreich.

Abmessungen: Rotordurchmesser 16,20 m, Rumpflänge inkl. Heckrotor 16,79 m, Höhe inkl. Rotorkopf 4,60 m.

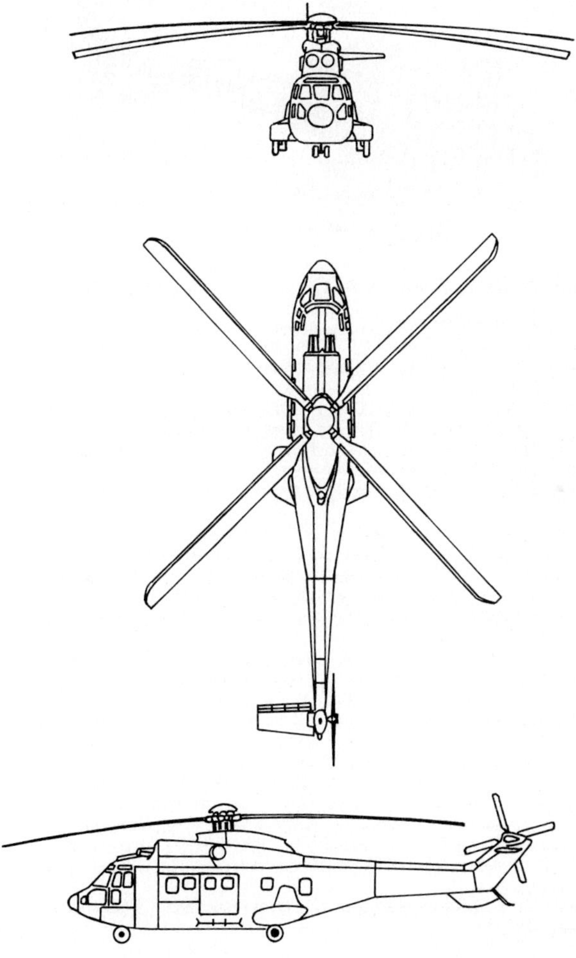

EUROCOPTER AS 350 ECUREUIL/AS 550 FENNEC

Ursprungsland: Frankreich.
Kategorie: Leichter ziviler und militärischer Mehrzweckhubschrauber.
Triebwerke: Eine Gasturbine Turboméca Arriel 1D1 von 740 WPS (540 kW) Leistung.
Leistungen (AS 550 bei 2200 kg): Höchstgeschwindigkeit 287 km/h; Reisegeschwindigkeit 249 km/h auf Meereshöhe; max. Schrägsteiggeschwindigkeit 10,1 m/Sek; Schwebehöhe mit Bodeneffekt 4050 m, ohne Bodeneffekt 3400 m; Reichweite mit normaler Treibstoffzuladung 686 km.
Gewichte: Leer 1180 kg; max. Startgewicht 2350 kg, mit Aussenlast 2500 kg.
Zuladung: Sechs Personen. Max. Nutzlast 1115 kg.
Bewaffnung (AS 550A2): 20-mm-GIAT-Kanone, zwei 7,62-mm-Maschinengewehr- bzw. 68-mm-Raketenbehälter; (AS 550C2): HeliTow-Antitank-Lenkwaffensystem Saab/Emerson.
Entwicklungsstand: Die gegenwärtig neueste Ausführung AS 350BA wird seit 1992 angeboten. Von den zahlreichen bisher entwickelten Varianten sind rund 1800 Exemplare bestellt und zum grössten Teil ausgeliefert worden. Darunter befinden sich auch fünf Luftwaffen. Lizenzbau in Brasilien bei Helibras als HB 350 (über 100 ausgeliefert).
Bemerkungen: Die AS 350 Ecureuil ist die zivile, die AS 550 Fennec die militärische Variante des gleichen Grundmusters. In den USA wird unter der Bezeichnung Astar eine Ausführung mit Textron Lycoming LTS 101-600A-3-Triebwerk sowie die SuperStar mit dem Arriel-1D-Triebwerk angeboten. Von der militärischen Fennec sind erhältlich: AS 550U2 Mehrzwecktransporter; AS 550A2 Feuerunterstützungs- und Nahkampfversion; AS 550C2 Panzerbekämpfer. Bei der AS 550M2 bzw. AS 550S2 handelt es sich um eine unbewaffnete bzw. bewaffnete Marineausführung.
Hersteller: Eurocopter (Aérospatiale), Werk Marignane, La Courneuve, Frankreich.

Abmessungen: Rotordurchmesser 10,69 m, Rumpflänge inkl. Heckrotor 12,94 m, Höhe inkl. Rotorkopf 3,14 m.

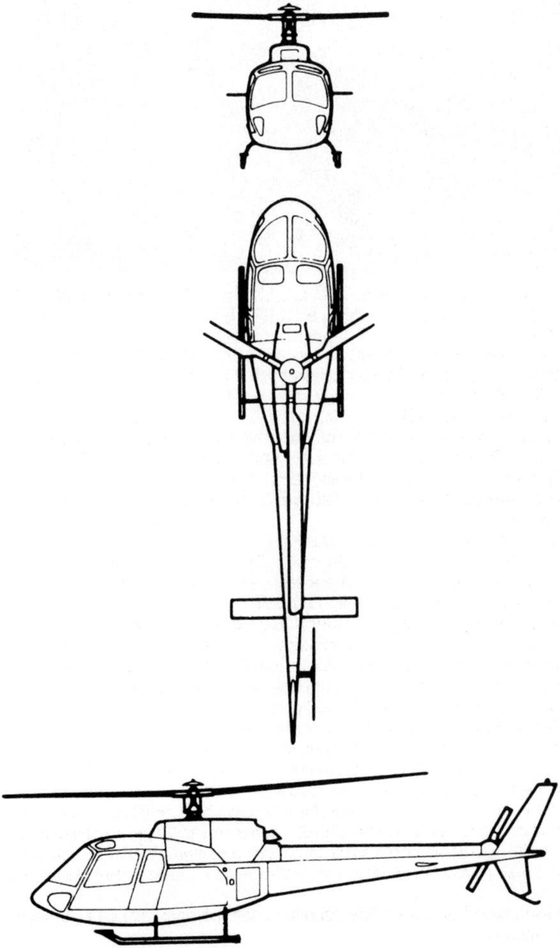

EUROCOPTER AS 355 ECUREUIL/AS 555 FENNEC

Ursprungsland: Frankreich.
Kategorie: Leichter ziviler und militärischer Mehrzweckhubschrauber.
Triebwerke: Zwei Gasturbinen Turboméca TM 319 1M Arrius von je 395 WPS (295 kW) Dauerleistung.
Leistungen: Höchstgeschwindigkeit 278 km/h; max. Reisegeschwindigkeit auf Meereshöhe 225 km/h; max. Schrägsteiggeschwindigkeit 6,9 m/Sek; Dienstgipfelhöhe 4000m; Schwebehöhe mit Bodeneffekt 2600 m, ohne Bodeneffekt 1550; max. Reichweite ohne Reserven auf Meereshöhe 722 km.
Gewichte: Leergewicht 1382 kg; max. Startgewicht 2540 kg, mit Aussenlast 2600 kg.
Zuladung: Sechs Personen; max. Nutzlast 1134 kg.
Bewaffnung (AS 555 AN,CN): Eine 20-mm-GIAT-M621-Kanone, Maschinengewehrbehälter oder HOT- bzw. TOW-Panzerabwehrlenkwaffen; (AS 555N): zwei zielsuchende Leichttorpedos.
Entwicklungsstand: Die neueste zivile Variante AS 355F2 wird seit 1985 angeboten, die aktuellste militärische Ausführung AS 555N seit 1989. Von allen zweimotorigen Ecureuils bzw. Fennecs sind bisher rund 550 Einheiten bestellt worden, davon entfallen auf die militärische Ausführung: Argentinien 4, Frankreich 52, Brasilien (Lizenzbau bei Helibras als CH-55/UH-12B) 37, Paraguay 6.
Bemerkungen: Die gegenwärtigen Produktionsvarianten sind: AS 355F2, AS 355F2R TwinStar für den amerikanischen Markt, AS 555UR als militärischer Mehrzweckhubschrauber, AS 555AR/AN Kampfhubschrauber. Für Marineeinsätze sind die unbewaffnete AS 555MN mit einem 360 Grad-Rundsichtradar vorne am Rumpf sowie die bewaffnete AS 555SN erhältlich.
Hersteller: Eurocopter (Aérospatiale), Werk Marignane, La Courneuve, Frankreich.

Abmessungen: Rotordurchmesser 10,69 m, Rumpflänge inkl. Heckrotor 12,94 m, Höhe inkl. Rotorkopf 3,14 m.

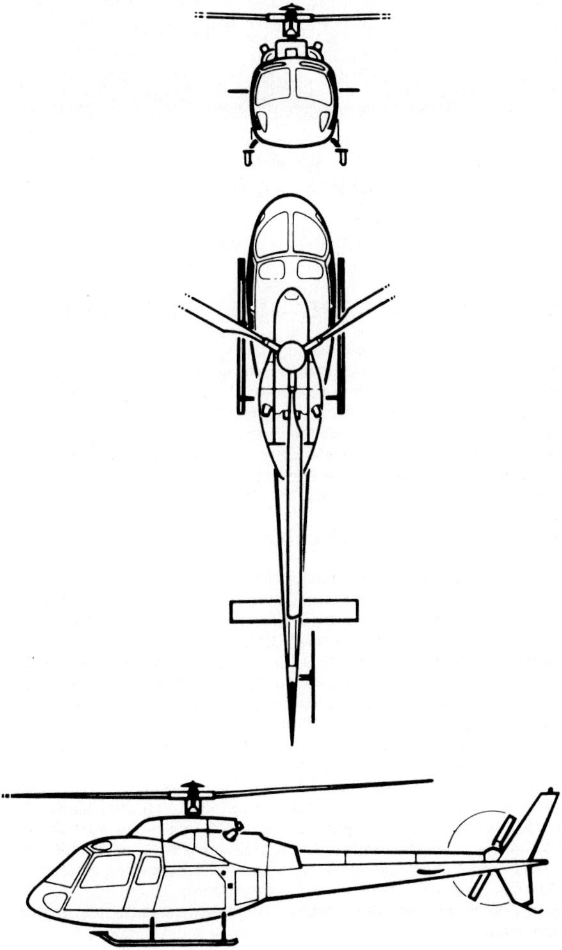

EUROCOPTER AS 365N2 DAUPHIN 2/ AS 565 PANTHER

Ursprungsland: Frankreich.
Kategorie: Ziviler und militärischer Mehrzweck- und Transporthubschrauber.
Triebwerke: Zwei Gasturbinen Turboméca (AS 365N2) Arriel 1C2 von je 733 WPS (547 kW) bzw. (AS 565) Arriel 1M1 von je 783 WPS (584 kW) Leistung.
Leistungen (AS 365N2): Höchstgeschwindigkeit 296 km/h; max. Durchschnittsreisegeschwindigkeit 283 km/h auf Meereshöhe; ökonom. Reisegeschwindigkeit 260 km/h; max. Schrägsteiggeschwindigkeit 7,0 m/Sek; Schwebehöhe mit Bodeneffekt 2550 m, ohne Bodeneffekt 1800 m; Reichweite 897 km auf Meereshöhe.
Gewichte (AS 365N2): Leer 2254 kg; max. Startgewicht 4250 kg.
Zuladung: Ein bis zwei Piloten und max. 13 Passagiere; max. Nutzlast 2010 kg.
Bewaffnung (AS 565AA): Zwei 20-mm-GIAT-M621-Kanonen in Behältern, Mistral-Luft-Luft-Lenkwaffen oder Behälter mit ungelenkten 68-mm bzw. 2,75-inch-Raketen.
Entwicklungsstand: Die derzeitige Produktionsversion AS 365N2 ist seit 1990 erhältlich. Bis heute sind von allen Varianten rund 650 Einheiten bestellt worden. 50 Exemplare wurden als Harbin Z-9 in China hergestellt sowie weitere bei Helibras in Brasilien als MH-1. Militärische Besteller bisher: Brasilien 36 AS 565UA, Frankreich 15 AS 565F/MA, Irland 5 AS 565MA, Saudi Arabien 4 AS 565MA, 20 AS 565SA. Neuester Besteller ist Israel für eine unbekannte Anzahl der Marineversion.
Bemerkungen: Die derzeitige Produktionsversion ist die AS 365N2 (siehe Silhouette) mit stärkeren Triebwerken, höherem Abfluggewicht und neugestalteten Türen. Auch von diesem Muster ist eine Mehrzahl von militärischen Ausführungen erhältlich: Mehrzweckversion AS 565UA (siehe Foto), Kampfhubschrauber AS 565AA, Panzerabwehrhubschrauber AS 565CA, Marineversion u.a. für SAR-Einsätze AS 565MA bzw. ASW-Ausführung AS 565SA. In naher Zukunft soll die Variante SA 365N3 verfügbar sein, ausgerüstet mit Arriel 2-Triebwerken, einem fünfblättrigen Spheriflex-Rotor sowie EFIS-Systemen.
Hersteller: Eurocopter (Aérospatiale), Werk Marignane, La Courneuve, Frankreich.

Abmessungen: Rotordurchmesser 11,94 m, Rumpflänge inkl. Heckrotor 11,63 m, Höhe inkl. Rotorkopf 3,52 m.

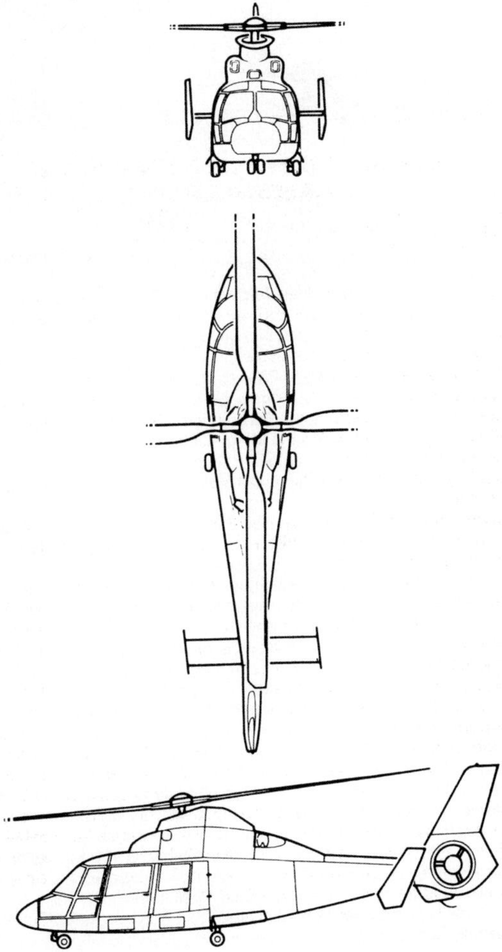

EUROCOPTER (MBB) EC.135

Ursprungsland: Bundesrepublik Deutschland.
Kategorie: Leichter Mehrzweckhubschrauber.
Triebwerke: Zwei Gasturbinen Turboméca TM 319-1B1 Arrius von je 510 WPS (380 kW) oder Pratt & Whitney Canada PW 206B von je 506 WPS (377 kW) Leistung.
Leistungen: Höchstgeschwindigkeit 287 km/h; max. Reisegeschwindigkeit 270 km/h auf 1500 m; ökonom. Reisegeschwindigkeit 240 km/h; max. Schrägsteiggeschwindigkeit 9,23 m/Sek; Dienstgipfelhöhe 6096 m; Schwebehöhe ohne Bodeneffekt 1500 m; max. Reichweite 855 km.
Gewichte: Leer 1300 kg; max. Startgewicht mit Aussenlast 2700 kg.
Zuladung: Sechs bis sieben Personen; max. Nutzlast 1250 kg.
Entwicklungsstand: Der erste eigentliche Prototyp EC135 fliegt seit 15. Februar 1994, gefolgt vom zweiten, mit PW206B-Triebwerken ausgerüstet, am 16. April 1994. Die Markteinführung ist für 1996 vorgesehen.
Bemerkungen: Die EC135 ist eine direkte Weiterentwicklung und zugleich die Serienausführung des Erprobungsträgers für neueste Technologien Bo 108 (siehe Ausgabe 1992/93). Sie weist folgende wesentlichen Neuentwicklungen auf: Haupt- und Heckrotor aus Faserverbundwerkstoffen ohne jegliche Gelenke, Übertragungswelle mit speziellen Vibrationsdämpfern, Zellenstruktur aus Kunststoff, «Fenestron»-Heckrotor usw. Der Rotorkopf besitzt keine Blattlager mehr. Die Verstellung der einzelnen Rotorblätter geschieht durch elastische Verformung der Kunststoff-Blattwurzel. Rotornabe und Rotormast sind in einem einzigen Stück geschmiedet. Mit der EC135 wird die bisher in rund 1350 Exemplaren hergestellte Bo 105 ersetzt. Gegenüber der Bo 105LS verfügt die EC.135 über um 15 % höhere Nutzlast, 45 % mehr Reichweite, geringeres Lärmniveau und um 23 % reduzierte Betriebskosten.
Hersteller: Eurocopter Hubschrauber, MBB Division, München, BRD.

Abmessungen: Rotordurchmesser 10,20 m, Rumpflänge 11.16 m, Höhe 3,90 m.

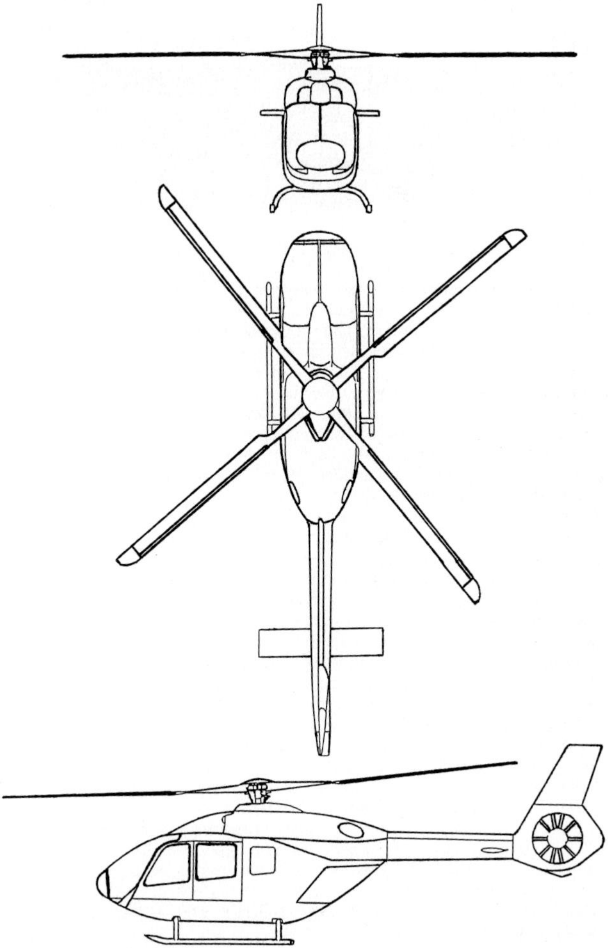

EUROCOPTER (MBB/KAWASAKI) BK 117

Ursprungsland: Bundesrepublik Deutschland und Japan.
Kategorie: Mehrzweckhubschrauber.
Triebwerke: Zwei Gasturbinen Textron Lycoming LTS101-750B-1 von je 592 WPS (441,5 kW) oder Turboméca Arriel 1-E von je 660 WPS (492 kW) Leistung.
Leistungen (bei einem Fluggewicht von 3200 kg mit LTS101-750B-1): Höchstgeschwindigkeit 278 km/h auf Meereshöhe; max. Reisegeschwindigkeit 248 km/h; max. Schrägsteiggeschwindigkeit 9,7 m/Sek; Schwebehöhe mit Bodeneffekt 2925 m, ohne Bodeneffekt 2285 m; Reichweite mit normaler Treibstoffzuladung 570 km; Überführungsreichweite mit 200-l-Zusatztank 740 km.
Gewichte: Leer 1727 kg; max. Startgewicht 3200 kg.
Zuladung: Acht bis zwölf Personen; max. Nutzlast 1510 kg.
Entwicklungsstand: Erstflug des Ausgangsmusters am 13. Juni 1979. Beginn der Auslieferungen der Serienversion BK 117 A-1 anfangs 1981. Bis heute sind über 300 BK 117 weltweit im Einsatz. Mitte 1992 begann die Auslieferung der BK 117 C-1 mit Arriel-Triebwerken.
Bemerkungen: Die BK 117 entstand in zweijähriger gemeinsamer Entwicklungsarbeit zwischen MBB (BRD) und Kawasaki (Japan) und wird zusammen so produziert, dass jeder Partner die Bauteile, die er entwickelt hat, auch serienmässig herstellt. Diese Teile werden dann untereinander ausgetauscht und die einzelnen Hubschrauber dort zusammengebaut, wo sie verkauft werden. Neben den Endmontagen in der BRD und in Japan findet ein Zusammenbau auch bei MBB Helicopter Canada in Fort Erie (Kanada) und bei IPTN in Indonesien (als NBK 117) statt. Die heutige Standardversion ist die BK 117 B-1. Ab Ende 1994 ist die BK 117 B-2 erhältlich, welche über verbesserte Lycoming LTS101-750B-1-Triebwerke, ein überarbeitetes Kühlsystem und über einen neuen Heckrotor verfügt. Frühere Modelle können durch Umbau auf diesen Standard gebracht werden.
Hersteller: Eurocopter Hubschrauber, MBB Division, München, BRD, sowie Kawasaki Heavy Industries Ltd, Gifu, Japan.

Abmessungen: Rotordurchmesser 11,00 m, Rumpflänge 9,91 m, Höhe inkl. Rotorkopf 3,36 m.

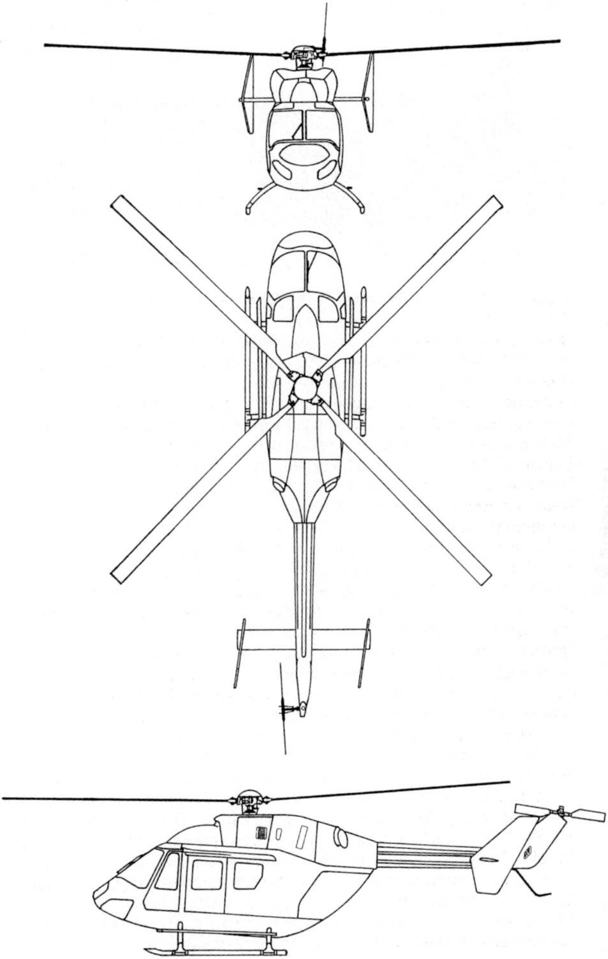

EUROFIGHTER EFA

Ursprungsland: Großbritannien, BRD, Italien und Spanien.
Kategorie: Einsitziger Abfang- und Luftüberlegenheitsjäger.
Triebwerke: Zwei Mantelstromtriebwerke Eurojet EJ200 von je rund 6100 kp (60 kN) Standschub ohne und 9185 kp (90 kN) mit Nachbrenner.
Leistungen (geschätzt): Höchstgeschwindigkeit über 10975 m 1915 - 2020 km/h oder Mach 1,8 bis 1,9; Aktionsradius mit je zwei Luft-Luft-Lenkwaffen AIM-120 und AIM-132 565 km.
Gewichte (geschätzt): Leer 9750 kg; max. Startgewicht 21000 kg.
Bewaffnung: Eine 27-mm-Mauser-Kanone im Rumpf und eine Zusammensetzung von sechs Kurzstrecken-Luft-Luft-Lenkwaffen AIM-132 und vier Mittelstrecken-Luft-Luft-Lenkwaffen AIM-120. Max. Waffenlast 6500 kg.
Entwicklungsstand: Nach langen technisch wie politisch bedingten Verzögerungen nahmen der erste (deutsche) Prototyp am 27. März 1994, der zweite (britische) am 6. April 1994 die Flugerprobung auf. Der dritte von insgesamt sieben soll im März 1995 erstmals fliegen. Die Einsatzbereitschaft ist nun erst für das Jahr 2000 geplant. Das ganze Vorhaben steht weiterhin auf dem Spiel, nachdem die Bundesrepublik sich für eine vereinfachte Version entschieden hat, die aber noch nicht genau definiert ist. Der Bedarf der übriggebliebenen Partner beläuft sich auf noch rund 500 Flugzeuge.
Bemerkungen: Die EFA (European Fighter Aircraft) wird als Ein- wie als Doppelsitzer durch ein Konsortium, bestehend aus Grossbritannien (British Aerospace 33 %), Deutschland (DASA 33 %), Italien (Alenia 21 %) und Spanien (CASA 13 %), entwickelt. Die ersten zwei Prototypen sind noch mit Turbo Union RB199-122-Triebwerken ausgestattet. Die Prototypen drei und sieben werden Doppelsitzer sein (Hersteller DASA und CASA). Die Muster fünf und sechs (Hersteller DASA und BAe) sind die eigentlichen Avionik-Erprobungsträger.
Hersteller: EFA, München, Bundesrepublik Deutschland.

Abmessungen: Spannweite 10,95 m, Länge 15,96 m, Höhe ca. 4,00 m, Flügelfläche 50,00 m^2.

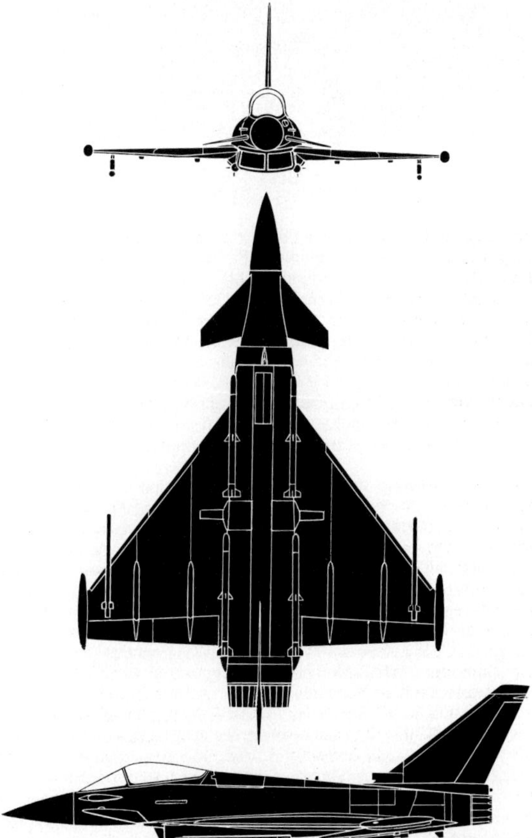

FMA/VOUGHT PAMPA 2000

Ursprungsland: Argentinien.
Kategorie: Zweisitziger Basis- und Fortgeschrittenentrainer.
Triebwerke: Ein Mantelstromtriebwerk Garrett AiResearch TFE731-2-2N von 1587 kp (15,68 kN) Standschub.
Leistungen: Höchstgeschwindigkeit auf Meereshöhe 741 km/h; Reisegeschwindigkeit 556 km/h; Anfangssteiggeschwindigkeit 26,4 m/Sek; Dienstgipfelhöhe 12900 m; max. Reichweite 1800 km.
Gewichte: Leergewicht 2821 kg; normales Startgewicht 3614 kg, maximal inkl. Bewaffnung 5000 kg.
Bewaffnung (IA 63 Pampa, als Waffentrainer oder leichter Erdkämpfer): Kanonenbehälter mit einer 30-mm-Kanone unter dem Rumpf und bis zu 1160 kg Aussenlasten, verteilt auf vier Aufhängepunkte unter den Flügeln.
Entwicklungsstand: Erstflug der JPATS-Version Pampa 2000 am 25. Mai 1993. Ein zweites Muster folgte im Juni 1993. Von der Ausgangsvariante IA 63 Pampa (siehe Ausgabe 1991/92, Erstflug 6. Oktober 1984) hat die argentinische Luftwaffe bisher 18 Maschinen bestellt, die Ende 1992 alle ausgeliefert waren. Ein Anschlussauftrag von 46 Pampas steht immer noch aus.
Bemerkungen: Mit der Pampa 2000 bewirbt sich ein weiterer Hersteller für den attraktiven Auftrag für ein neues Grundschulmuster für die USAF/USN. Die auf der IA-63 basierende Weiterentwicklung erhält entsprechend den Wettbewerbsanforderungen zusätzliche Avionik und neue Displays im neugestalteten Cockpit. Ausserdem wurden Bremsen und Kraftstoffsystem modifiziert. Für diese Version ist keine Bewaffnung vorgesehen. Sollte FMA den Zuschlag erhalten, würde diese, in Zusammenarbeit mit Vought entwickelte Ausführung, bei letzterer in Dallas-Arlington, Texas hergestellt. Gemäss neuesten Informationen soll die Pampa vorzeitig aus dem JPATS-Wettbewerb ausgeschieden sein.
Hersteller: FMA (Fabrica Militar de Aviones S.A.), Cordoba, Argentinien und Vought International, Arlington, Texas, USA.

Abmessungen: Spannweite 9,69 m, Länge 10,90 m, Höhe 4,29 m, Flügelfläche 15,63 m².

FOKKER MARITIME ENFORCER MK.2/F60

Ursprungsland: Niederlande.
Kategorie (Maritime Enforcer): Mittelstrecken-Marinepatrouillenflugzeug bzw. (F60) militärischer Mehrzwecktransporter.
Triebwerke: Zwei Propellerturbinen Pratt & Whitney Canada PW125B von je 2500 WPS (1864 kW) Leistung.
Leistungen (Maritime Enforcer): Normale Reisegeschwindigkeit 480 km/h auf 6100 m; typische Patrouillengeschwindigkeit 277 km/h; Dienstgipfelhöhe 7620 m; Aktionsradius mit einer Missionszuladung von 1814 kg 2224 km; max. Reichweite ohne Reserven 6820 km; max. Patrouillendauer 14 Std.
Gewichte: Typisches Rüstgewicht 13314 kg; max. Startgewicht 21545 kg.
Zuladung (Maritime Enforcer): Zwei Piloten im Cockpit und bis zu sechs Systemoperateure in der Kabine; (F60) 58 Passagiere, 50 vollausgerüstete Soldaten oder 27 liegende Verwundete; max. Nutzlast 7861 kg.
Bewaffnung (Maritime Enforcer Mk.2): Bis zu 4000 kg Waffen an Aufhängepunkten seitlich am Rumpf sowie unter den Aussenflügeln, z.B. Mk.44/46-Sting-Ray-Torpedos, AM 39-Exocet- oder AGM-84 Harpoon-Anti-Schiffs-Lenkwaffen.
Entwicklungsstand: Die erste Maritime Enforcer fliegt seit Ende 1993, die militärische F60 folgt Ende 1995. Erstflug des Ausgangsmusters Fokker 50 (siehe Ausgabe 1994 und Silhouette) am 28. Dezember 1985 mit Ablieferungen an Kunden ab 7. August 1987. Bisher erhielt Fokker Aufträge für rund 220 Flugzeuge (zusätzlich 22 Optionen). Die niederländische Luftwaffe hat vier Fokker 60 Utility (siehe Foto) für militärische Einsätze, Singapur vier Marine-Patrouillenflugzeuge Maritime Enforcer Mk.2 bestellt.
Bemerkungen: Zwei ähnliche Modelle der Marine-Version sind im Angebot: Die unbewaffnete Maritime Mk.2 und die bewaffnete Maritime Enforcer Mk.2. Ausgerüstet sind sie u.a. mit einem Suchradar Texas Instruments APS-134 und weiteren elektronischen Überwachungs- und Elint-Systemen. Die Militärtransporter-Ausführung F60 zeichnet sich durch einen um 1,60 m längeren Rumpf sowie ein Frachttor von der Grösse 3,05 x 1,78 m an der rechten Rumpfseite aus. Der Rumpfboden ist zudem verstärkt.
Hersteller: Fokker BV, Schiphol-Oost, Amsterdam, Niederlande.

Abmessungen: Spannweite 29,00 m, Länge 25,25 m, Höhe 8,32 m, Flügelfläche 70,00 m².

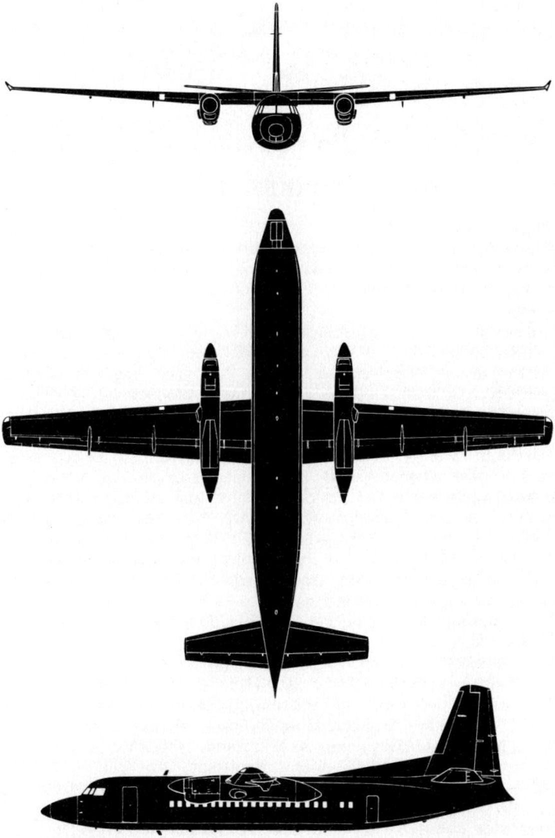

FOKKER 70

Ursprungsland: Niederlande.
Kategorie: Kurz- und Mittelstrecken-Verkehrsflugzeug.
Triebwerke: Zwei Mantelstromtriebwerke Rolls-Royce Tay 620-15 von je 6282 kp (61,6 kN), oder Tay 650-15 von je 6850 kp (67,17 kN) Standschub.
Leistungen: Max. Reisegeschwindigkeit 845 km/h auf 8230 m; ökonom. Reisegeschwindigkeit 737 km/h auf 10670 m; Dienstgipfelhöhe 10670 m; Reichweite mit voller Nutzlast 1480 km, mit. max. Passagierzuladung (als Option) 3400 km, Überführungsreichweite 4350 km.
Gewichte (Tay 620): Leergewicht 22673 kg; max. Startgewicht 36740 kg, als Option 39965 kg.
Zuladung: Zwei Piloten und Standard-Innenausstattung für 70 Passagiere in Fünferreihen, maximal 79 Passagiere, max. Nutzlast 10890 kg.
Entwicklungsstand: Der Prototyp (Umbau der zweiten Fokker 100) begann mit dem Flugtestprogramm am 2. April 1993. Bis Ende 1994 waren 27 Einheiten (+ Optionen) durch Pelita und Sempati (beide Indonesien) bestellt. Erste Ablieferungen sind für Anfang 1995 vorgesehen. Vom Vorgängermuster F100 (siehe Ausgabe 1992/93) sind bisher 273 Einheiten (+ Optionen) bestellt worden.
Bemerkungen: Mit der Fokker 70 wird eine verkleinerte Variante der Fokker 100 angeboten, mit einem um rund 5 m verkürzten Rumpf, vereinfachter Elektronik und geringerem Abfluggewicht. Damit hofft man die stark wachsenden Bedürfnisse nach kleineren Regionalflugzeugen mit Düsenantrieb befriedigen zu können. Unter der Bezeichnung Executive Jet 70 wird auch eine Geschäftsreiseversion angeboten mit zwischen 30 und 52 Sitzen. Vier Exemplare sind bisher bestellt worden, darunter eines durch die niederländische Regierung. Ab 1996 wird eine Langstrecken-Version Fokker 100ER erhältlich sein, die Reichweiten bis zu 6000 km erreicht.
Hersteller: Fokker BV, Schiphol-Oost, Amsterdam, Niederlande.

Abmessungen: Spannweite 28,08 m, Länge 30,91 m, Höhe 8,50 m, Flügelfläche 93,50 m^2.

GROB STRATO 2C

Ursprungsland: Bundesrepublik Deutschland.
Kategorie: Höhenforschungsflugzeug.
Triebwerke: Zwei flüssigkeitsgekühlte Sechszylinder-Compoundmotoren mit dreistufiger Aufladung Teledyne Continental TSIOL-550 mit einem Hubraum von 9000 cm^3 von je 400 PS (300 kW) Leistung.
Leistungen (Schätzungen): Die Strato 2C soll Höhen bis zu 26000 m erreichen. Max. Reichweite ca. 18000 km; Flugdauer bis zu 50 Stunden.
Gewichte: Leergewicht 6650 kg; max. Abfluggewicht 13350 kg.
Zuladung: Zwei Piloten und zwei Wissenschaftler in einer Druckkabine. Zusätzlich können in einer unbekannten Zahl nachrichtendienstliche und wissenschaftliche Geräte mitgeführt werden.
Entwicklungsstand: Das vorläufig einzige Modell Strato 2C soll im Frühjahr 1995 erstmals fliegen. Besteller ist die deutsche Forschungsanstalt DLR. Das Ausgangsmuster der Strato, der einsitzige Erprobungsträger D-500 Egrett I, flog erstmals am 24. Juni 1987, gefolgt von der weiterentwickelten Egrett II am 20. April 1989. Von dieser Ausführung und Ableitungen davon wurden insgesamt fünf Exemplare hergestellt. Seit 21. April 1993 fliegt die bisher einzige zweisitzige G520T.
Bemerkungen: Für die zunehmend vielfältigen Forschungsaufgaben in den Bereichen Ökologie, Klima- und Atmosphäre, Meeresuntersuchungen, Kalibrierung von Satellitensensoren usw. sind Spezialflugzeuge gefragt, die in grossen Höhen lange Einsätze fliegen können. Mit der Strato 2C bietet Grob dafür eine sehr kostengünstige Lösung an. Um die geforderten Leistungen zu erreichen, ist die Strato mit ganz speziell entwickelten Motoren ausgerüstet, welche die Startleistung auch noch in grossen Höhen erzielen. Sie treiben zwei fünfblättrige Propeller mit einem Durchmesser von nicht weniger als 6 Metern an. Der Flügel mit seiner extremen Spannweite ist vollständig aus CFK-Komponenten hergestellt und stellt damit das grösste je gefertigte Kunststoff-Einzelteil dar. Der Rumpf besteht ebenfalls vollständig aus Verbundwerkstoffen. Die Strato 2C wird mit einer hochentwickelten Avionik ausgerüstet.
Hersteller: Grob Luft- und Raumfahrt GmbH & Co. KG, Mindelheim, BRD.

Abmessungen: Spannweite 56,5 m, Länge 24 m, Flügelfläche 150 m^2.

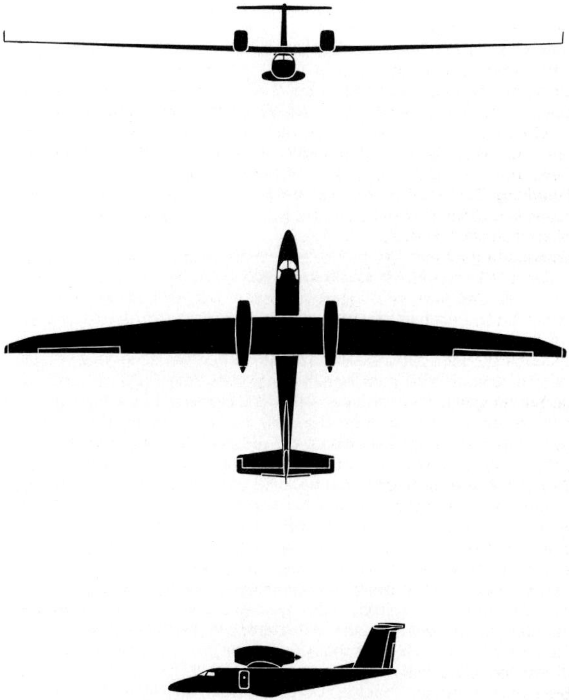

GRUMMAN E-2C HAWKEYE

Ursprungsland: USA.
Kategorie: Bordgestütztes Frühwarn- und Überwachungsflugzeug sowie fliegende Kommandozentrale.
Triebwerke: Zwei Propellerturbinen Allison T56-A-427 von je 5250 WPS (3917 kW) Leistung.
Leistungen: Höchstgeschwindigkeit 598 km/h; max. Reisegeschwindigkeit 576 km/h; Anfangssteiggeschwindigkeit 12,8 m/Sek; Dienstgipfelhöhe 9390 m; Einsatzdauer 4 Std. bei einem Aktionsradius von 370 km; max. Flugdauer 6,1 Std; Überführungsreichweite 2580 km.
Gewichte: Leer 17265 kg; max. Startgewicht 24494 kg.
Zuladung: Fünf Mann Besatzung, bestehend aus zwei Piloten und drei Ingenieuren im zentralen Einsatzraum zur Bedienung des ATDS (Airborne Tactical Date System).
Entwicklungsstand: Der erste von zwei Prototypen flog erstmals am 20. Januar 1971, gefolgt vom ersten Serienflugzeug am 23. September 1972. Ein Total von 144 Flugzeugen wurde bis 1994 an die US Navy geliefert. Die Beschaffung von weiteren 36 Einheiten in jährlichen Tranchen von vier E-2C ist vorgesehen. Ferner bestellten: Aegypten 6, Israel 4, Japan 13, Singapur und Taiwan 4. Die US Küstenwache setzt vier, die US Zollbehörde eine von der US Navy gemietete E-2C zur Drogenbekämpfung ein. Frankreich hat vorläufig 2 Einheiten bestellt.
Bemerkungen: Die Elektronik der E-2C wurde schon mehrfach erheblich ausgebaut. Seit 1990 gelangt die APS-145-Anlage rückwirkend in alle E-2C zum Einbau. Dieses Radar soll weniger empfindlich auf störende Reflexe über Land sein. Die ab 1992 gebauten E-2C gehören dem sog. «Group 2 Standard» an mit den stärkeren Triebwerken T56-A-427, verbessertem IFF-System und APS-145-Radar mit vergrössertem Erkennungsradius. 54 frühere E-2C werden bis Ende der neunziger Jahre auf diesen Standard umgebaut. Sechs frühere E-2B werden für Taiwan zu E-2T mit verbesserten Leistungen modifiziert. Bereits wird die Ausführung «Group 3» vorbereitet, welche folgende Modernisierungen umfasst: Neuer Zentralrechner, Satellitenkommunikation, bessere Navigationssysteme, Luftbetankungsmöglichkeit und ein Infrarotsensor für die passive Ueberwachung.
Hersteller: Northrop Grumman Corp., Werk St. Augustine, Florida, USA.

Abmessungen: Spannweite 24,56 m, Länge 17,55 m, Höhe 5,69 m, Flügelfläche 65,03 m².

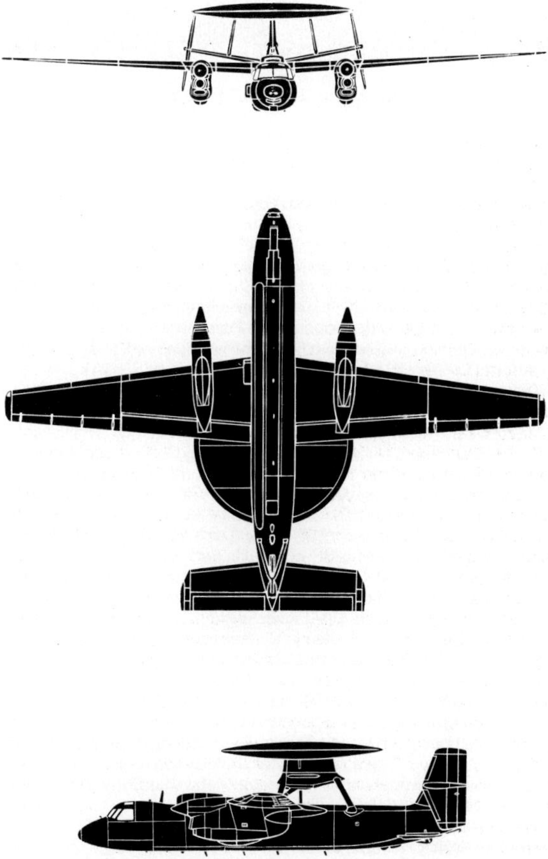

GULFSTREAM AEROSPACE GULFSTREAM IV-SP

Ursprungsland: USA.
Kategorie: Firmen- und Mehrzweckflugzeug.
Triebwerke: Zwei Mantelstromtriebwerke Rolls-Royce Tay 611-8 von je 6282 kp (61,6 kN) Standschub.
Leistungen: Max. Reisegeschwindigkeit 943 km/h auf 9450 m; Langstrecken-Reisegeschwindigkeit 850 km/h auf 13715 m; Anfangssteiggeschwindigkeit 20,93 m/Sek; Dienstgipfelhöhe 13716 m; Reichweite mit max. Treibstoffzuladung, acht Passagieren und IFR-Reserven 7820 km, mit max. Nutzlast und IFR-Reserven 6845 km.
Gewichte: Leergewicht 19278 kg; max. Startgewicht 33839 kg.
Zuladung: Zwei bis drei Besatzungsmitglieder und je nach Innenausstattung 12, 14 oder bis 19 Passagiere; (C-20G) 26 Passagiere oder max. 2950 kg Fracht.
Entwicklungsstand: Die erste Gulfstream IV begann mit der Flugerprobung am 19. September 1985, die Gulfstream IV-SP fliegt seit Anfang 1993. Bisher sind von der Version IV über 250 Einheiten bestellt worden, darunter neu fünf als C-20G Combi Frachter bezeichnete Einheiten für USN/USMC. Die Jahresproduktion beläuft sich auf etwa 24 Einheiten.
Bemerkungen: Die Version-SP (= Special Performance) stellt eine Unterausführung der Gulfstream IV dar. Dank eines erhöhten Abfluggewichtes sind die Reichweitenleistungen nochmals verbessert. Das digitale Cockpit sowie auch die Inneneinrichtung wurden überarbeitet. Schliesslich weisen auch Wirtschaftlichkeit und Wartungsfreundlichkeit höhere Werte auf. Ebenfalls erhältlich ist eine militärische Ausführung SRA-4 für elektronische Überwachungs- und Aufklärungseinsätze (siehe Ausgabe 1989/90). Ende 1995/Anfang 1996 wird die Gulfstream V die Flugerprobung aufnehmen. Spannweite wie Länge werden erheblich grösser, die Passagierzahl je nach Inneneinrichtung ebenfalls angehoben sein. Mit acht Passagieren sollen Reichweiten bis zu 11700 km möglich werden. Eingebaut werden neue Triebwerke BMW Rolls-Royce BR 710 von je 6690 kp (65,6 kN) Standschub.
Hersteller: Gulfstream Aerospace Corp. (Tochterfirma von Chrysler Corp.), Savannah, Georgia, USA.

Abmessungen: Spannweite 23,72 m, Länge 26,90 m, Höhe 7,60 m, Flügelfläche 88,29 m².

HAL ALH

Ursprungsland: Indien.
Kategorie: Ziviler und militärischer Mehrzweckhubschrauber.
Triebwerke: Zwei Gasturbinen Turboméca TM 333-2B von je 1000 WPS (746 kW) Leistung.
Leistungen: Höchstgeschwindigkeit 280 km/h auf Meereshöhe; Reisegeschwindigkeit 245 km/h; max. Schrägsteiggeschwindigkeit 9,0 m/Sek; Dienstgipfelhöhe 6000 m; Schwebehöhe ohne Bodeneffekt 3000 m+; Reichweite mit einer Nutzlast von 700 kg 400 km auf Meereshöhe, max. Reichweite 800 km.
Gewichte: Leer (Luftwaffenversion) 2216 kg, (Marineversion) 2352 kg; max. Startgewicht (Luftwaffenversion) 4000 kg, (Marineversion) 5000 kg.
Zuladung: Zwei Piloten und bis zu 14 Passagiere. Max. Nutzlast als Aussenlast 1500 kg.
Entwicklungsstand: Der erste von vier Prototypen nahm die Flugerprobung im August 1992 auf, gefolgt vom zweiten am 18. April 1993. Bis Ende 1994 sind alle vier Erprobungsmuster geflogen. Die indische Armee soll bis zu 300 der verschiedenen Versionen erhalten.
Bemerkungen: Die ALH (Advanced Light Helicopter) wurde von HAL mit Unterstützung der deutschen MBB (heute Teil von Deutsche Aerospace) entwickelt. Verschiedene Varianten sind vorgesehen: (Armee) Truppentransporter und Nachschubhubschrauber, Antitank- und Minenlegemissionen, alle ausgerüstet mit einem Kufenfahrwerk; (Marine) Verbindungs- und Evakuationsaufgaben sowie SAR- und ASW-Aufträge, ausgerüstet mit einem Dreipunkt-Radfahrwerk; (Luftwaffe) Rettungshubschrauber, Mehrzwecktransporter. Auch eine Zivilversion für normalerweise bis zu 12 Passagiere wird angeboten. Haupt- wie Heckrotor sind gelenklos aus Faserverbundwerkstoffen, der Rumpf besteht nebst Aluminium aus Karbon und Kevlar. Der vierte Prototyp wird als Alternative mit einer Gasturbine LHTEC T800 ausgerüstet.
Hersteller: HAL Hindustan Aeronautics Ltd., Bangalore, Indien.

Abmessungen: Rotordurchmesser 13,20 m, Rumpflänge 12,89 m, Höhe inkl. Rotorkopf 3,76 m.

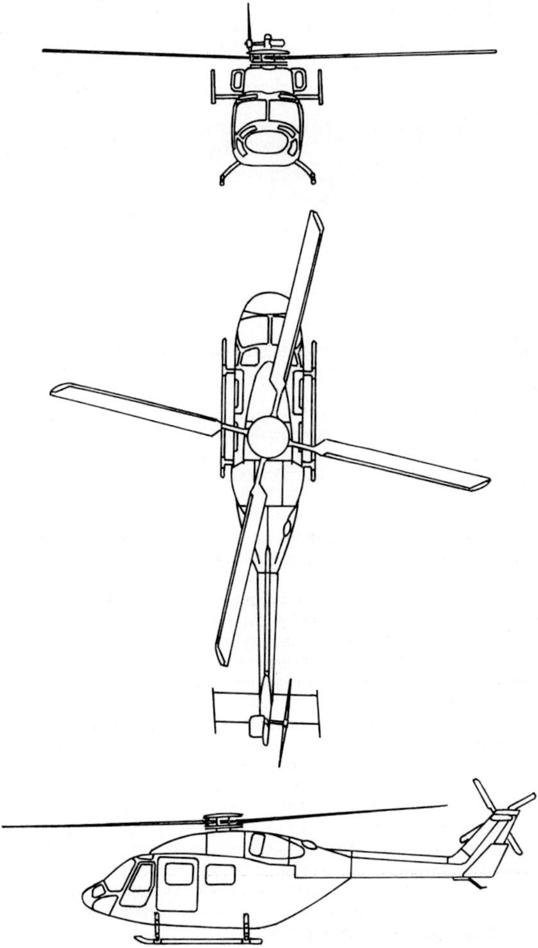

IAI 1125 ASTRA SPX

Ursprungsland: Israel.
Kategorie: Firmenflugzeug.
Triebwerke: Zwei Mantelstromtriebwerke AlliedSignal TFE732-40 von je 1930 kp (20 kN) Standschub.
Leistungen (Version SP): Max. Reisegeschwindigkeit 862 km/h; normale Reisegeschwindigkeit 667 km/h; Anfangssteiggeschwindigkeit 18,8 m/Sek; Dienstgipfelhöhe 13715 m; Reichweite mit max. Treibstoffzuladung und IFR-Reserven 5053 km.
Gewichte (SP): Leergewicht 5998 kg; max. Startgewicht 10659 kg.
Zuladung: Zwei Mann Cockpitbesatzung und je nach Inneneinrichtung normal sechs bis maximal neun Passagiere; max. Nutzlast 1510 kg.
Entwicklungsstand: Der Prototyp der Version SP fliegt seit 1989, das Ausgangsmuster Astra seit 19. März 1984. Von beiden Ausführungen sind bisher über 70 Einheiten geliefert worden. Die neueste Ausführung SPX nahm die Flugerprobung am 16. August 1994 auf und wird ab Mitte 1995 erhältlich sein.
Bemerkungen: Die SP (= Special Performance) verfügt über eine überarbeitete Inneneinrichtung und aerodynamische Verbesserungen zur Erhöhung der Dienstgipfelhöhe und der Reichweitenleistungen. Zudem ist das Cockpit vollständig überarbeitet und mit EFIS-Anzeigen ausgerüstet worden. Sie verfügt über TFE731-3A-Triebwerke von je 1680 kp (16,46 kN) Leistung. Ganz neu präsentiert wurde die Version SPX, die dank eines neuen Flügels und leistungsfähigeren Triebwerken eine mit Mach 0,82 wesentlich höhere Reisegeschwindigkeit erreicht. Mit vier Passagieren soll sie über 5500 km weit fliegen können.
Hersteller: Israel Aircraft Industries Ltd., Ben-Gurion International Airport, Israel.

Abmessungen: Spannweite 16,05 m, Länge 16,94 m, Höhe 5,54 m, Flügelfläche 29,40 m².

IAR-99 SOIM/-109 SWIFT

Ursprungsland: Rumänien.
Kategorie: Zweisitziger Basis- und Fortgeschrittenentrainer und leichtes Erdkampfflugzeug.
Triebwerke: Ein Strahltriebwerk Rolls-Royce Viper 632-41M (Lizenzbau Turbomecanica, Rumänien) von 1814 kp (17,79 kN) Standschub.
Leistungen: Höchstgeschwindigkeit 865 km/h auf Meereshöhe; Anfangssteiggeschwindigkeit 35 m/Sek; Dienstgipfelhöhe 12900 m; max. Einsatzdauer als Trainer 2 Std. 40 Min, als Erdkämpfer 1 Std. 30 Min; Reichweite als Trainer 1100 km, als Erdkämpfer 967 km.
Gewichte: Rüstgewicht 3200 kg; normal beladen als Trainer 4400 kg; max. Startgewicht als Erdkämpfer 5560 kg.
Bewaffnung: Eine 23-mm-GSh-23L-Kanone in einem Behälter unter dem Rumpf. Vier Waffenstationen unter den Flügeln für je 250 kg, beispielsweise zwei 200-kg-Bomben oder zwei Behälter für je 16 ungelenkte Raketen L-57-16MD.
Entwicklungsstand: Der erste von drei Prototypen flog am 21. Dezember 1985. Die Ablieferungen an die rumänische Luftwaffe begannen 1989. Sie bestellte vorläufig 50 Einheiten. Eventuell werden 26 davon in die verbesserte Variante IAR-109 umgebaut.
Bemerkungen: Die Soim (Falke) ist primär als Ersatz der tschechischen L-29 Delfin bei der rumänischen Luftwaffe bestimmt, kann aber auch für Erdkampfeinsätze verwendet werden. Zusammen mit der israelischen IAI entwickelt Avioane eine überarbeitete Ausführung unter dem Namen IAR-109 Swift. Im wesentlichen unterscheidet sie sich vom Ausgangsmuster durch eine völlig neue Elektronik westlicher Provenienz. Die Swift verfügt u.a. auch über ein HUD sowie einen GEC-Marconi Lasersucher. Das Bugrad kann aktiv gesteuert werden.
Hersteller: Avioane (IAv Craiova), Craiova, Rumänien.

Abmessungen: Spannweite 9,85 m, Länge 11,01 m, Höhe 3,90 m, Flügelfläche 18,71 m².

ILJUSCHIN IL-76MF

Ursprungsland: Russland.
Kategorie: Schwerer Mittel- und Langstreckentransporter (Il-76, Il-76MF), Tanker (Il-78) und Radarfrühwarnflugzeug und fliegende Kommandozentrale (A-50).
Triebwerke: Vier Mantelstromtriebwerke Perm PS90A von rund 16000 kp (156,8 kN) Standschub.
Leistungen (Il-76T): Höchstgeschwindigkeit 850 km/h auf 10000 m; max. Reisegeschwindigkeit 800 km/h auf 9000 bis 13000 m; Langstrecken-Reisegeschwindigkeit 750 km/h; Anfangssteiggeschwindigkeit 9,0 m/Sek; Dienstgipfelhöhe ca. 15500 m; Reichweite mit max. Nutzlast 3650 km, mit 20000 kg Nutzlast 7300 km.
Gewichte (Il-76T): Max. Startgewicht 190000 kg.
Zuladung: Normalerweise sieben Mann Besatzung, einschliesslich zwei Lademeister und ein Navigator in der verglasten Rumpfnase unter dem Cockpit. Max. Nutzlast je nach Einsatzzweck zwischen 40000 und 50000 kg.
Entwicklungsstand: Seit dem Erstflug des Prototyps am 25. März 1971 sind für militärische wie zivile Zwecke in mehreren Versionen rund 750 Maschinen hergestellt worden. Die neueste geplante Version Il-76MF soll mit einiger Verspätung auf den ursprünglichen Zeitplan nun Mitte 1995 zum Erstflug starten.
Bemerkungen: Die Il-76MF stellt eine wesentlich verbesserte Variante aller Il-76 (siehe Foto und Silhouette) dar. Nebst neuen und deutlich leistungsfähigeren Mantelstromtriebwerken mit hohem Nebenstromverhältnis, soll der Rumpf um 6,30 m verlängert werden. Dadurch können statt drei inskünftig vier Container geladen werden. Die max. Nutzlast steigt um rund 5000 kg. Zudem ist die Wirtschaftlichkeit wesentlich besser. Der spezifische Treibstoffverbrauch soll etwa 25 bis 30 % geringer als bei der Il-76T sein. Unter der Bezeichnung Il-76DMP wurde 1990 eine Variante für Feuerlöscheinsätze mit einer Nutzlast von 44000 kg Wasser entwickelt. Die Ladung kann innert 40 Sekunden abgeworfen werden. Weiterhin besteht die Möglichkeit, Il-76 mit CFM56-Triebwerken umzurüsten. Bisher ist aber noch kein Auftrag dafür eingegangen.
Hersteller: OKB Sergei V. Iljuschin, Taschkent, Usbekistan und Kadinka-Moskau, Russland.

Abmessungen: Spannweite 50,50 m, Länge 52,89 m, Höhe 14,76 m, Flügelfläche 300 m^2.

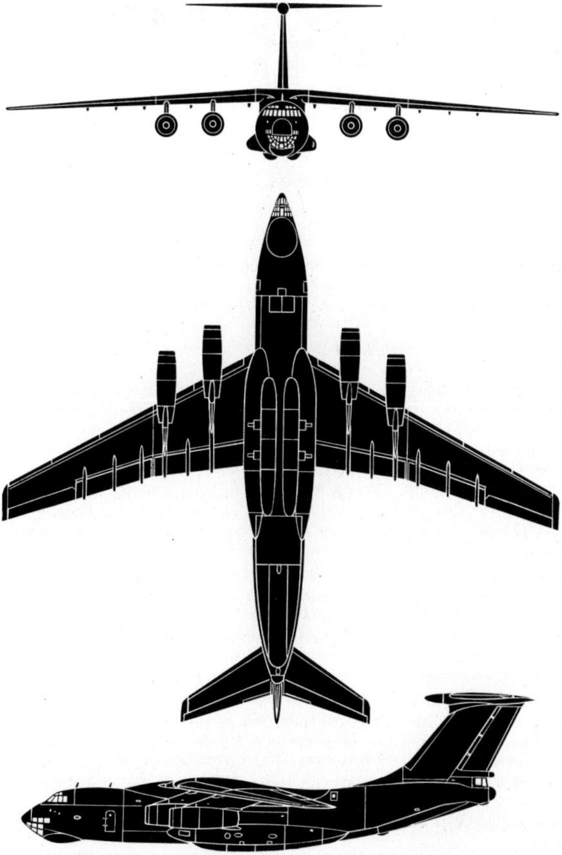

ILJUSCHIN IL-96M

Ursprungsland: Russland.
Kategorie: Langstreckenverkehrsflugzeug.
Triebwerke: Vier Mantelstromtriebwerke Pratt & Whitney PW2337 von je 17350 kp (170,1 kN) Standschub.
Leistungen (Schätzung): Max. Reisegeschwindigkeit 900 km/h auf 12000 m; normale Reisegeschwindigkeit 850 bis 870 km/h auf 9000 bis 12000 m; Dienstgipfelhöhe 13100 m; Reichweite mit einer Nutzlast von 30000 kg 11482 km.
Gewichte: Rüstgewicht 132400 kg; max. Startgewicht 270000 kg.
Zuladung: Zwei Mann Cockpitbesatzung und drei verschiedene Inneneinrichtungen z.B. für 18 Erstklass-, 44 Businessklass- und 250 Zweitklasspassagiere oder in Einheitsklasse 375 Passagiere. Max. Nutzlast 58000 kg.
Entwicklungsstand: Der Prototyp dieser Ausführung (Umbau der ersten Il-96-300) flog erstmals noch unter der Bezeichnung Il-96-350 am 6. April 1993. Bisher sind von der Passagierausführung 22 (+ 5 Optionen) und von der davon abgeleiteten Frachtversion Il-96T 10 Maschinen bestellt worden. Für die Il-96-300 gingen bisher 20 Aufträge (+ 10 Optionen) ein, wovon das erste Exemplar am 14. Juli 1993 bei Aeroflot den Liniendienst aufnahm. Die ersten Exemplare der Il-96M sollen 1995 ausgeliefert werden. Iljuschin plant, jährlich 24 Il-96M herzustellen.
Bemerkungen: Die Il-96M (siehe Foto) bzw. T ist eine mit westlichen Triebwerken und Avionik versehene Ausführung für den internationalen Markt. Der Rumpf wurde gegenüber der Il-96-300 (siehe Silhouette) um 9,35 m verlängert, das Seitenleitwerk dafür etwas verkleinert. Das Cockpit ist voll digitalisiert und für Zweimannbetrieb eingerichtet. Die preisgünstigere Vorgängerversion Il-96-300 mit russischen Perm/Solowiew-Triebwerken (siehe Ausgabe 1992/93) bleibt weiterhin im Angebot, vorwiegend für den östlichen Markt.
Hersteller: OKB Sergei V. Iljuschin, Moskau, Werk Woronesch, Russland.

Abmessungen: Spannweite inkl. Winglets 60,11 m, Länge 63,94 m, Höhe 15,72 m, Flügelfläche 391,6 m².

ILJUSCHIN IL-114

Ursprungsland: Russland.
Kategorie: Regionalverkehrsflugzeug.
Triebwerke: Zwei Propellerturbinen Klimow TV7-117C von je 2370 WPS (1765 kW) Leistung.
Leistungen (geschätzt): Max. Reisegeschwindigkeit 500 km/h auf 8150 m; Reiseflughöhe 8150 m; Reichweite mit 5400 kg Nutzlast 1000 km, mit 3600 kg Nutzlast 2850 km; max. Reichweite 4800 km.
Gewichte: Leergewicht 13700 kg; max. Startgewicht 21000 kg.
Zuladung: Zwei Piloten und Standardinnenausstattung für 60 Passagiere in Viererreihen mit Mittelgang; max. Nutzlast 6000 kg.
Entwicklungsstand: Der erste von fünf Prototypen flog am 29. März 1990. Dieser ging bei einem Unfall am 5. Juli 1993 verloren, worauf die Erprobung für kurze Zeit eingestellt wurde. Das erste Serienflugzeug wurde im Januar 1994 ausgeliefert. Zurzeit sollen mehr als zehn Exemplare fliegen. Iljuschin plant über 1000 Maschinen herzustellen, die konkrete Auftragslage ist aber nicht bekannt.
Bemerkungen: Das Nachfolgemuster für die Antonow An-24 gleicht in frappanter Weise der englischen BAe ATP. Die Il-114 soll hauptsächlich im Binnenluftverkehr bis 1000 km eingesetzt werden, wobei auch Flugplätze mit Graspisten anzufliegen sind. Die Zelle besteht teilweise aus Verbundwerkstoffen, hochentwickelten Aluminiumlegierungen und auch Titaniumteilen. Das Triebwerk soll einen äusserst geringen spezifischen Kraftstoffverbrauch aufweisen und zusammen mit dem neuartigen Sechsblatt-Propeller aus Verbundwerkstoff für ein sehr tiefes Lärmniveau verantwortlich sein. Bereits wird eine Ausführung mit westlichen Triebwerken Allison 2100 vorwiegend für den westlichen Markt angeboten.
Hersteller: OKB Sergei V. Iljuschin, Taschkent, Usbekistan und Kadinka-Moskau, Russland.

Abmessungen: Spannweite 30,00 m, Länge 26,31 m, Höhe 9,32 m.

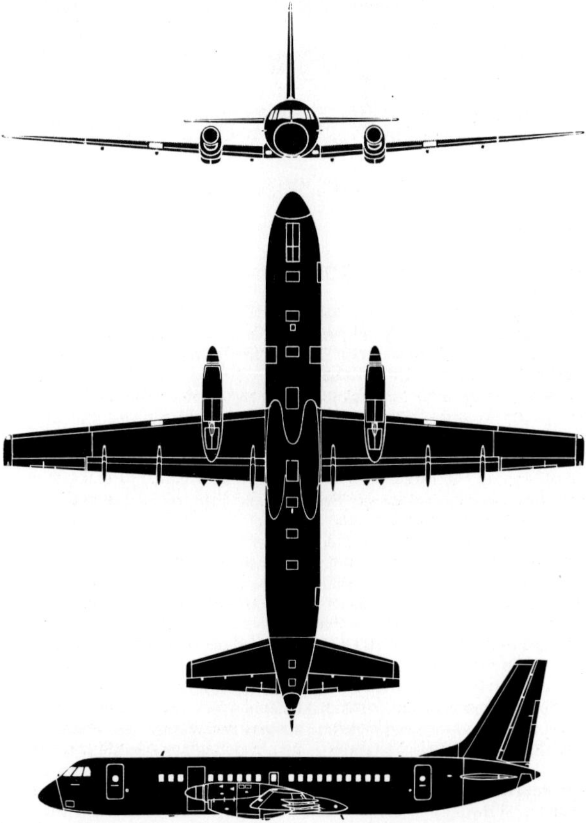

ILJUSCHIN IL-103

Ursprungsland: Russland.
Kategorie: Zweisitziger Anfangstrainer oder fünfsitziges Reiseflugzeug.
Triebwerke: Ein Sechszylinder Boxermotor Teledyne Continental IO-360ES von 210 PS (157 kW) Leistung.
Leistungen (geschätzt als Trainer): Höchstgeschwindigkeit auf 3000 m 265 km/h; Reisegeschwindigkeit 225 km/h; Anfangssteiggeschwindigkeit 8 m/Sek; Reichweite mit drei Passagieren 1240 km.
Gewichte: Leergewicht 720 kg; max. Startgewicht als Trainer 965 kg, als Reiseflugzeug 1400 kg.
Zuladung: Normalerweise vier Personen inkl. Pilot, max. aber fünf Personen. Nutzlast 440 kg.
Entwicklungsstand: Am 17. Mai 1994 nahm der Prototyp die Flugerprobung auf. Die Zulassung ist für das erste Quartal 1995 vorgesehen. Bisher sollen Aufträge für rund 80 Il-103 (+ 120 Optionen) eingegangen sein. Iljuschin hofft, über 1000 Il-103 im In- und Ausland absetzen zu können.
Bemerkungen: Bei der Il-103 handelt es sich um einen konventionellen Tiefdecker mit festem Dreibein-Fahrwerk. Ursprünglich für einen zivil/militärischen Bedarf an Trainern entwickelt, wird sie nun auch als Reiseflugzeug angeboten. Die Trainingsausführung ist mit zwei Steuerknüppeln und Sichtflug-Instrumentierung ausgerüstet, während die Reiseversion über Steuerhörner verfügt. In Zusammenarbeit mit AlliedSignal wird zudem ein integriertes Avionik-Paket westlicher Provenienz angeboten.
Hersteller: OKB Sergei V. Iljuschin, Moskau, Werk Lukhowitsy, Russland.

Abmessungen: Spannweite 10,60 m, Länge 7,95 m, Höhe 3,00 m.

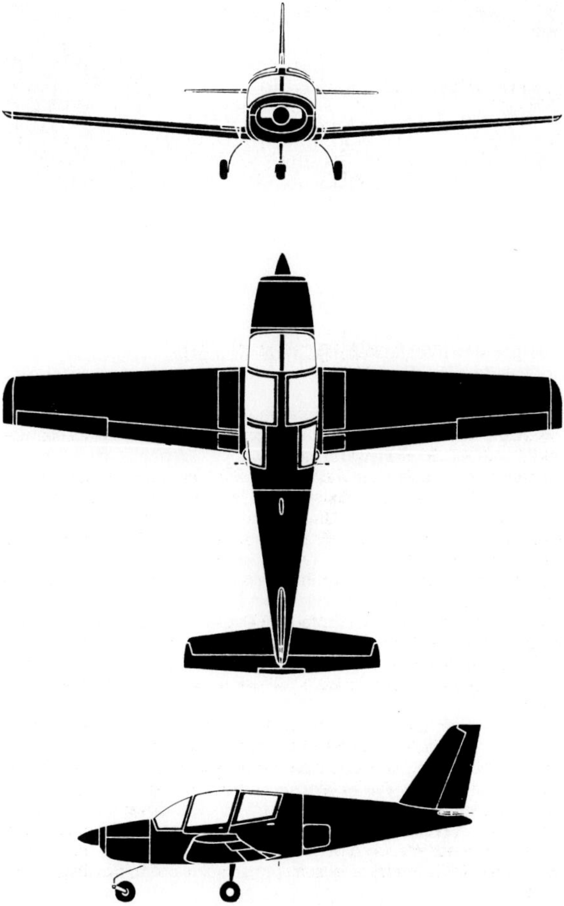

IPTN N-250-100

Ursprungsland: Indonesien.
Kategorie: Regionalverkehrsflugzeug.
Triebwerke: Zwei Propellerturbinen Allison AE 2100C von je 3200 WPS (2386 kW) Leistung.
Leistungen (geschätzt): Max. Reisegeschwindigkeit 611 km/h auf 6100 m; ökonom. Reisegeschwindigkeit 556 km/h; Anfangssteiggeschwindigkeit 10 m/Sek; Dienstgipfelhöhe 7620 m; Reichweite mit 50 Passagieren normal 1450 km, als Option 2000 km.
Gewichte: Leergewicht 12665 kg; max. Startgewicht 22000 kg.
Zuladung: Zwei Piloten und bis zu normal 64, maximal 68 Passagiere in Viererreihen. Max. Zuladung 6000 kg.
Entwicklungsstand: Der Prototyp mit verkürztem Rumpf N-250 verliess am 10. November 1994 die Montagehalle und wird die Flugerprobung im August 1995 aufnehmen. Der zweite um 1,50 m längere Prototyp N-250-100 soll im Mai 1997 erstmals fliegen. Die Auftragslage sah Ende 1994 wie folgt aus: Festbestellungen 15, Optionen 168, Letters of Intent 15. Ende 1997 soll die Auslieferung beginnen.
Bemerkungen: Ursprünglich als Weiterentwicklung der spanisch-indonesischen Gemeinschaftsentwicklung CN-235 (siehe Seiten 26/27) geplant, hat sich die N-250 zu einem eigenständigen Produkt entwickelt. Zum Einbau gelangen, wie heute üblich, zum grossen Teil Verbundwerkstoffe in nicht-tragenden Bereichen. Die N-250 ist mit einem aktiven Fly-by-wire-System ausgerüstet, welches u.a. Höhen-, Seiten- und Querruder sowie die Vorflügel steuert. Im Cockpit sind fünf Kathodenröhren-Displays (CRT) eingebaut. Zurzeit wird geprüft, ob in den USA eine zweite Produktionslinie eingerichtet werden soll.
Hersteller: IPTN Industri Pesawat Terbang Nusantara, Bandung, Indonesien.

Abmessungen: Spannweite 28,00 m, Länge 28,15 m, Höhe 8,37 m, Flügelfläche 65,00 m^2.

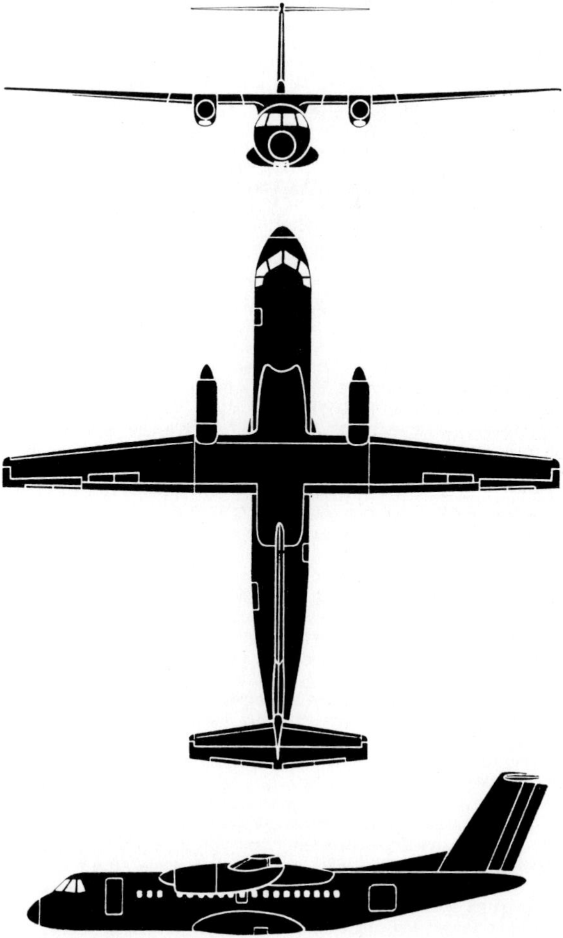

KAMAN K-MAX

Ursprungsland: USA.
Kategorie: Einsitziger Lastenhubschrauber.
Triebwerke: Eine Gasturbine Textron Lycoming T5317A-1 mit einer reduzierten Leistung von 1500 WPS (1119 kW).
Leistungen: Höchstgeschwindigkeit ohne Aussenlasten 185 km/h, mit Aussenlasten 148 km/h; Dienstgipfelhöhe 7620 m; Schwebehöhe mit Bodeneffekt und einer Nutzlast von 2268 kg und Treibstoff für 1,5 Std. 2440 m.
Gewichte: Leer 2132 kg; max. Startgewicht 5216 kg.
Zuladung: Ein Pilot und Aussenlasten ohne Bodeneffekt bis zu 2300 kg, mit Bodeneffekt 2700 kg.
Entwicklungsstand: Der erste von zwei Prototypen startete am 23. Dezember 1991 zum Erstflug. Die Auslieferungen begannen unmittelbar nach der Zulassung vom 30. August 1994. Bis Ende 1995 will Kaman elf K-Max abliefern, darunter je ein Exemplar an die schweizerischen Operators Helog und HeliSuisse. Die Produktion soll bis Ende 1996 bereits ausverkauft sein.
Bemerkungen: Die K-Max ist ein aussergewöhnlicher, speziell für den Lastentransport ausgelegter Hubschrauber, insbesondere für den Transport von Baumstämmen in unwirtlichen Gegenden. Dazu ist er sehr einfach und robust konstruiert, und die Kabine ist besonders Crash-resistent ausgelegt. Wie bei fast allen bisherigen Kaman-Konstruktionen, gelangt auch hier das Rotorsystem von zwei gegenläufig ineinandergreifenden gelenklosen Zweiblattrotoren zur Anwendung. Damit kann auf einen Heckrotor verzichtet werden. Dank der ungewöhnlichen Kabinenauslegung geniesst der Pilot eine ausgezeichnete Aussicht nach unten. Die K-Max soll auch als Feuerwehr- bzw. Landwirtschaftshubschrauber mit einem 2500-l-Tank ausgerüstet werden können.
Hersteller: Kaman Aerospace Corp, Bloomfield, Connecitcut, USA.

Abmessungen: Rotordurchmesser je 14,70 m, Rumpflänge 15,80 m.

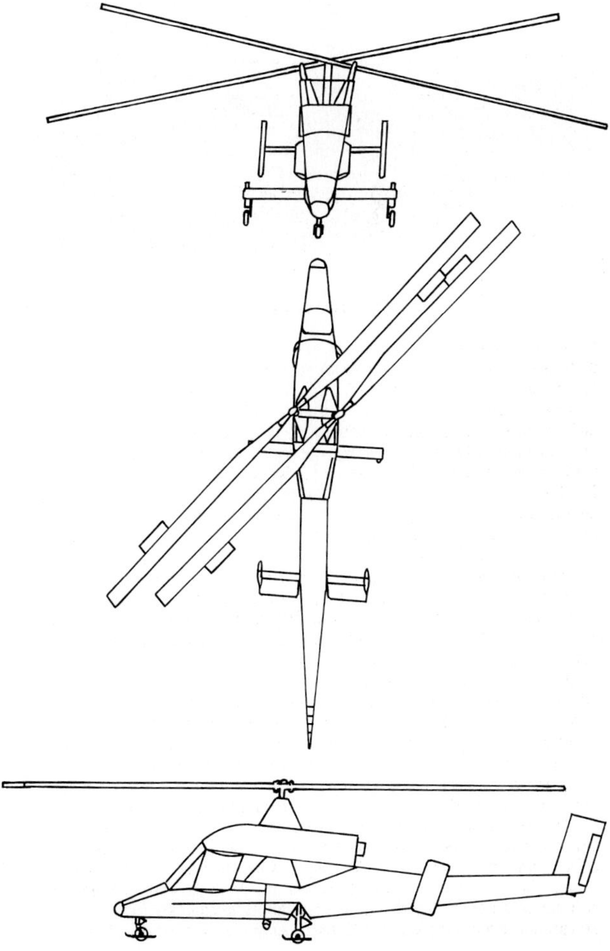

KAMOW KA-50 (HOKUM)

Ursprungsland: Russland.
Kategorie: Einsitziger Kampfhubschrauber.
Triebwerke: Zwei Gasturbinen Klimow (Isotow) TV3-117VK von je 2225 WPS (1660 kW) Leistung.
Leistungen: Höchstgeschwindigkeit in einem Bahnneigungsflug 350 km/h; max. Dauergeschwindigkeit 322 km/h; max. Schrägsteiggeschwindigkeit 10 m/Sek; Schwebehöhe ohne Bodeneffekt 4000 m; Einsatzradius 250 km.
Gewichte (geschätzt): Max. Startgewicht 7500 kg.
Bewaffnung: Eine einläufige 30-mm-Kanone an der rechten Rumpfseite und bis zu 16 Panzerabwehrlenkwaffen AT-9 Whirlwinds oder ungelenkte 80 x 80-mm- bzw. 20 x 130-mm-Raketen an vier Pylonen unter den beiden Stummelflügeln.
Entwicklungsstand: Der Erstflug erfolgte am 27. Juli 1982. Bisher sind sechs Prototypen gebaut worden. Ein Entscheid der russischen Armee zur Beschaffung entweder der Ka-50 oder der Mil-28 (siehe Seiten 228/229) ist immer noch nicht gefallen.
Bemerkungen: Die Ka-50 dient primär für Luftnahunterstützungs-Aufgaben, in zweiter Linie auch für Luftkampfeinsätze. Sie ist als einziger aller bisherigen Kampfhubschrauber als Einsitzer ausgelegt. Die Grundkonzeption aller Kamow-Hubschrauber und der koaxiale, gegenläufige Doppelrotor wurde auch von der Hokum übernommen. Cockpit, Triebwerk, Rotoren und Getriebe sind so gepanzert, dass sie einer Beschiessung mit 20-mm-Geschossen standhalten können. Vermutlich als erster Helikopter der Welt, ist die Ka-50 mit einem Schleudersitz ausgerüstet. Vor dem Ausstieg werden die Koaxialrotoren abgesprengt. Kamow nahm unter der Bezeichnung V-80SH2 die Entwicklung einer zweisitzigen Version auf, da sich gezeigt hat, dass nur ein Pilot mit den vielfältigen Aufgaben überfordert sein kann; Erstflug für Juli 1995 geplant.
Hersteller: OKB Nikolai I. Kamow, Russland.

Abmessungen: Rotordurchmesser 14,50 m, Rumpflänge bei drehenden Rotoren 16,00 m.

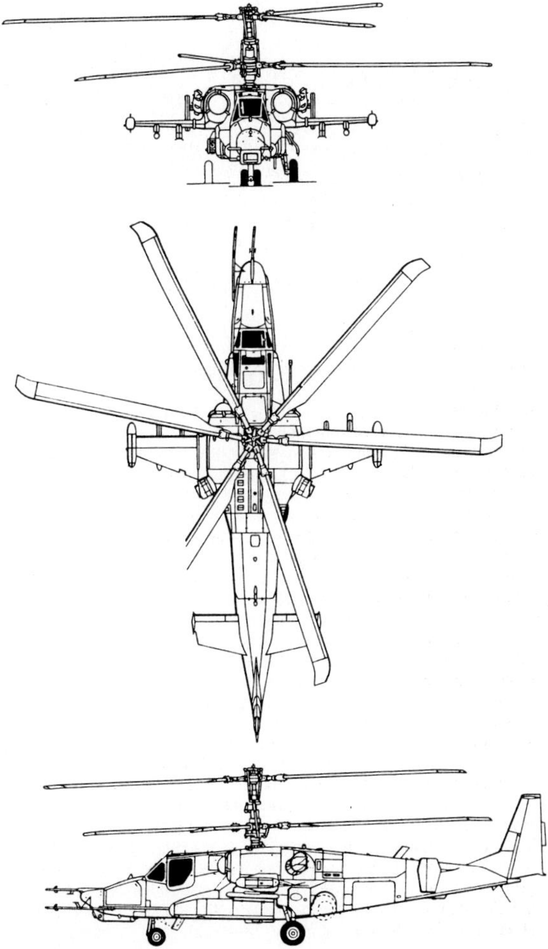

KAMOW KA-62

Ursprungsland: Russland.
Kategorie: Ziviler Mehrzweckhubschrauber.
Triebwerke: Zwei Gasturbinen RKBM/Rybinsk TVD-155 von je 1300 WPS (970 kW) bzw. (Ka-62G) General Electric GE CT7-2B von 1725 WPS (1287 kW) Leistung.
Leistungen (nach Angaben des Herstellers): Höchstgeschwindigkeit bei normaler Zuladung 290 km/h; Reisegeschwindigkeit 260 km/h; max. Schrägsteiggeschwindigkeit 13 m/Sek; Dienstgipfelhöhe 5500 m; Schwebehöhe 2000 m; Reichweite mit 12 Passagieren auf 1220 m 523 km; Reichweite mit Zusatztanks 1000 km.
Gewichte: Max. Startgewicht 5850 kg.
Zuladung: Ein bis zwei Mann Besatzung und bis zu 14 Passagiere in vier Reihen. Max. Nutzlast intern 2000 kg, extern 2500 kg.
Entwicklungsstand: Die Konstruktion der Ka-62 begann offenbar bereits 1990. Der Erstflug wird nach langen Verzögerungen nun für Ende 1995 erwartet.
Bemerkungen: In der Auslegung gleicht die Ka-62 der Eurocopter Dauphin 2 (siehe Seiten 142/143), ist aber etwas schwerer. Rund 50 Prozent der Struktur einschliesslich der Rotorblätter sind aus verschiedenen Verbundwerkstoffen. Das Fahrwerk ist einziehbar. Nebst dem Transport von Passagieren ist die Ka-62 auch für Sanitäts- und Frachteinsätze geeignet. Die beiden grossen Gleittüren erleichtern das Ein- und Ausladen. Unter der Bezeichnung Ka-62G wird auch ein Modell mit westlicher Elektronik und Triebwerken CT7-2B angeboten. Weitere Triebwerkvarianten stehen auch noch zur Diskussion.
Hersteller: OKB Nikolai I. Kamow, Werk Ulan-Ude, Russland.

Abmessungen: Rotordurchmesser 13,00 m, Rumpflänge 12,80 m, Höhe inkl. Rotorkopf 3,70 m.

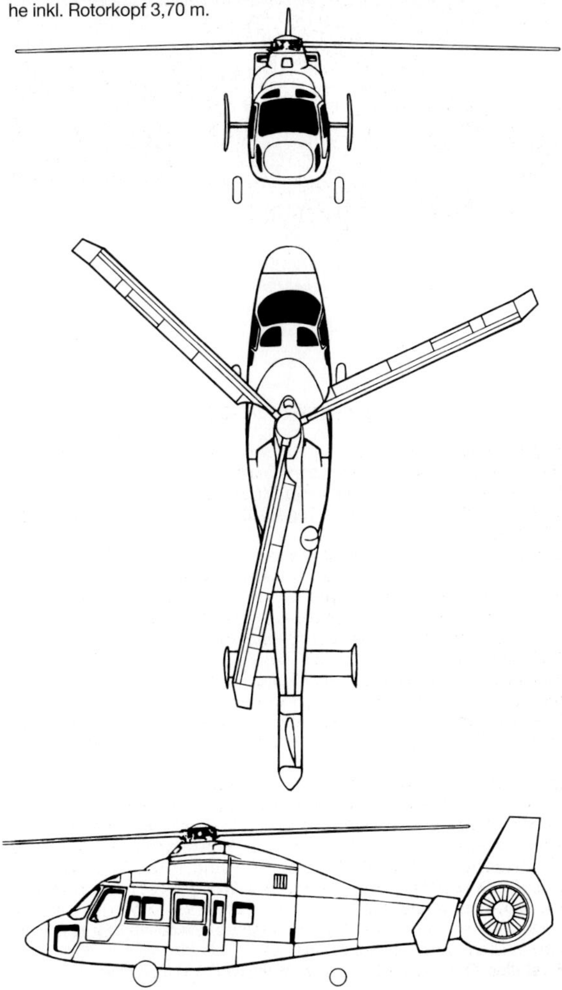

KAWASAKI T-4

Ursprungsland: Japan.
Kategorie: Zweisitziger Trainer.
Triebwerke: Zwei Mantelstromtriebwerke Jshikawajima-Harima F3-IHI-30 von je 1670 kp (16,37 kN) Standschub.
Leistungen: Höchstgeschwindigkeit bei 4700 kg 1038 km/h auf Meereshöhe, 956 km/h auf 10975 m; max. Dauergeschwindigkeit bei 5500 kg 797 km/h; Anfangssteiggeschwindigkeit bei 5500 kg 51 m/Sek; Dienstgipfelhöhe 12200 m; Reichweite ohne Zusatztanks 1297 km, mit zwei 450-l-Zusatztanks 1668 km.
Gewichte: Leer 3700 kg; max. Startgewicht 7500 kg.
Bewaffnung (als Waffentrainer): Ein 7,6-mm-MG-Behälter unter dem Rumpf und zwei Luft-Luft-Lenkwaffen AIM-9L Sidewinder an den beiden Flügelstationen oder bis zu vier 227-kg-Übungsbomben.
Entwicklungsstand: Der erste von vier XT-4-Prototypen ist am 29. Juli 1985 erstmals geflogen, gefolgt vom ersten Serienflugzeug T-4 am 28. Juni 1988. Zurzeit werden jährlich nur rund zehn Flugzeuge für die japanischen Luftstreitkräfte hergestellt, die einen Gesamtbedarf von 200 T-4 aufweisen. Die japanische Kunstflugstaffel «Blue Impulse» wird 1996 mit der T-4 ausgerüstet.
Bemerkungen: Für die Produktion der T-4 ist Kawasaki Hauptauftragnehmer. Mitsubishi ist Lieferant von Rumpfmittelteil und -heck, Triebwerkeinläufen und Seitenflosse und Fuji von Rumpfnase und Flügel. Die T-4 ersetzt die Fuji T-1 und die Lockheed T-33 als Schulflugzeug. Sie kann aber auch für eine Reihe anderer Missionen eingesetzt werden, wie z.B. Verbindungs- und Zielschleppaufgaben. Die T-4 ist die erste japanische Eigenentwicklung mit einheimischem Triebwerk seit 25 Jahren. Der japanischen Luftwaffe wird zurzeit eine verbesserte Version der T-4 angeboten, welche auch die Aufgaben des Fortgeschrittenentrainers Mitsubishi T-2 übernehmen könnte.
Hersteller: Kawasaki Heavy Industrie Ltd., Werk Gifu, Japan.

Abmessungen: Spannweite 9,94 m, Länge 13,00 m, Höhe 4,60 m, Flügelfläche 21,00 m².

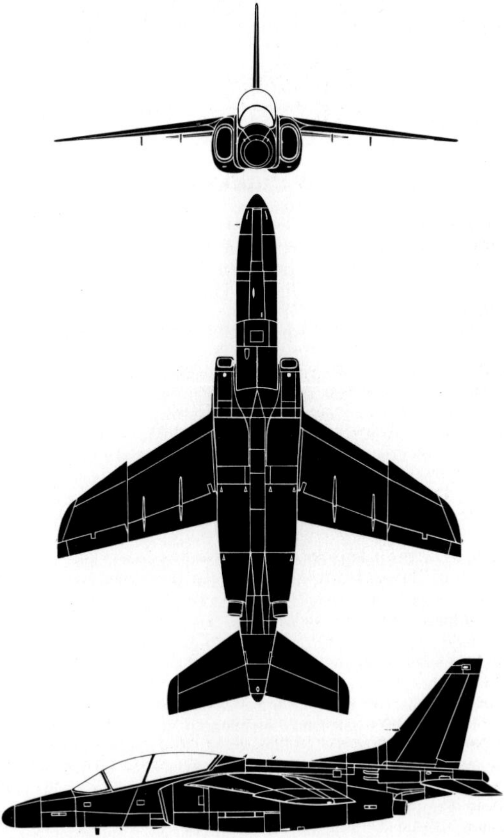

LEARJET 60

Ursprungsland: USA.
Kategorie: Firmenflugzeug.
Triebwerke: Zwei Mantelstromtriebwerke Pratt & Whitney Canada PW305A von je 2090 kp (20,5 kN) Standschub.
Leistungen: Höchstgeschwindigkeit 884 km/h auf 9150 m (Mach 0,81); max. Reisegeschwindigkeit 858 km/h; ökonomische Reisegeschwindigkeit 843 km/h; Dienstgipfelhöhe 15550 m; max. Reichweite mit Langstreckengeschwindigkeit auf 13410 m Höhe und VFR-Reserven 5075 km; normale Reichweite mit vier Passagieren und IFR-Reserven 4450 km.
Gewichte: Rüstgewicht 6470 kg; max. Startgewicht 10319 kg, als Option 10480 kg.
Zuladung: Zwei Mann Besatzung und je nach Inneneinrichtung zwischen sechs und neun Passagiere. Nutzlast 1005 kg.
Entwicklungsstand: Erstflug des noch mit Garrett TFE731-Triebwerken ausgerüsteten Erprobungsträgers am 18. Oktober 1990 (Umbau des ursprünglichen Modell 55-Prototypen). Der Erstflug nach Umrüstung mit den PW305-Triebwerken erfolgte am 13. Juni 1991. Das erste Serienflugzeug nahm die Flugerprobung am 15. Juni 1992 auf. Beginn der Ablieferungen im Januar 1993. Bisher sind rund 30 Einheiten bestellt worden.
Bemerkungen: Die Learjet 60 ist das bisher grösste und leistungsfähigste Muster der Learjet-Familie und basiert auf der 55. Sie übernimmt von ihr den Flügel, das T-Leitwerk, die grossen Deltafinnen unter dem hinteren Rumpfausläufer sowie die Winglets. Der Rumpfdurchmesser bleibt gleich, hingegen ist die Kabine um 109 cm länger und wesentlich komfortabler eingerichtet. Dank abgesenktem Kabinenboden ist eine durchgehende Stehhöhe von 1,75 m möglich. Die Inneneinrichtung kann wesentlich flexibler den Kundenwünschen angepasst werden. Der hintere, nur von aussen zugängliche Gepäckraum ist erheblich grösser. Die Besatzung verfügt über ein vollintegriertes Glascockpit mit vier EFIS-Bildschirmen. Das PW305A-Triebwerk wurde dank seines geringen spezifischen Treibstoffverbrauchs und seiner guten Eigenschaften auf hochgelegenen Flugplätzen gewählt.
Hersteller: Learjet Inc., Wichita, Kansas, USA.

Abmessungen: Spannweite 13,34 m, Länge 17,88 m, Höhe 4,47 m, Flügelfläche 24,57 m².

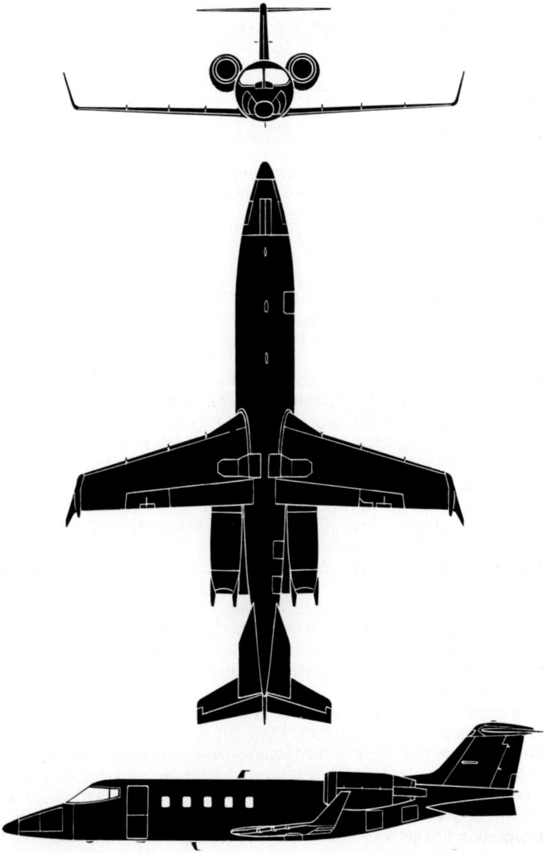

LEARJET 45

Ursprungsland: USA.
Kategorie: Firmenflugzeug.
Triebwerke: Zwei Mantelstromtriebwerke Garrett TEF731-20 von je 1590 kp (15,5 kN) Leistung.
Leistungen (geschätzt): Max. Reisegeschwindigkeit 859 km/h; Dienstgipfelhöhe 15545 m; max. Reichweite 4074 km.
Gewichte: Max. Startgewicht 8845 kg.
Zuladung: Zwei Piloten und in der Kabine normalerweise bis zu zehn Passagiere.
Entwicklungsstand: Der Erstflug der Learjet 45 ist für April 1995 vorgesehen. Mit der Zulassung wird im Oktober 1996 gerechnet. Bisher sollen bereits Bestellungen für 30 Einheiten eingegangen sein.
Bemerkungen: Die Version 45 ist zwischen der Learjet 31A und der Learjet 60 (siehe Seiten 186/187) angesiedelt. Der Hersteller versucht mit diesem Muster eine optimale Kombination zwischen Preis, Flugleistungen, Kabinengrösse und Betriebskosten zu vereinen. Obwohl die Rumpflänge in etwa jener der Learjet 60 entspricht, ist die Kabine mit 6,02 m etwas länger und bietet durchgehende Stehhöhe. Bei einer Bestuhlung für acht Fluggäste sind alle Sitze um 180 Grad drehbar. Dank des elektronischen Triebwerkmanagements (FADEC – Full Authority Digital Engine Control) kann bei um 15 Prozent gesteigerter Reiseleistung der spezifische Treibstoffverbrauch gleichzeitig um elf Prozent verringert werden.
Hersteller: Learjet Inc., Wichita, Kansas, USA.

Abmessungen: Spannweite 14,56 m, Länge 17,68, Höhe 4,29 m.

LET L-610G

Ursprungsland: Tschechien.
Kategorie: Regionalverkehrsflugzeug.
Triebwerke: Zwei Propellerturbinen General Electric CT7-9D von je 1750 WPS (1305 kW) Leistung.
Leistungen (geschätzt bei max. Abfluggewicht): Max. Reisegeschwindigkeit 466 km/h auf 7200 m; Langstrecken-Reisegeschwindigkeit 408 km/h auf 7200 m; Anfangssteiggeschwindigkeit 8,4 m/Sek; Dienstgipfelhöhe 8050 m; Reichweite mit max. Nutzlast und 45 Min. Reserven 870 km, mit max. Treibstoffzuladung 2470 km.
Gewichte: Leergewicht 8730 kg; max. Startgewicht 14500 kg.
Zuladung: Zwei Piloten und mit Standardeinrichtung 40 Passagiere in Viererreihen mit zentralem Mittelgang. Eine kombinierte Passagier-/Frachtauslegung sowie eine reine Frachtvariante sind ebenfalls erhältlich. Max. Nutzlast 4200 kg.
Entwicklungsstand: Das erste mit GE-Triebwerken ausgerüstete Muster flog am 18. Dezember 1992. Die noch mit den Motorlet M602-Triebwerken ausgerüstete L-610M nahm die Flugerprobung am 28. Dezember 1988 auf. Von dieser hat Let insgesamt nur neun Maschinen hergestellt, die alle von der tschechischen Luftwaffe übernommen wurden. Alle weiteren Maschinen sollen ausschliesslich GE-Triebwerke erhalten. Der aktuelle Bestellungseingang ist nicht bekannt.
Bemerkungen: Die L-610 wurde speziell für sowjetische Bedürfnisse für Kurzstreckeneinsätze über Etappendistanzen von 400 bis 600 km entworfen und soll den kleineren Mehrzwecktransporter L-410 nach oben und die Il-114 nach unten ergänzen. Ob die Nachfolgestaaten der Sowjetunion den ursprünglichen Plänen zufolge eine grössere Anzahl von L-610M bestellen werden, ist zum jetzigen Zeitpunkt eher unwahrscheinlich. Um die Exportchancen in westlichen Ländern zu erhöhen, bietet Let eine Variante mit General Electric CT7-9D-Triebwerken und überarbeiteter Avionik an. Die L-610 ist besonders geeignet für Einsätze auf unvorbereiteten Pisten und zu deren Anflug hohe Sinkgeschwindigkeiten nötig sind. Neuesten Angaben zufolge, soll die L-610 in Russland in Lizenz hergestellt werden.
Hersteller: Let Narodni Podnik, Uherské Hradiste-Kunovice, Kunovice, Tschechien.

Abmessungen: Spannweite 25,60 m, Länge 21,42 m, Höhe 7,61 m; Flügelfläche 56,00 m².

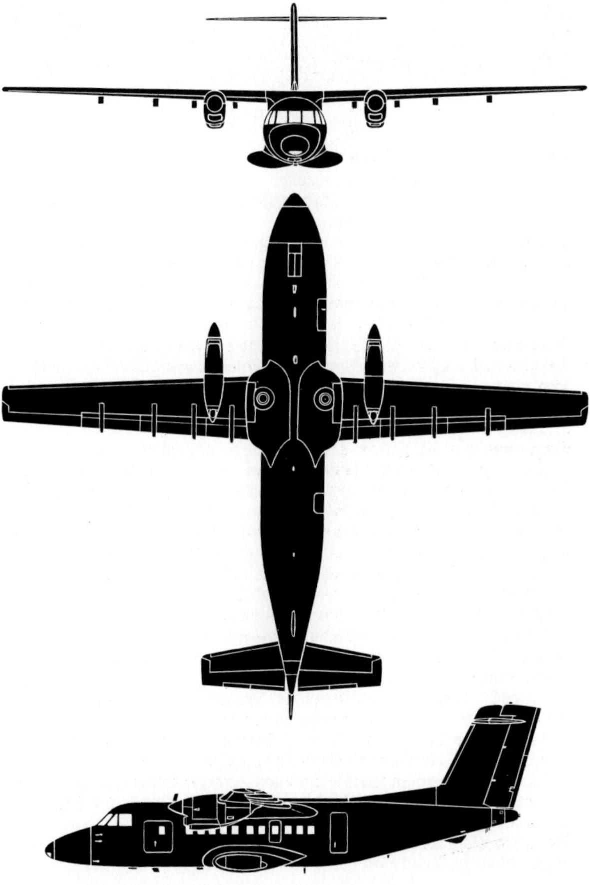

LOCKHEED C-130J HERCULES II

Ursprungsland: USA.
Kategorie: Mittelschwerer militärischer und ziviler Langstreckentransporter.
Triebwerke: Vier Propellerturbinen Allison AE2100 von je 6000 WPS (4500 kW) Leistung.
Leistungen (geschätzt): Max. Reisegeschwindigkeit 630 km/h; Anfangssteiggeschwindigkeit 12 m/Sek; Dienstgipfelhöhe 10060 m; Reichweite mit einer Nutzlast von 21625 kg über 2600 km.
Gewichte (geschätzt): Leergewicht 34500 kg; max. Abfluggewicht 79000 kg +.
Zuladung: Zwei Piloten und eine Nutzlast von 22000 kg +.
Entwicklungsstand: Das erste von fünf C-130J-Erprobungsmustern soll im November 1995 fliegen. Bisherige Bestellungen: RAAF 12, RAF 25, USAF 2. Letztere hat einen Bedarf an bis zu 150 neuen C-130J. Ablieferungen ab 1997 geplant. Von allen Hercules-Varianten sind bisher über 2100 Maschinen produziert worden.
Bemerkungen: Die Version C-130J ist gegenüber der bisherigen C-130H (siehe Silhouette der Version AC-130U) in wesentlichen Teilen überarbeitet und verbessert worden. Nebst neuen Triebwerken mit Sechsblattrotoren neuester Technologie werden ein völlig neues Zweimann-Cockpit mit vier grossen LCD-Anzeigen und einem HUD eingebaut. Weiter hat Lockheed zur Leistungserhöhung und zur Vereinfachung der Wartung das elektrische System, die Betankungsanlage sowie die gesamte Elektronik neu konzipiert. Alle diese Massnahmen führen dazu, dass bei um 17 % reduziertem Treibstoffverbrauch sowie einer um 15 % höheren Geschwindigkeit die Nutzlast-/Reichweitenleistung um nicht weniger als 61 % verbessert wird. Zudem hat man Teile der Struktur verstärkt. Parallel dazu entwickelt Lockheed auch eine zivile Ableitung L-100J. Nebst der Heckladerampe verfügt sie zusätzlich über ein 3,55 m breites Frachttor an der rechten Rumpfvorderseite.
Hersteller: Lockheed Martin Marietta Corp., Marietta, Georgia, USA.

Abmessungen: Spannweite 40,41 m, Länge (C-130J) 32,33 m, (C-130J-30) 34,36 m, Höhe 11,71 m, Flügelfläche 162,12 m^2.

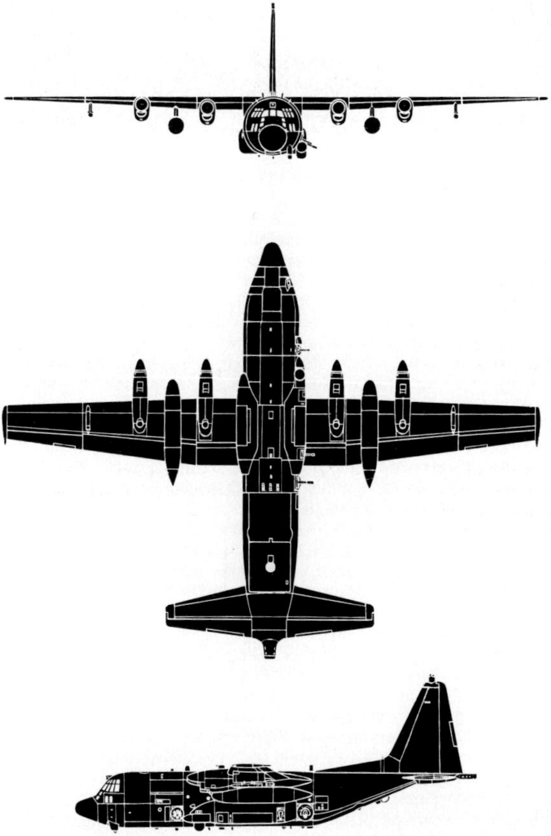

LOCKHEED P-3C ORION

Ursprungsland: USA.
Kategorie: Langstrecken-Marinepatrouillenflugzeug.
Triebwerke: Vier Propellerturbinen Allison T56-A-14W von je 4910 WPS (3663,3 kW) Leistung.
Leistungen: Höchstgeschwindigkeit bei einem Fluggewicht von 47625 kg 761 km/h auf 4570 m; ökonom. Reisegeschwindigkeit 608 km/h auf 7620 m; Patrouilliergeschwindigkeit 381 km/h auf 460 m; Anfangssteiggeschwindigkeit 9,9 m/Sek; Patrouilliendauer mit vier Triebwerken auf 460 m 12,3 Std; Einsatzradius mit drei Std. Aufenthalt im Zielgebiet 2494 km; max. Einsatzradius 3835 km.
Gewichte: Leer 27890 kg; normales Startgewicht 61235 kg; max. Startgewicht 64410 kg.
Zuladung: Normalerweise zehn Mann Besatzung: Zwei Piloten, Flugingenieur, taktischer Koordinator, MAD-Operateure, Waffenspezialisten und Akustik-Sensor-Operateure.
Bewaffnung: Zwei Mk.101-Tiefenbomben und vier Mk.43-, 44- und 46-Torpedos oder acht Mk.54-Bomben im Waffenschacht sowie bis zu 6220 kg äussere Waffenlasten, verteilt unter zehn Flügelstationen.
Entwicklungsstand: Erstflug des Prototyps YP-3C am 8. Oktober 1968. Von allen Varianten der P-3 sind 650 Maschinen hergestellt worden. Die Orion befindet sich bei zehn Luftwaffen bzw. Marinen im Einsatz. Neuester Besteller: Südkorea acht P-3C. Die japanischen P-3C werden von Kawasaki in Lizenz hergestellt, wobei der Grossteil der 101 benötigten Maschinen (97 P-3C, 4 EP-3C/UP-3D) bereits abgeliefert wurde.
Bemerkungen: Zurzeit ist ausschliesslich die Ausführung P-3C Update 3 im Angebot mit zum Teil neuer Elektronik und stärkeren Triebwerken. 247 P-3C der USN sollen auf einen noch zu definierenden einheitlichen Standard gebracht werden. Nebst elektronischer Aufdatierung sind auch strukturelle Verbesserungen geplant.
Hersteller: Lockheed Martin Marietta Corp., Marietta, Georgia, USA.

Abmessungen: Spannweite 30,37 m, Länge 35,61 m, Höhe 10,29 m, Flügelfläche 120,77 m^2.

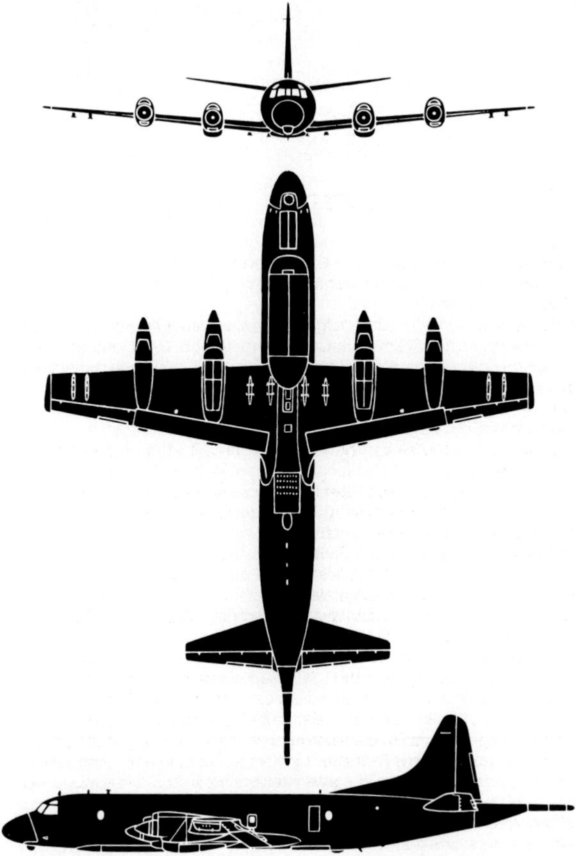

LOCKHEED F-16C/D FIGHTING FALCON

Ursprungsland: USA.
Kategorie: Einsitziger Mehrzweckjäger (F-16C) und zweisitziger operationeller Trainer (F-16D).
Triebwerke: Ein Mantelstromtriebwerk Pratt & Whitney F100-PW-220 von 6518 kp (63,9 kN) Standschub ohne und 10781 kp (105,7 kN) mit Nachbrenner, bzw. ein Mantelstromtriebwerk General Electric F110-GE-100 von 6359 kp (62,3 kN) Standschub ohne und 13146 kp (128,9 kN) mit Nachbrenner.
Leistungen (F-16C mit F-100): Kurzzeitig erreichbare Höchstgeschwindigkeit 2145 km/h auf 12190 m (Mach 2,02), andauernde Höchstgeschwindigkeit 2007 km/h (Mach 1,89); taktischer Einsatzradius (Einsatzprofil hoch-tief-hoch) 580 km mit sechs 227-kg-Bomben; Überführungsreichweite mit max. Zusatztanks 3943 km.
Gewichte (F-16C): Leergewicht 8273 kg; Startgewicht als Abfangjäger mit Luft-Luft-Lenkwaffen 12000 kg; max. Startgewicht 19187 kg.
Bewaffnung: Eine mehrläufige 20-mm-Revolverkanone M61A-1 und, als Abfangjäger, zwei bis sechs Luft-Luft-Lenkwaffen AIM-9L/M oder, als Erdkämpfer, bis zu 5638 kg Aussenlasten.
Entwicklungsstand: Der erste von zwei YF-16-Prototypen führte seinen Erstflug am 20. Januar 1974 aus. 4014 F-16 sind von 18 Luftwaffen bestellt und zum grössten Teil ausgeliefert worden. Zurzeit führt Lockheed noch die nachstehenden (Folge)Aufträge aus: Aegypten 48, Portugal 20, Singapur 18, Südkorea 120, Taiwan 150, Thailand 18, Türkei 80, USAF 229.
Bemerkungen: Gegenwärtig werden die Varianten F-16C und F-16D (Block 50/52) abgeliefert, die über stärkere Triebwerke und verbesserte Elektronik verfügen (u.a. APG-65(V-5)-Radar, Laserkreisel). Rund 100 F-16 werden zu Aufklärern RF-16 modifiziert. Sie sind mit einem rumpfkonformen Behälter ausgerüstet, der die Aufklärungsergebnisse im real-time-Verfahren via Video übertragen kann. Lockheed offeriert neu eine Langsteckenversion F-16ES basierend auf der F-16D mit konformen Satteltanks über den Innenflügeln.
Hersteller: Lockheed Martin Marietta Corp., Fort Worth Division, Fort Worth, Texas, USA.

Abmessungen: Spannweite 9,45 m, Länge 15,03 m, Höhe 5,09 m, Flügelfläche 27,87 m².

LOCKHEED/BOEING F-22

Ursprungsland: USA.
Kategorie: Luftüberlegenheits- und Mehrzweckkampfflugzeug.
Triebwerke: Zwei Mantelstromtriebwerke Pratt & Whitney YF119-PW-100 mit 15900 kp (156 kN) Standschub mit Nachverbrennung und schwenkbarem Triebwerkstrahl.
Leistungen (YF-22, geschätzt): Höchstgeschwindigkeit in geringer Höhe 1470 km/h (Mach 1,2) oder 1915 km/h über 10975 m (Mach 1,8); max. Dauergeschwindigkeit 1490-1595 km/h über 10975 m (Mach 1,4 - 1,5); Dienstgipfelhöhe 15240 m; Aktionsradius mit interner Treibstoffzuladung und voller Zahl Luft-Luft-Lenkwaffen 1290 bis 1450 km.
Gewichte (geschätzt): Leergewicht 14970 kg; normal beladen 24950 kg; max. Startgewicht (F-22) 27216 kg.
Bewaffnung (F-22): Eine sechsläufige 20-mm-Revolverkanone und zwei Kurzstrecken-Luft-Luft-Lenkwaffen AIM-9 im zentralen Waffenschacht und vier Mittelstrecken-Luft-Luft-Lenkwaffen AIM-120 je in einem separaten Schacht seitlich im Rumpf. Zudem besteht die Möglichkeit, für Erdkampfeinsätze darin auch spezielle 450-kg-Bomben mitzuführen sowie Lenkwaffen an zwei Aufhängungen unter den Flügeln.
Entwicklungsstand: Der erste von zwei Prototypen (mit YF120-Triebwerken) flog am 29. September 1990, gefolgt vom zweiten (mit YF119-Triebwerken) am 30. Oktober 1990. Ein überarbeiteter definitiver Serienprototyp der F-22 startet 1996 zum Erstflug. Die Flugerprobung wird neun Flugzeuge umfassen (sieben Einsitzer F-22A und zwei Doppelsitzer F-22B). Die USAF plant nun nur noch 442 zu beschaffen.
Bemerkungen: Der Serienprototyp wird in seinen äusseren Konturen einige wesentliche Aenderungen erfahren. Diese zielen vor allem darauf, die F-22 schlechter entdeckbar zu machen und die Wendigkeit der Maschine zu verbessern. So wird die Spannweite auf 13,56 m erhöht und die Pfeilung der Vorderkante von 48 auf 42° reduziert. Das beim Versuchsmuster überdimensionierte Seitenleitwerk wird flächenmässig reduziert und in der Höhe um 0,12 m abgesenkt. Schliesslich rückt das Cockpit leicht nach vorne und die Lufteinläufe um 46 cm nach hinten. Die Gesamtlänge reduziert sich um 63 cm auf 18,92 m.
Hersteller: Lockheed Martin Marietta Corp., Marietta, Georgia und Boeing Military Airplanes, Seattle, Washington, USA.

Abmessungen (YF-22): Spannweite 13,10 m, Länge 19,50 m, Höhe 5,40 m, Flügelfläche (geschätzt) 77,1 m².

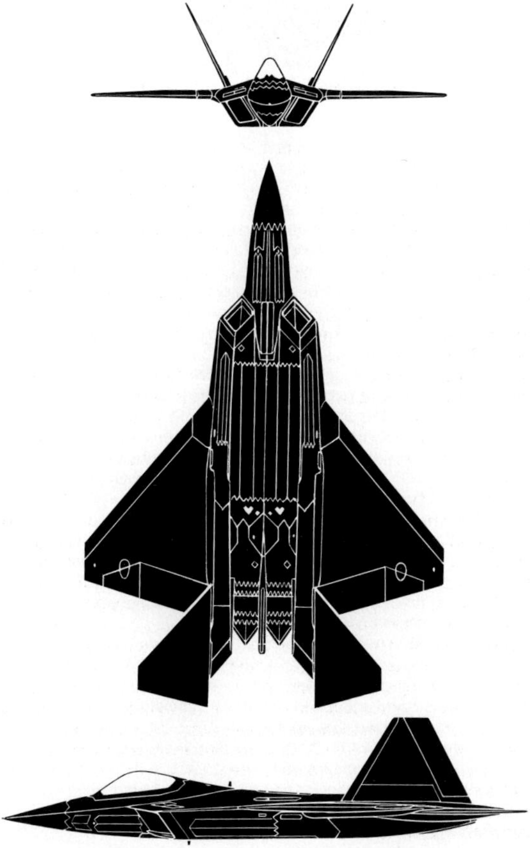

McDONNELL DOUGLAS C-17A GLOBEMASTER III

Ursprungsland: USA.
Kategorie: Schwerer Militärfrachter.
Triebwerke: Vier Mantelstromtriebwerke Pratt & Whitney F117-P-100 von je 18914 kp (185,5 kN) Standschub.
Leistungen: Max. Reisegeschwindigkeit 818 km/h auf 10975 m (Mach 0,77), 650 km/h in niedriger Höhe; Dienstgipfelhöhe 13700 m; Reichweite mit einer Nutzlast von 58605 kg 5190 km, 5000 km mit einer solchen von 71895 kg sowie 4445 km mit max. Nutzlast.
Gewichte: Rüstgewicht 122016 kg; max. Startgewicht 263083 kg.
Zuladung: Zwei Piloten und zwei Lademeister. Im 26,82 m langen, 5,49 m breiten und 4,11 m hohen Frachtraum können Nutzlasten bis zu 72000 kg mitgeführt werden. Typische Lasten: Drei Kampfhubschrauber AH-64A oder ein vollausgerüsteter Kampfpanzer M-1 Abrams, bis zu 102 Fallschirmspringer. Einzellasten von 27215 kg oder mehrere Paletten von max. 49895 kg können im Flug abgeworfen werden.
Entwicklungsstand: Der Prototyp flog erstmals am 15. September 1991, gefolgt vom ersten von vier Produktionsprototypen am 19. Mai 1992. Die USAF benötigt 120 C-17, bestellt sind bisher erst 40, da während der Flugerprobung technische Schwierigkeiten aufgetreten sind. Bis Ende 1994 flogen 16 C-17A. Als erste Staffel hat das 437th AW/17th AS in Charleston AFB, South Carolina, die Umrüstung auf die C-17A im August 1993 begonnen.
Bemerkungen: Das besondere an der C-17A ist die Fähigkeit, schwere Lasten auf strategischen Distanzen direkt in die Nahkampfzone fliegen zu können. Für diese Aufgabe wurde sie sehr robust ausgelegt und ist beispielsweise in der Lage, Lande- und Startbahnen mit einer Länge von nur 915 m zu benützen. Sie kombiniert somit die Aufgaben der C-5/C-141 mit denen der C-130. Das superkritische Tragwerk mit einer Pfeilung von 25° ist mit Winglets und einem angeblasenen Klappensystem ausgerüstet, und das stabile Fahrwerk erlaubt ein Manövrieren mit eigener Kraft am Boden.
Hersteller: McDonnell Douglas Corp, Long Beach, Kalifornien, USA.

Abmessungen: Spannweite 50,29 m, Länge 53,04 m, Höhe 16,79 m, Flügelfläche 353 m².

McDONNELL DOUGLAS F-15E EAGLE

Ursprungsland: USA.
Kategorie: Zweisitziger Luftüberlegenheitsjäger und Erdkämpfer.
Triebwerke: Zwei Mantelstromtriebwerke Pratt & Whitney F100-PW-229 von je 8073 kp (79,2 kN) Standschub ohne und 13200 kp (129,4 kN) mit Nachbrenner.
Leistungen: Kurzzeitig erreichbare Spitzengeschwindigkeit 2698 km/h oder Mach 2,54 auf 12190 m; längerdauernde Höchstgeschwindigkeit 2443 km/h oder Mach 2,54 auf 12190 m; Dienstgipfelhöhe 18300 m; max. Aktionsradius 1270 km; Ueberführungsreichweite mit Zusatztanks 4445 km.
Gewichte: Rüstgewicht 14379 kg; max. Startgewicht 36741 kg.
Bewaffnung: Eine sechsläufige 20-mm-Revolverkanone M61A1 und bis zu 11113 kg Aussenlasten (Erdkampf) bzw. je vier Luft-Luft-Lenkwaffen AIM-7F Sparrow und AIM-9L Sidewinder oder acht AIM-120 (Luftüberlegenheitseinsatz).
Entwicklungsstand: Die erste F-15E begann mit den Testflügen am 11. Dezember 1986, gefolgt vom ersten Serienflugzeug Ende 1987. Ablieferung an die USAF ab 1988. Die USAF erhielt inklusive Ausgleich der Verluste im Golfkrieg bis 1993 209 F-15E. Saudi Arabien bestellte 72 F-15S, Israel 21 F-15E.
Bemerkungen: Die F-15E ist eine für den Erdkampfeinsatz geeignete Ausführung der F-15C (siehe Ausgabe 1986) mit verstärkter Struktur, höheren Beschleunigungslimiten, dreifacher elektrischer Steuerung, und für den Allwettereinsatz im Tiefflug ergänzter Avionik (Hughes APG-70-Radar, Infrarotausrüstung FLIR, LANTIRN-Tiefflug-Navigations- und Nachtfluggerät). Dank verstärkter Zelle weist die F-15E die doppelte Lebensdauer gegenüber früheren Eagle-Versionen auf. Die F-15S ist eine von der F-15E abgeleitete Ausführung mit vereinfachter Elektronik. Zurzeit wird eine Variante F-15U mit vergrösserten Tragflächen mit doppelt so dickem Profil geprüft. Dadurch würde sich die Kraftstoffkapazität um rund 2,5 Tonnen erhöhen. Bis zu 100 F-15E der USAF sollen für Antiradar-Einsätze modifiziert werden. Diese würden dann AGM-88-Harm-Lenkwaffen mitführen.
Hersteller: McDonnell Douglas Corporation, St. Louis, Missouri, USA.

Abmessungen: Spannweite 13,05 m, Länge 19,43 m, Höhe 5,63 m, Flügelfläche 56,50 m².

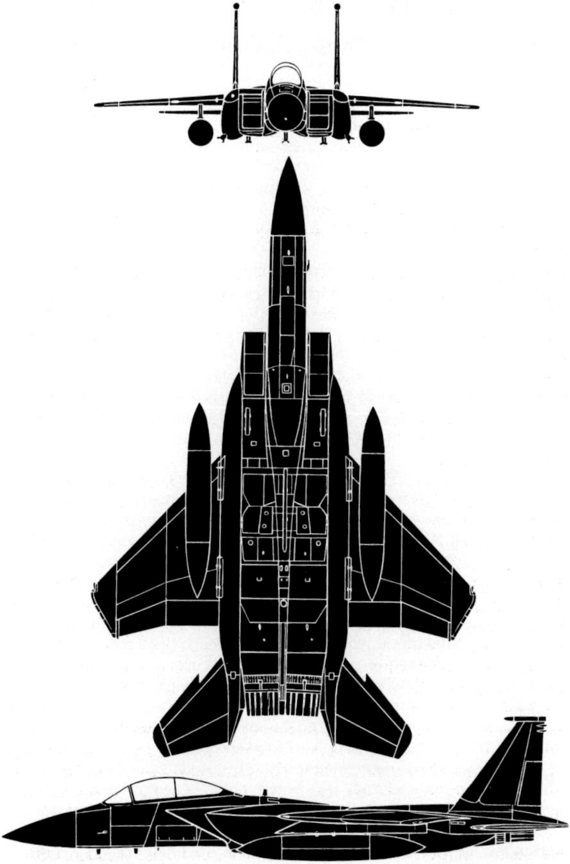

McDONNELL DOUGLAS F/A-18C/D HORNET

Ursprungsland: USA.
Kategorie: Einsitziges und zweisitziges bord- oder landgestütztes Mehrzweck- und Erdkampfflugzeug.
Triebwerke: Zwei Mantelstromtriebwerke General Electric F404-GE-400 von je 4810 kp (47,2 kN) Standschub ohne und 7167 kp (70,3 kN) mit Nachbrenner oder F404-GE-402 von je 8028 kp (79 kN) Standschub mit Nachverbrennung.
Leistungen (-GE-400): Höchstgeschwindigkeit mit Luft-Luft-Lenkwaffen an den Flügelspitzen und unter dem Rumpf 1915 km/h oder Mach 1,8 auf 12150 m; Anfangssteiggeschwindigkeit mit halber Treibstoffzuladung und vier Lenkwaffen 304,6 m/Sek; Dienstgipfelhöhe 15240 m; Aktionsradius (Luftpatrouille) ohne Zusatztanks 770 km, mit drei 1192-l-Zusatztanks 1180 km.
Gewichte: Leer 10455 kg; Startgewicht für Luftüberlegenheitseinsatz 16650 kg, als Erdkämpfer 22238 kg; max. Startgewicht 25400 kg.
Bewaffnung: Eine 20-mm-Revolverkanone M61A1 plus je zwei Luft-Luft-Lenkwaffen AIM-7E/F Sparrow und AIM-9G/H Sidewinder oder als Erdkämpfer bis zu 7711 kg Waffenlasten extern an neun Aufhängepunkten.
Entwicklungsstand: Erstflug der ersten von 11 F/A-18A/B am 18. November 1978. Zurzeit werden nur noch die weiterentwickelten F/A-18C/D produziert, letztere auch als Aufklärungsvariante für das USMC. Die neuesten Bestellungen stammen von: Finnland 57 F/A-18C und 7 F/A-18D; Schweiz 34 F/A-18C/D; Malaysia 8 F/A-18D + evtl. bis 16 weitere. Der monatliche Ausstoss beträgt zurzeit vier Hornets, wobei jährlich rund 24 an die USN bzw. das USMC gehen.
Bemerkungen: Alle nach November 1989 gelieferten F/A-18C sind allwetter- und nachtkampftauglich und seit Frühjahr 1994 erhalten die neu produzierten Einheiten das leistungsfähigere Bordradar AN/APG-73. Ende 1995/Anfang 1996 wird die wesentlich leistungsfähigere F/A-18E/F erstmals fliegen und ab 1999 einsatzbereit sein. Die F/A-18E/F erhält einen neuen, grösseren Flügel, der Rumpf wird um eine zusätzliche Sektion von 86 cm verlängert und die Triebwerkeinläufe werden rechteckig sein. Dank stärkeren Triebwerken F414-GE-400 und einer um ein Drittel erhöhten Treibstoffkapazität resultieren erheblich verbesserte Flugleistungen. Rund 20 % der Zelle wird aus Verbundwerkstoffen, vorwiegend Karbonfaser, hergestellt sein.
Hersteller: McDonnell Douglas Corporation, St.Louis, Missouri, USA.

Abmessungen: Spannweite 11,43 m, Länge 17,07 m, Höhe 4,67 m, Flügelfläche 36,79 m².

McDONNELL DOUGLAS MD-90

Ursprungsland: USA.
Kategorie: Kurz- und Mittelstrecken-Verkehrsflugzeug.
Triebwerke: Zwei Mantelstromtriebwerke IAE (MD-90-10) V2522-D5 von je 9978 kp (97,86 kN) oder (-30) V2525-D5 von je 11340 kp (111,21 kN) oder (-50) V2528-D5 von je 12700 kp (124,55 kN) Standschub.
Leistungen(-30): Reisegeschwindigkeit 812 km/h auf 10670 m (Mach 0,76); Dienstgipfelhöhe 11277 m; Reichweiten (-10) 4551 km, (-30) 4329 km und (-50) 5600 km.
Gewichte: Rüstgewichte (-10) 36690 kg, (-30) 39375 kg, (-50) 41640 kg; max. Abfluggewichte (-10) 63050 kg, (-30) 70760 kg, (-50) 78245 kg.
Zuladung: Zwei Mann Cockpitbesatzung und typische Inneneinrichtungen für (-10) 114, (-30, -50) 158 und (-55) 187 Passagiere.
Entwicklungsstand: Der Erstflug der ersten MD-90 (Version -30) fand am 22. Februar 1993 statt, gefolgt von der zweiten am 27. August 1993. Nach der Zulassung im Oktober 1994 begann die Ablieferung an den Erstbesteller Delta im Februar 1995. Der heutige Auftragsbestand beläuft sich auf 72 feste Bestellungen (+ 83 Optionen).
Bemerkungen: Die bereits lange Liste von DC-9-Ableitungen wird durch eine Mehrzahl weiterer Varianten ergänzt. Sie alle haben als Antrieb die IAE V2500-Triebwerk-Reihe gemeinsam und unterscheiden sich untereinander fast nur in der Rumpflänge, der Passagierkapazität und den damit verbundenen Abfluggewichten und Reichweitenleistungen. Die Version -10 (bisher noch nicht bestellt) verfügt über die gleiche Länge wie die MD-87, die Ausführungen -30 und -50/-55 sind gegenüber der MD-80 um 1,45 m gestreckt (letztere erbringt grössere Reichweitenleistungen). Zusätzlich zu den erwähnten Varianten wird für den chinesischen Binnenverkehr eine MD-90-30T entwickelt, eventuell bestückt mit Tandemfahrwerk für schlechte Pisten. 40 (20 ?) davon produziert Shanghai Aviation in Lizenz. Davon abgeleitet soll als vorläufig letzte Version die 100-plätzige MD-95 hergestellt werden, ausgerüstet mit BMW/Rolls-Royce BR.715-Triebwerken.
Hersteller: McDonnell Douglas Corporation, Long Beach, Kalifornien, USA.

Abmessungen: Spannweite 32,87 m, Länge (-10) 39,75 m, (-30, -50/-55) 46,51 m, Höhe 9,30 m Flügelfläche 112,32 m².

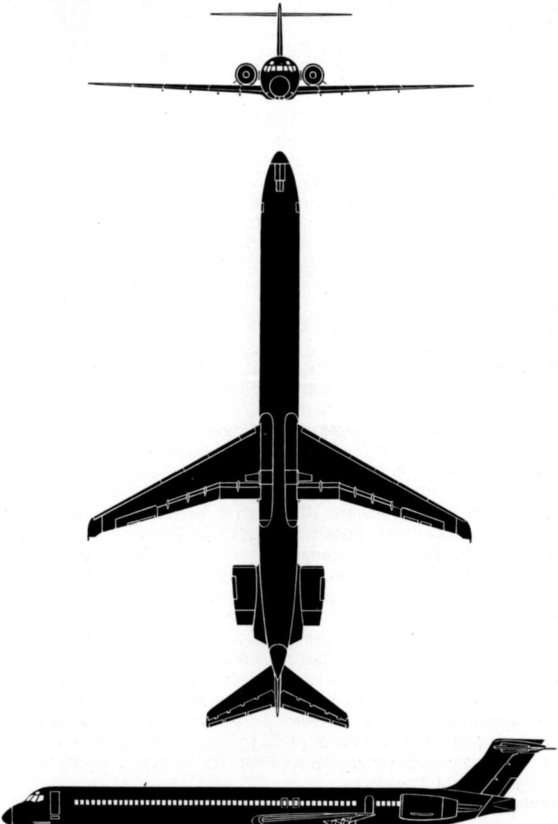

McDONNELL DOUGLAS MD-11

Ursprungsland: USA.
Kategorie: Langstrecken-Verkehrsflugzeug.
Triebwerke: Drei Mantelstromtriebwerke General Electric CF6-80C2-D1F von je 27895 kp (273,6 kN) oder Pratt & Whitney PW4460 von je 27215 kp (266,0 kN) Standschub.
Leistungen (PW4460): Höchstgeschwindigkeit 962 km/h auf 8230 m (Mach 0,87); max. Reisegeschwindigkeit 932 km/h auf 9150 m; ökonom. Reisegeschwindigkeit 876 km/h auf 10670 m; Anfangssteiggeschwindigkeit 14,7 m/Sek; Dienstgipfelhöhe 9935 m; Reichweite mit max. Passagierzuladung und üblichen Reserven 12780 km; max. Reichweite (-ER) 13350 km.
Gewichte: Rüstgewicht 124205 kg; max. Startgewicht 283500 kg und als Option 286000 kg.
Zuladung: Zwei Piloten und max. 410 Passagiere in Zehnerreihen. Übliche Zweiklassenausstattung für 323 Passagiere. Max. Nutzlast als Combi 68447 kg, als Frachter 93304 kg.
Entwicklungsstand: Das erste von fünf Versuchsmustern MD-11 startete am 10. Januar 1990 zum Erstflug. Die Zulassung der mit CF-6-Triebwerken ausgerüsteten MD-11 erfolgte am 8. November 1990. Beginn der Ablieferungen (an Finnair) fand am 29. November 1990 statt. Die mit PW-Triebwerken ausgestattete MD-11 erhielt die Zulassung am 18. Dezember 1990, die Kombi-Version im April 1992. Bis Ende 1994 betrug der Auftragsbestand 179 Einheiten.
Bemerkungen: Vier Ausführungen sind derzeit erhältlich: Die oben beschriebene Passagierversion MD-11, eine kombinierte Passagier-/Frachtvariante MD-11 Combi, ein Vollfrachter MD-11F sowie der «Convertible Freighter» MD-11CF, welcher saisonal zum Frachter oder Passagierjet umgewandelt werden kann. Ab 1996 kommt die MD-11ER für extreme Reichweiten hinzu. Studiert, aber noch nicht im Angebot sind eine Variante MD-11D mit einem Panoramadeck im vorderen Frachtraum für zusätzliche 64 Passagiere sowie eine um 6,09 m gestreckte Ausführung MD-11C mit höherem Abfluggewicht. Seit kurzem wird auch eine verkürzte zweimotorige Variante der MD-11 für Mittel- bis Langstrecken in Betracht gezogen
Hersteller: McDonnell Douglas Corporation, Long Beach, Kalifornien, USA.

Abmessungen: Spannweite 51,66 m, Länge 61,21 m, Höhe 17,60 m, Flügelfläche 338,90 m².

McDONNELL DOUGLAS/BAe T-45A GOSHAWK

Ursprungsland: USA und Grossbritannien.
Kategorie: Zweisitziger bord- oder landgestützter Basis- und Fortgeschrittenentrainer.
Triebwerke: Ein Mantelstromtriebwerk Rolls-Royce-Turboméca F405-RR-401 (Adour Mk.871) von 2648 kp (25,98 kN) Standschub.
Leistungen: Höchstgeschwindigkeit 1006 km/h auf 2500 m, 922 km/h auf 9150 m; Anfangssteiggeschwindigkeit 35,47 m/Sek; Dienstgipfelhöhe 12955 m; Steigzeit auf 9150 m 7,20 Min; Überführungsreichweite mit interner Treibstoffzuladung 1850 km.
Gewichte: Leergewicht 4263 kg; max. Startgewicht 5900 kg.
Bewaffnung (als Waffentrainer): Je eine Station unter jedem Flügel und unter dem Rumpf für Raketenbehälter, Übungsbombenbehälter usw.
Entwicklungsstand: Der erste von zwei Prototypen der T-45A flog am 16. April 1988 zum ersten Mal. Das erste Serienflugzeug folgte am 16. Dezember 1991 und wurde am 11. Januar 1992 an die US Navy geliefert. Die Einsatztests begannen im Herbst 1993 auf der Basis Kingsville, Texas. Von den durch die USN benötigten rund 300 T-45A sind bisher deren 158 bestellt.
Bemerkungen: Die T-45A Goshawk wurde aus der BAe Hawk entwickelt und soll Teil eines integralen Trainingssystems (T-45 Training System) bilden, welches neben dem Flugzeug auch Simulatoren, die Infrastruktur und logistische Unterstützung umfasst. Unterschiede zur britischen Hawk sind im zusätzlichen Fanghaken, den verlegten Luftbremsen, im verstärkten Fahrwerk für Trägerstarts und -landungen sowie in einigen Aenderungen am Klappensystem der Flügel zu finden. Aufgrund während der Flugerprobung aufgetretener Probleme wurde die Goshawk mit stärkeren Triebwerken, Vorflügeln auf der ganzen Flügelvorderseite, neu gestalteten Luftbremsen und einem Grenzschichtzaun unter dem Rumpf ausgerüstet. Die erste mit digitalem Cockpit ausgestattete T-45A führte im März 1994 den Erstflug aus, Ablieferung ab Oktober 1996.
Hersteller: McDonnell Douglas Corporation, St. Louis, Missouri, USA, und British Aerospace PLC, Warton, Preston, Lancashire, Grossbritannien.

Abmessungen: Spannweite 9,39 m, Länge 11,97 m, Höhe 4,09 m, Flügelfläche 16,69 m².

McDONNELL DOUGLAS AV-8B HARRIER II PLUS

Ursprungsland: USA und Grossbritannien.
Kategorie: Einsitziges S/VTOL-Allwetter-Erdkampfflugzeug.
Triebwerke: Ein Schwenkdüsen-Mantelstromtriebwerk Rolls-Royce F402-RR-408 (Pegasus 11-61) von 10795 kp (105,87 kN) Standschub.
Leistungen: Höchstgeschwindigkeit 1065 km/h auf Meereshöhe (Mach 0,87) oder 1200 km/h (Mach 0,98) in Reiseflughöhe; Anfangssteiggeschwindigkeit mind. 66 m/Sek; Dienstgipfelhöhe mind. 13700 m; Aktionsradius mit zwei Harpoon-, zwei Sidewinder-Lenkwaffen und einem Zusatztank von 1136 l 1128 km; Ueberführungsreichweite mit zwei 1136-l-Zusatztanks 2650 km.
Gewichte: Rüstgewicht 6740 kg; max. Startgewicht für Kurzstart 14100 kg.
Bewaffnung: Eine fünfläufige 25-mm-Revolverkanone GAU-12/U sowie an einer Station unter dem Rumpf und sechs unter den Flügeln bis zu 6000 kg an Waffen. Eine typische Waffenlast umfasst vier Luft-Luft-Lenkwaffen AIM-9L mit Zusatztanks, AGM-65E Maverik Boden-Boden-Lenkwaffen oder bis zu 12 BL-755-Bomben.
Entwicklungsstand: Das erste Erprobungsmuster Harrier II Plus (Umbau einer Harrier II) fliegt seit Oktober 1992, die erste Serienmaschine seit 17. März 1993. Das USMC hat 27 Harrier II Plus bestellt und wird 73 weitere Harrier II auf diesen Standard umbauen. Weitere Bestellungen: Spanische Marine 8; Italienische Marine 16 (+ 8 Optionen).
Bemerkungen: Diese vorläufig letzte Variante der AV-8B ist besonders für Nachtflugeinsätze optimiert. Gegenüber dem Vorgängermuster ist der Vorderrumpf an zwei Stellen um insgesamt 0,43 m verlängert, um das von der F-18 übernommene APG-65-Radar unterzubringen und die Aerodynamik zu optimieren. Dank deutlich stärkeren Triebwerken sind die Flugleistungen wie auch die Waffenzuladung verbessert. Schliesslich verfügt die Harrier II Plus über ein FLIR-Gerät. Die zweisitzige Ausführung TAV-8B ist noch von der AV-8B Harrier II abgeleitet (siehe Ausgabe 1992/93 und Silhouette) und verfügt über einen komplett neuen Vorderrumpf sowie über ein höheres Seitenleitwerk.
Hersteller: McDonnell Douglas Corporation, St. Louis, Missouri, USA.

Abmessungen: Spannweite 9,24 m, Länge 15,32 m, Höhe 4,08 m, Flügelfläche 22,15 m².

McDONNELL DOUGLAS AH-64D LONGBOW APACHE

Ursprungsland: USA.
Kategorie: Zweisitziger Kampfhubschrauber.
Triebwerke: Zwei Gasturbinen General Electric T700-GE-701C von je 1800 WPS (1342 kW) Leistung.
Leistungen (bei 6552 kg): Höchstgeschwindigkeit 296 km/h; typische Einsatzgeschwindigkeit bei 7158 kg 272 km/h; max. Schrägsteiggeschwindigkeit 12,7 m/Sek; Schwebehöhe mit Bodeneffekt 5246 m, ohne Bodeneffekt 4124 m; Reichweite mit max. interner Treibstoffzuladung 482 km, Überführungsreichweite 1701 km.
Gewichte: Leergewicht 5165 kg; max. Startgewicht 9525 kg.
Bewaffnung: Eine einläufige 30-mm-Kanone unter dem Vorderrumpf sowie bis zu 16 lasergelenkte Hellfire-Panzerabwehrraketen oder 76 ungelenkte 70-mm-Raketen. Als Defensivbewaffnung können Luft-Luft-Lenkwaffen wie Stinger, Sidewinder oder Mistral mitgeführt werden.
Entwicklungsstand: Der erste von drei als AH-64D Longbow Apache bezeichneten Prototypen startete am 15. April 1992 zum Erstflug. Von allen AH-64-Varianten sind derzeit rund 953 bestellt: Aegypten 36, Bahrain 6, Griechenland 12 (+ 8 Optionen), Israel 18+, Kuwait 16, Saudi Arabien 12 (+ 36 geplant), UAE 30, US Army 821. Die Monatsproduktion beträgt derzeit vier Apaches, abgeliefert sind bisher etwa 860 AH-64.
Bemerkungen: Im Vergleich zu den früheren Ausführungen (siehe Ausgabe 1992/93) weist die AH-64D zusätzlich ein Mastvisier (Longbow millimetre-wave = Millimeterwellenradar) zur Rundumgefechtsfeldbeobachtung auf. Longbow ist in der Lage, mehr als ein Dutzend Ziele gleichzeitig zu entdecken. Zur Verarbeitung der anfallenden Daten ist ein stärkerer MilStd-1553B-Databus eingebaut. Die AH-64D ist zudem mit leistungsfähigeren Triebwerken ausgerüstet und kann die neuesten radiogesteuerten Hellfire-Lenkwaffen mitführen. Gemäss heutigem Plan sollen ab 1996 227 AH-64A entsprechend umgebaut werden.
Hersteller: McDonnell Douglas Helicopter Company, Mesa, Arizona, USA.

Abmessungen: Rotordurchmesser 14,63 m, Rumpflänge 14,70 m, Höhe inkl. Mastvisier 4,90 m.

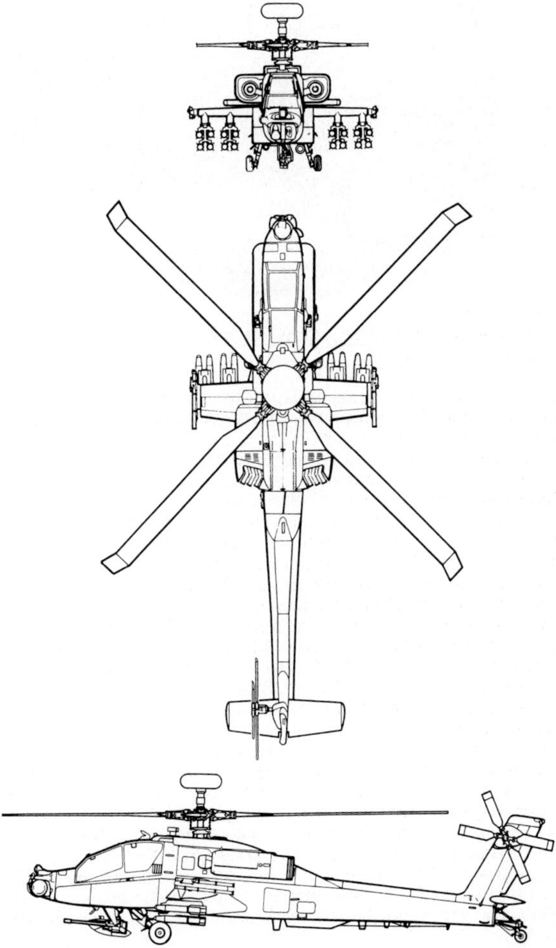

McDONNELL DOUGLAS MD 520N

Ursprungsland: USA.
Kategorie: Leichter Mehrzweckhubschrauber.
Triebwerke: Eine Gasturbine Allison 250-C20R-2 von 420 WPS (315 kW) Leistung.
Leistungen: Max. Reisegeschwindigkeit 230 km/h auf Meereshöhe; max. Schrägsteiggeschwindigkeit 7,9 m/Sek; Schwebehöhe mit Bodeneffekt 2835 m, ohne Bodeneffekt 1707 m; max. Flughöhe 6100 m; Reichweite mit normaler Treibstoffzuladung 387 km auf 1525 m.
Gewichte: Leergewicht 742 kg; max. Startgewicht 1519 kg; Überlast-Startgewicht 1746 kg.
Zuladung: Fünf bis sieben Personen inkl. Piloten.
Entwicklungsstand: Der Prototyp der MD 520N flog ab 1. Mai 1990. Die ersten Auslieferungen an Kunden begannen Anfang 1991. Der Auftragsbestand belief sich Ende 1992 auf mehr als 180 Einheiten. Die US Army beabsichtigt, 36 bisherige AH-6/MH-6 in die NOTAR-Konfiguration umzubauen. Agusta baut die MD 520N seit Mitte 1994 in Lizenz.
Bemerkungen: Die MD 520N ist der erste Hubschrauber, der das neue System NOTAR (**NO TA**il **R**otor = rotorloses Heck) erhielt. Sie wurde von der MD 500 mit konventionellem Heckrotor abgeleitet. Dank diesem System und dem stärkeren Triebwerk ist diese Ausführung leistungsfähiger und wesentlich leiser. Mit der MD 630N bereitet McDonnell Douglas bereits eine Weiterentwicklung vor. Der Rumpf soll um 0,76 m verlängert werden und bis zu acht Personen aufnehmen. Bei einem Startgewicht von 1860 kg soll die Nutzlast 985 kg betragen. Zum Einbau gelangt das Allison 250-C30-Triebwerk von 447 WPS (330 kW) Leistung. Ablieferungen ab zweitem Quartal 1996 möglich.
Hersteller: McDonnell Douglas Helicopter Company, Mesa, Arizona, USA.

Abmessungen: Rotordurchmesser 8,33 m, Rumpflänge 7,62 m, Höhe inkl. Rotorkopf 2,74 m.

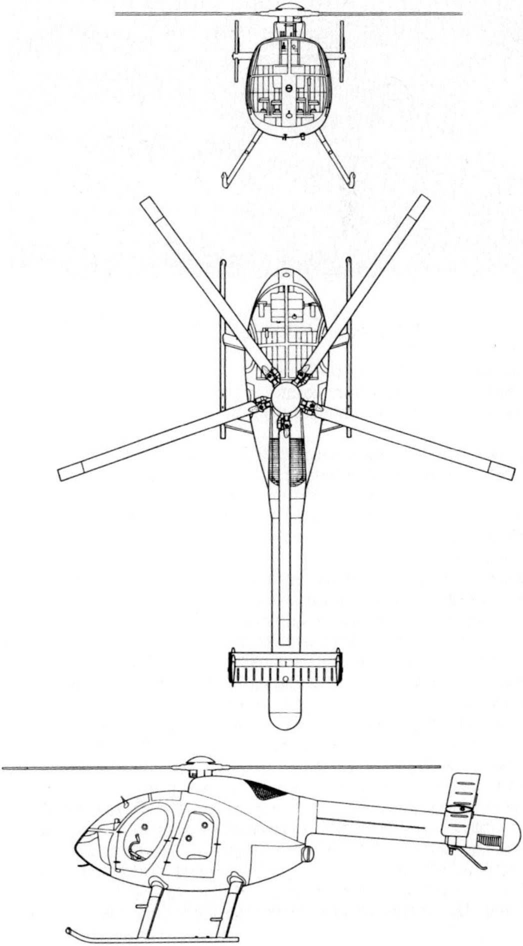

McDONNELL DOUGLAS MD 900 EXPLORER

Ursprungsland: USA.
Kategorie: Mehrzweckhubschrauber.
Triebwerke: Zwei Gasturbinen Pratt & Whitney Canada PW206B von je 600 WPS (447 kW) oder Turboméca Arrius-2C von je 605 WPS (451 kW) Leistung.
Leistungen: Höchstgeschwindigkeit 322 km/h; max. Reisegeschwindigkeit 274 km/h auf Meereshöhe; max. Schrägsteiggeschwindigkeit 14,2 m/Sek; Dienstgipfelhöhe 6100 m; Schwebehöhe mit Bodeneffekt 3962 m, ohne Bodeneffekt 3383 m; Reichweite bis ca. 600 km.
Gewichte: Leer 1458 kg; normales Startgewicht 2725 kg, max. mit Aussenlasten 3080 kg.
Zuladung: Acht bis zehn Personen inkl. Piloten; max. Nutzlast intern 1163 kg, als Aussenlast 1360 kg.
Entwicklungsstand: Die MD 900 Explorer flog erstmals im Dezember 1992. Ende 1994 waren insgesamt vier Prototypen im Einsatz. Zurzeit sind rund 110 Bestellungen und etwa 250 Kaufsabsichten eingegangen. Bis Ende 1995 sollen 20 Explorer hergestellt sein. Die Zulassung erfolgte Ende 1994.
Bemerkungen: Die MD 900 basiert auf der für die MD 520N (siehe Seiten 216/217) entwickelten Technologie eines rotorfreien Heckauslegers (NOTAR). Als grösste Vorteile dieser Technik gelten die wesentlich verbesserte Richtungsstabilität, erhöhte Sicherheit sowie ein tieferer Lärmpegel. Ein wesentliches Merkmal der Explorer ist auch der gelenklose Fünfblattrotor aus Verbundwerkstoffen. Die komplette Ausstattung umfasst u.a. EFIS, Wetterradar, GPS, digitales Triebwerkmanagement-(FADEC) und Flugkontrollsystem. Die Explorer ist sowohl mit Radfahrwerk als auch mit Kufen erhältlich.
Hersteller: McDonnell Douglas Helicopter Company, Mesa, Arizona, USA.

Abmessungen: Rotordurchmesser 10,31 m, Rumpflänge 9,70 m, Höhe inkl. Rotorkopf 3,66 m.

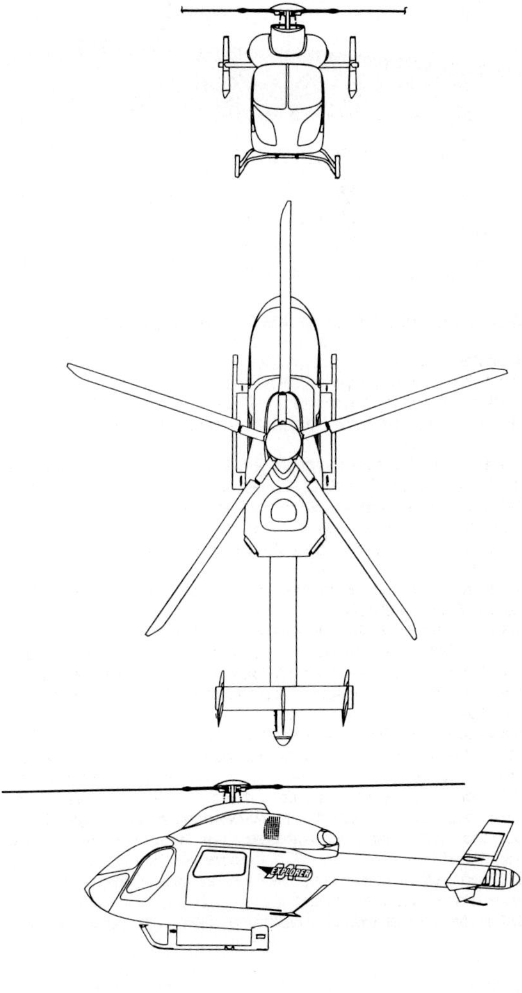

MIKOJAN MIG-29S (FULCRUM)

Ursprungsland: Russland.
Kategorie: Einsitziger Luftüberlegenheitsjäger.
Triebwerke: Zwei Mantelstromtriebwerke Klimow/Sarkisow (Leningrad) RD-33K von je rund 5040 kp (49,4 kN) Standschub ohne und 8300 kp (81,4 kN) mit Nachbrenner.
Leistungen: Höchstgeschwindigkeit mit vier Luft-Luft-Lenkwaffen und 75 % Treibstoffmenge 2445 km/h auf 11000 m (Mach 2,3), oder 1500 km/h auf Meereshöhe (Mach 1,3); Dienstgipfelhöhe 17000 m; max. Anfangssteiggeschwindigkeit 330 m/Sek; Einsatzradius (Abfangmission mit 1500-l-Zusatztanks und vier Luft-Luft-Lenkwaffen) 1015 km; max. Reichweite 2900 km.
Gewichte: Rüstgewicht 10900 kg; normales Startgewicht 15240 kg; max. Startgewicht 19700 kg.
Bewaffnung: Eine 30-mm-Revolverkanone plus vier AA-10 Alamo-A halbaktivgesteuerte Radar-Luft-Luft-Lenkwaffen (oder Alamo-B infrarotgesteuerte Luft-Luft-Lenkwaffen) sowie zwei AA-11 Archer Kurzstrecken-Infrarotlenkwaffen. Als Erdkämpfer 57-mm- oder 80-mm-Raketen in Werfern, bzw. 240-mm-Raketen S-24 auf den sechs Flügelstationen; max. Nutzlast 4000 kg.
Entwicklungsstand: Eine auf den Stand der Version S umgebaute MiG-29C fliegt seit Anfang 1993, die MiG-29M (ein Prototyp) und die Marineversion MiG-29K (drei Umbauten) fliegen seit Ende 1989. Nach Herstellung von über 700 Einheiten wurde die Produktion mangels Aufträgen vorübergehend eingestellt. Über 100 unverkaufte MiG-29 sind beim Herstellerwerk abgestellt. Neueste Aufträge: Malaysia 18, Ungarn 28, Slowakei 5, Indien zusätzliche 10.
Bemerkungen: Die neueste Version MiG-29S verfügt, wie die MiG-29C, über eine grössere Treibstoffkapazität und ist am grösseren Wulst hinter dem Cockpit erkennbar. Nebst stärkeren Triebwerken RD-33K, sind Nutzlast und Reichweitenleistungen verbessert. Das Bordradar ist für das Bekämpfen von tieffliegenden Lenkwaffen optimiert. Zudem wurde die Elektronikabwehr verstärkt. Auf Wunsch ist auch westliche Avionik erhältlich. Die Version MiG-29M (auch gelegentlich als MiG-33 bezeichnet), verfügt ebenfalls über die stärkeren RD-33K-Triebwerke sowie auch über ein vierfach redundantes digitales Flugmanagement-System.
Hersteller: MiG, Moskovskii Mashinostroitelnyy Zavod Imieni A.I. Mikoyana, Moskau, Russland.

Abmessungen: Spannweite 11,36 m, Länge 17,32 m, Höhe 4,73 m, Flügelfläche 38,00 m².

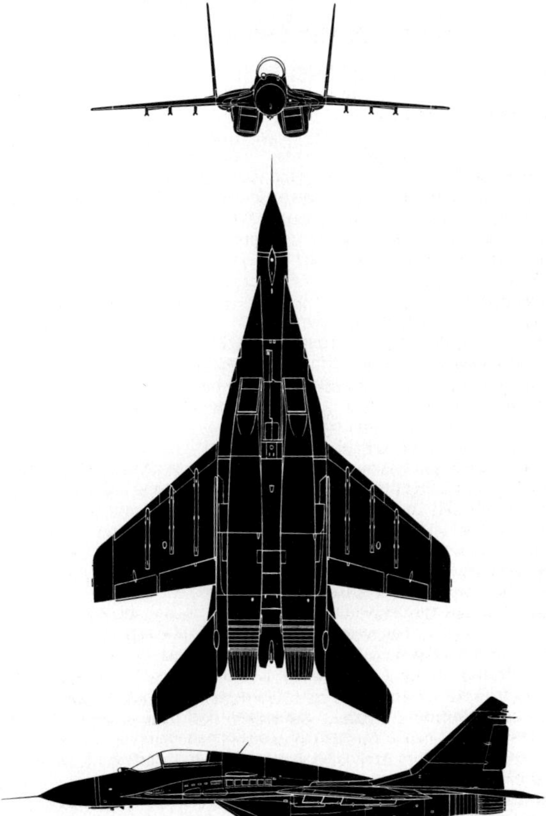

MIKOJAN MIG-31 (FOXHOUND)

Ursprungsland: Russland.
Kategorie: Zweisitziger Allwetter-Abfangjäger.
Triebwerke: Zwei Strahltriebwerke Perm/Solowiew D-30F-6 von je 15300 kp (151,9 kN) Standschub mit Nachbrenner.
Leistungen: Kurzzeitig erreichbare Höchstgeschwindigkeit 3000 km/h oder Mach 2,8 auf über 11000 m bzw. 1500 km/h auf Meereshöhe; max. Dauergeschwindigkeit 2496 km/h oder Mach 2,35; max. Flughöhe 24400 m; max. Aktionsradius mit vier Luft-Luft-Lenkwaffen AA-9 Amos und vier AA-8 Aphid 720 km, mit zwei Zusatztanks an den äusseren Flügelstationen 1400 km.
Gewichte: Leer 21825 kg; normales Startgewicht ca. 30000 kg; max. Startgewicht mit internem Treibstoff 41000 kg, mit Zusatztanks 46200 kg.
Bewaffnung: Eine 23-mm- oder 30-mm-Kanone an der linken Flügelunterseite und bis zu acht radargelenkte Luft-Luft-Lenkwaffen AA-9 (je vier unter dem Rumpf und vier unter den Flügeln), oder vier AA-9 und vier AA-8 Aphid Kurzstrecken-Lenkwaffen.
Entwicklungsstand: Die MiG-31 befindet sich seit Mitte der siebziger Jahre in Entwicklung, und man nimmt an, dass die ersten Serienflugzeuge 1982 an die Truppe geliefert wurden. Die russische Luftwaffe soll bis zu 300 MiG-31 erhalten, mindestens zwei Drittel davon sind bereits im Einsatz. Die Produktion läuft in kleinen Raten weiter. Die VR China hat offenbar 22 Einheiten bestellt.
Bemerkungen: Die MiG-31 unterscheidet sich von ihrem Vorgängermuster MiG-25 ganz erheblich, u.a. durch eine neu entworfene Rumpfspitze mit zweisitzigem Cockpit für Pilot und Systemoperateur. Zudem besitzt sie ein Radar-Feuerleitsystem zur Bekämpfung von tieffliegenden Zielen (Marschflugkörpern). Dieses ist in der Lage, gleichzeitig bis zu zehn Ziele zu erfassen und deren vier parallel zu bekämpfen. Unter der Bezeichnung MiG-31M (Foxhound-B) fliegt eine weiterentwickelte Variante mit Elektronikbehältern an den Flügelspitzen und neuer einteiliger Frontscheibe. Sie soll neue Waffen mitführen können, darunter auch Raketen, die gegen Satelliten eingesetzt werden können. Mindestens zwei MiG-31M-Prototypen fliegen.
Hersteller: MiG, Moskovskii Mashinostroitelnyy Zavod Imieni A.I. Mikoyana, Werk Nizhny-Novgorod (ex Gorkii), Russland.

Abmessungen: Spannweite 13,46 m, Länge 22,69 m, Höhe 6,15 m, Flügelfläche 61,60 m².

MIKOJAN MiG-AT

Ursprungsland: Russland.
Kategorie: Zweisitziger Fortgeschrittenentrainer.
Triebwerke: Zwei Mantelstromtriebwerke SNECMA Lazarc 04-R20 von ca. 1400 kp (13,7 kN) Standschub.
Leistungen (sehr provisorische Angaben): Höchstgeschwindigkeit 1000 km/h auf Meereshöhe; Anfangssteiggeschwindigkeit 80 m/Sek; Dienstgipfelhöhe 10000 m; Reichweite mit max. Treibstoffzuladung 1600 km.
Gewichte (geschätzt): Max. Startgewicht über 5000 kg.
Bewaffnung: keine Angaben erhältlich.
Entwicklungsstand: Nach unbestätigten Meldungen sollen bereits zwei Prototypen fertiggestellt worden sein. Nähere Angaben sind aber nicht bekannt. Die russische Luftwaffe benötigt als Ersatz der L-39 bis zu 1200 Sieger aus dem Wettbewerb zwischen der MiG-AT und der Yak-130.
Bemerkungen: Die MiG-AT wird in enger Zusammenarbeit mit französischen Firmen entwickelt. So stammt das Triebwerk aus Frankreich, soll aber in Russland in Lizenz hergestellt werden. Auch die Avionik wird von französischer Seite beigesteuert. Der Flügel aus Verbundwerkstoffen kommt aus Südkorea. Das Flugzeug soll in der Lage sein, die genau gleichen Manöver wie die Einsatzmuster MiG-29 und Su-27 auszuführen und ist deshalb für Belastungen von bis zu +8g bzw. -3g ausgelegt. Der Entscheid, welches Muster schliesslich von der russischen Luftwaffe beschafft wird, dürfte vermutlich erst nach einem Vergleichsfliegen der Prototypen erfolgen. Hinweise, dass bereits die Yak-130 das Rennen gemacht hätte, erwiesen sich als voreilig.
Hersteller: MiG, Moskovskii Mashinostroitelnyy Zavod Imieni A.I. Mikoyana, Moskau, Russland.

Abmessungen: Spannweite 10,00 m, Länge 11,31 m, Höhe 4,42 m.

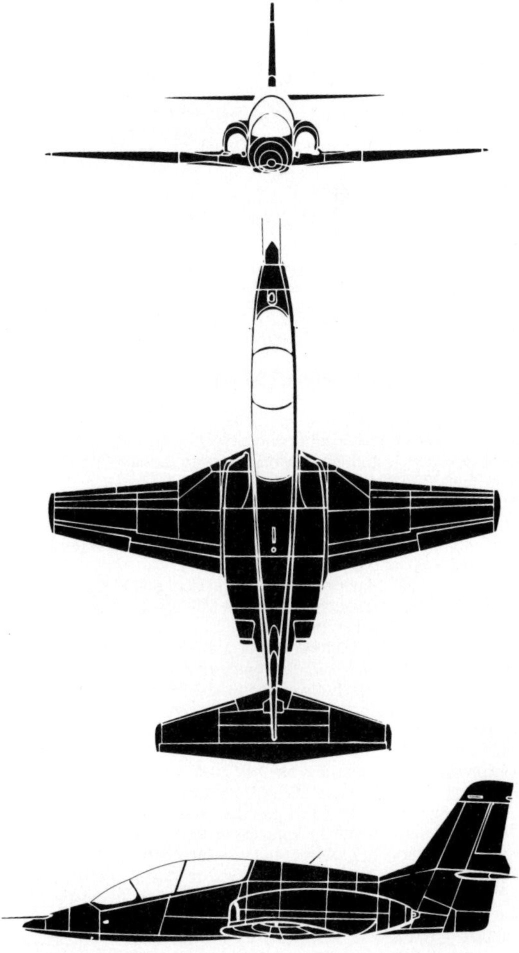

MIL MI-26TM (HALO)

Ursprungsland: Russland.
Kategorie: Schwerer militärischer und ziviler Transporthubschrauber.
Triebwerke: Zwei Gasturbinen ZMKB Progress (Lotarew) D-136 von je 11240 WPS (8383 kW) Leistung.
Leistungen: Höchstgeschwindigkeit 295 km/h; normale Reisegeschwindigkeit 255 km/h; Schwebehöhe mit Bodeneffekt 4500 m, ohne Bodeneffekt 1800 m; Reichweite bei einem Fluggewicht von 49500 kg 500 km, bei 56000 kg 800 km.
Gewichte: Leer 28200 kg; normales Startgewicht 56000 kg.
Zuladung: Fünf Mann Besatzung und, als Militärtransporter, bis zu 100 Soldaten oder 20000 kg Fracht.
Entwicklungsstand: Als schwerster und stärkster Hubschrauber der Welt fliegt die Mi-26 bereits seit dem 14. September 1977. Sie steht seit 1985 bei der sowjetischen Luftwaffe in rund 60 Exemplaren im Einsatz. Weitere 10 betreibt die indische Luftwaffe. Die Produktion ist zurzeit aus finanziellen Gründen eingestellt, soll aber nächstens wieder aufgenommen werden.
Bemerkungen: Eine technische Neuheit stellt vor allem der erste Achtblattrotor der Welt und dessen Titan-Rotorkopf samt Kraftübertragung dar. Der Frachtraum der Mi-26 ist grösser als derjenige des viermotorigen Frachtflugzeugs An-12. Er kann 85 vollausgerüstete Soldaten, 40 Patienten plus Pfleger oder zwei Luftlande-Kampffahrzeuge aufnehmen. Die Mi-26TM ist eine Weiterentwicklung mit stärkeren Triebwerken und Rotorblättern vollständig aus Kunststoff. Dadurch konnte die max. Nutzlast auf 22000 kg angehoben werden.
Hersteller: OKB Michail L. Mil, Werk Arseneyew, Moskau, Russland.

Abmessungen: Rotordurchmesser 32,00 m, Rumpflänge ohne Heckrotor 33,73 m, Höhe inkl. Rotorkopf 8,15 m.

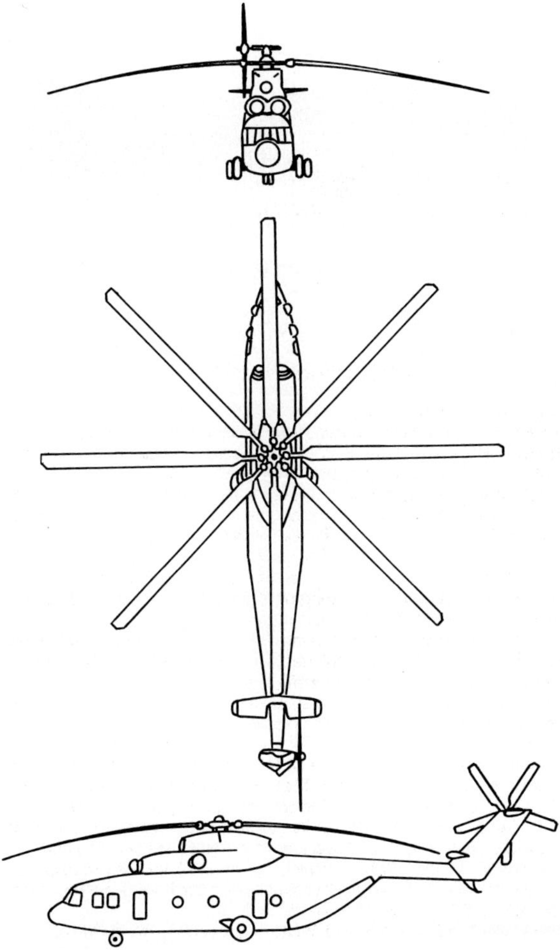

MIL MI-28 (HAVOC)

Ursprungsland: Russland.
Kategorie: Zweisitziger Kampfhubschrauber.
Triebwerke: Zwei Gasturbinen Klimow (Isotow) TV3-117 von je 2200 WPS (1640 kW) Leistung.
Leistungen: Höchstgeschwindigkeit 300 km/h; max. Reisegeschwindigkeit 270 km/h; Dienstgipfelhöhe 5800 m; Schwebehöhe ohne Bodeneffekt 3600 m; Reichweite mit max. Treibstoffzuladung 470 km; Flugdauer 2 Std.
Gewichte: Leer 7000 kg; max. Startgewicht 10400 kg.
Bewaffnung: Eine 30-mm-2A42-Kanone in einem Turm unter der Rumpfnase und je zwei Waffenstationen mit einer Tragkraft von 480 kg an beiden Stummelflügeln. Typische Bewaffnung: 16 Panzerabwehrlenkwaffen AT-6 Spiral und zwei Behälter mit 20 ungelenkten 57- oder 80-mm-Raketen.
Entwicklungsstand: Der erste von vier Prototypen flog erstmals bereits am 10. November 1982. Die Einsatzbereitschaft ist aber erst rund 10 Jahre später erreicht worden. In der Zwischenzeit sind aber die erwarteten Aufträge noch nicht eingetroffen. Trotzdem soll laut Mil die Mi-28 Anfang 1995 in der Nachtkampfversion -N für die russische Armee in Produktion gehen.
Bemerkungen: Die Mi-28 ist der zurzeit kampfstärkste Hubschrauber dieser Klasse. Er verfügt über Panzerung aus Titan und Verbundwerkstoffen, um die Piloten, die Rumpftanks sowie weitere lebenswichtige Systeme zu schützen. Unter der Bezeichnung Mi-28N wird eine neue, nachtkampftaugliche Version entwickelt. Diese soll die Flugerprobung im März 1995 aufnehmen. Aehnlich wie die AH-64D (siehe Seiten 214/215), soll sie über ein Mastvisier mit einem Millimeterwellenradar verfügen. Als Hauptbewaffnung wird die drahtgesteuerte Panzerabwehrlenkwaffe 9M114 Shturm (= weiterentwickelte AT-6 Spiral) Verwendung finden.
Hersteller: OKB Michail L. Mil, Werk Rostow, Moskau, Russland.

Abmessungen: Rotordurchmesser 17,20 m, Rumpflänge 16,85 m, Höhe inkl. Rotorkopf 4,86 m.

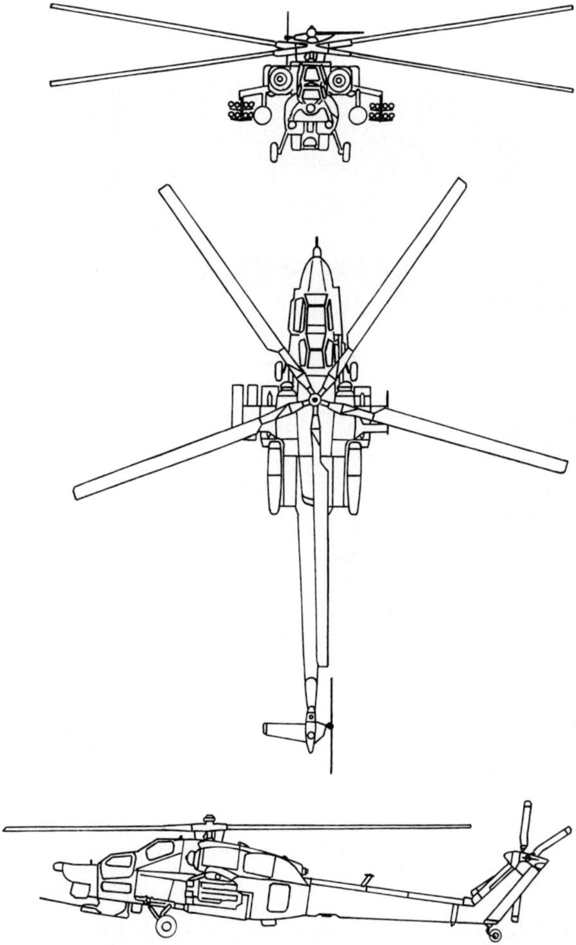

MIL MI-34 (HERMIT)

Ursprungsland: Russland.
Kategorie: Leichter Mehrzweckhubschrauber.
Triebwerke: Ein luftgekühlter Neunzylinder-Sternmotor Wedenjew M-14B26 von 325 PS (242 kW) Leistung.
Leistungen: Höchstgeschwindigkeit 210 km/h; max. Reisegeschwindigkeit 180 km/h; Dienstgipfelhöhe 4500 m; Schwebehöhe ohne Bodeneffekt 1500 m; Reichweite mit einer Nutzlast von 165 kg 180 km; max. Reichweite 450 km.
Gewichte: Startgewicht Kunstflug 1080 kg; max. Startgewicht 1350 kg.
Zuladung: Zwei bis vier Personen.
Entwicklungsstand: Der erste von zwei Prototypen flog erstmals Ende 1986. Die ersten Serienhubschrauber sind im September 1993 fertiggestellt worden. Bisher sollen 60 Exemplare bestellt worden sein. Nachdem das Arseneyew-Werk im Januar 1994 geschlossen wurde, ist der Status der Produktion nicht bekannt.
Bemerkungen: Die Mi-34 ist primär für Schulungs- und Kunstflugaufgaben ausgelegt, lässt sich aber ebenso für Transport-, Beobachtungs- und Verbindungseinsätze verwenden. Sie soll u.a. die in grosser Zahl in russischen Aeroclubs und Schulen noch immer verwendeten Mil Mi-1 ersetzen. Mil bietet neu eine mit zwei Wankelmotoren von je 320 PS (170 kW) ausgestattete Version Mi-34VAZ an. Gegenüber dem Ausgangsmuster ist sie in wesentlichen Teilen neu gezeichnet und wird über ein max. Abfluggewicht von 1960 kg verfügen. Die Einsatzbereitschaft ist in den nächsten drei Jahren vorgesehen. Auch eine Ausführung mit Allison 250-C20B- bzw. 250C-20R/1-Triebwerk von 420/450 WPS (313/335 kW) wird derzeit geprüft.
Hersteller: OKB Michail L. Mil, Werk Arseneyew, Moskau, Russland.

Abmessungen: Rotordurchmesser 10,00 m, Rumpflänge 8,71 m.

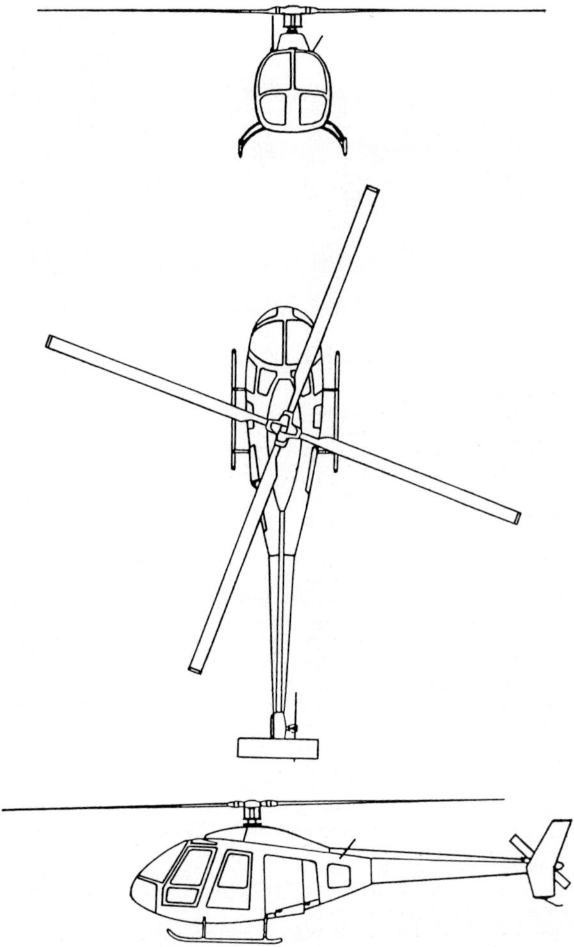

MIL MI-38

Ursprungsland: Russland.
Kategorie: Mittelschwerer militärischer und ziviler Mehrzweckhubschrauber.
Triebwerke: Zwei Gasturbinen Klimow TVA-3000 von je auf 2350 WPS (1753 kW) reduzierter Leistung.
Leistungen (nach Angaben des Herstellers): Höchstgeschwindigkeit 275 km/h; Reisegeschwindigkeit 250 km/h; Dienstgipfelhöhe 6500 m; Schwebehöhe ohne Bodeneffekt 2500 m; Reichweite mit einer Nutzlast von 3500 kg 800 km.
Gewichte: Max. Startgewicht 14500 kg.
Zuladung: Zwei Piloten und bis zu 30 Passagiere. Max. Nutzlast 5000 kg.
Entwicklungsstand: Der erste Prototyp hätte die Flugerprobung eigentlich bereits 1994 aufnehmen sollen. Aus unbekannten Gründen ist dies bisher nicht geschehen. Vom Hersteller zusammen mit dem Kooperationspartner wurde aber die Fortführung des Projektes erst kürzlich wieder bekräftigt. Die Einsatzbereitschaft ist unverändert für 1999 geplant.
Bemerkungen: Die Mi-38 soll die grosse Zahl von Mi-8-Helikoptern ersetzen, die zum Teil am Ende ihrer technischen Einsatzdauer ankommen. In Konzeption und Auslegung gleicht sie sehr der EH 101 (siehe Seiten 126/127). Die Mi-38 weist einen sechsblättrigen Hauptrotor aus Verbundwerkstoffen und elastomeren Gelenken auf. Der Heckrotor besteht aus zwei unabhängigen zweiblättrigen Rotoren in einer X-Anordnung. Das Fahrwerk ist einziehbar. Zur Erleichterung des Ladevorganges ist eine grosse Heckladeklappe vorhanden. Im übrigen stellt die Mi-38 eine recht konventionelle Konstruktion dar. Zur Entwicklung und zum Vertrieb ist Mil mit Eurocopter eine Beteiligung im Verhältnis 75 : 25 eingegangen.
Hersteller: OKB Michail L. Mil, Werk Moskau, Russland.

Abmessungen: Rotordurchmesser 21,10 m, Rumpflänge 19,70 m.

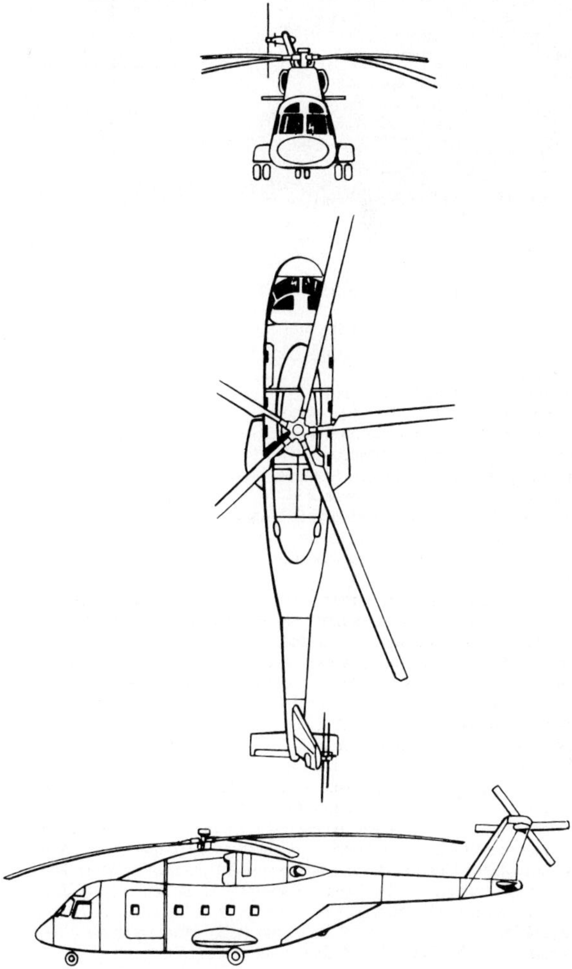

MITSUBISHI FS-X

Ursprungsland: Japan (USA).
Kategorie: Einsitziger Mehrzweckjäger.
Triebwerke: Ein Mantelstromtriebwerk General Electric F110-GE-129 von 13150 kp (129,0 kN) Standschub mit Nachverbrennung.
Leistungen (Schätzungen): Höchstgeschwindigkeit auf grossen Höhen Mach 2,0.
Gewichte: Max. Startgewicht rund 22000 kg.
Bewaffnung: Die max. Waffenlast soll 9000 kg betragen, u.a. die japanischen Eigenentwicklungen Mitsubishi AAM-3-Luft-Luft- sowie die XASM-2-Anti-Schiffs-Lenkwaffen.
Entwicklungsstand: Rollout des ersten Erprobungsmusters am 12. Januar 1995. Der Erstflug ist für das dritte Quartal 1995 geplant. Vier Prototypen sind vorgesehen. Die japanischen Luftstreitkräfte sollen ab 1999 130 FS-X erhalten. Da aber der Beschaffungspreis pro Einheit offenbar rund vier Mal so teuer wie das Ausgangsmuster F-16C sein wird, könnte schließlich die Bestellung auf 70 Einheiten reduziert werden.
Bemerkungen: Die FS-X ist von der Lockheed F-16 abgeleitet (siehe Seiten 196/197 und Silhouette). Im Laufe der Entwicklung hat sie sich technisch vom Ausgangsmuster immer weiter entfernt, so dass heute fast von einem vollständig neu entwickelten Typ gesprochen werden kann. Vorderrumpf und Heck sind leicht länger, und der Flügel, vollständig aus Kunststoff, wurde völlig neu entwickelt. In amerikanisch-japanischer Zusammenarbeit wurde auch ein neuartiges Bordradar mit Aktiv-Steuerung entwickelt. Die übrige Elektronik stammt vollständig aus japanischer Entwicklung.
Hersteller: Mitsubishi Heavy Industries Ltd., Werk Nagoya, Tokyo, Japan.

Abmessungen: (provisorische Angaben): Spannweite 11,20 m, Länge 16,50 m.

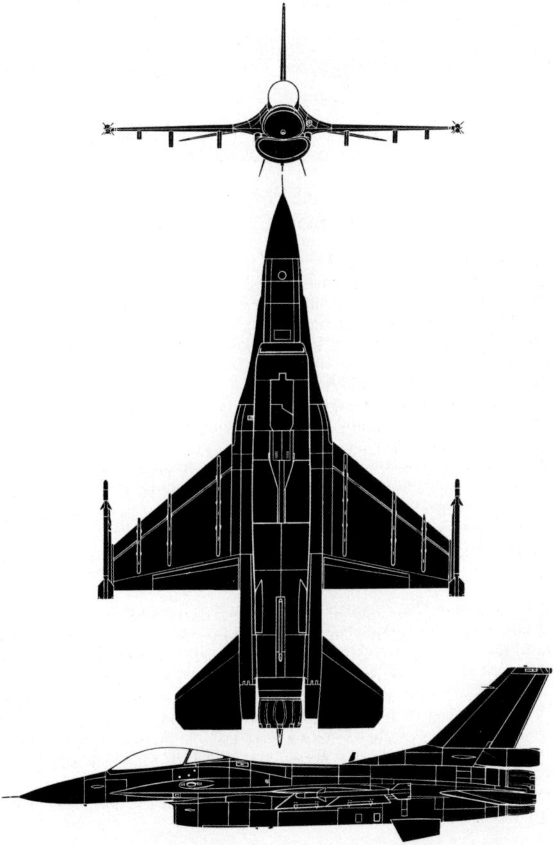

MJASISCHTSCHEW M-55 GEOFISIKA

Ursprungsland: Russland.
Kategorie: Einsitziges Höhenaufklärungs- und Forschungsflugzeug.
Triebwerke: Zwei Mantelstromtriebwerke Aviadwigatel (Solowjew) PS-30V10 (Prototyp) bzw. PS-30V12 (Serienflugzeuge) von je 9500 kp (9,32 kN) Standschub.
Leistungen: Normale Reisegeschwindigkeit 700 bis 750 km/h auf 20000 m; Dienstgipfelhöhe 20000 m; max. Reichweite 4965 km; Flugdauer mit Nutzlast 4 Std. 12 Min. auf 20000 m oder 5 Std. auf 17000 m; max. Flugdauer ohne Nutzlast 6 Std. 30 Min.
Gewichte: Leergewicht 14000 kg; max. Startgewicht 23800 kg.
Zuladung: Ein Pilot in einer Druckkabine und eine Nutzlast von bis zu 1500 kg bestehend aus Seitensichtradar, Scanners, diversen Kameras und anderen elektronischen Geräten. Dafür stehen Räume vor und hinter dem Cockpit zur Verfügung.
Entwicklungsstand: Die erste M-55 absolvierte am 16. August 1988 den Jungfernflug. Vier Maschinen sind an der Erprobung beteiligt. Ob die Serienproduktion je aufgenommen wird, ist zurzeit eher unwahrscheinlich.
Bemerkungen: Ursprünglich zur Bekämpfung von westlichen Höhenballonen und zur Gefechtsfeld-Aufklärung gedacht, ist die heutige M-55 ausschliesslich für zivile Forschungszwecke vorgesehen. Sie kann sich lange Zeit in der Stratosphäre aufhalten. Für diesen Zweck ist die Geofisika mit überdimensionierten Flügeln grosser Streckung ausgerüstet. Das Triebwerk wurde für grosse Höhen optimiert und benötigt einen dafür speziellen Treibstoff. Mehrere Weltrekorde hat die M-55 mittlerweile aufgestellt, so erreichte sie u.a. ohne Nutzlast Höhen von 22360 m und Steigzeiten mit Nutzlast auf 20000 m von 12 Min. 6 Sek.
Hersteller: Mjasischtschew Experimental-Entwicklungsbüro, Schukowsky, Moskau, Russland.

Abmessungen: Spannweite 37,46 m, Länge 22,86 m, Höhe 4,83 m.

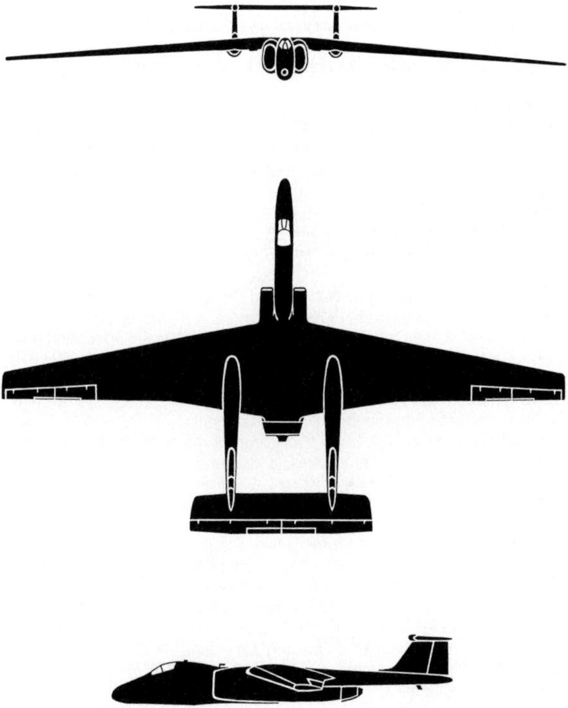

NAMC K-8

Ursprungsland: Volksrepublik China und Pakistan.
Kategorie: Zweisitziger Basistrainer und leichter Erdkämpfer.
Triebwerke: Ein Mantelstromtriebwerk Garrett TFE731-2A-2-A von 1632 kp (16,0 kN) Standschub.
Leistungen: Höchstgeschwindigkeit 800 km/h auf Meereshöhe; Anfangssteiggeschwindigkeit 30 m/Sek; Dienstgipfelhöhe 13000 m; max. Flugdauer 3,0 Std; Reichweite mit zwei abwerfbaren 250-l-Zusatztanks 2250 km, mit internem Treibstoff 1487 km; max. Reichweite 2300 km.
Gewichte: Rüstgewicht 2687 kg; normal beladen ohne Aussenlasten 3630 kg; max. Startgewicht 4330 kg.
Bewaffnung (als Erdkämpfer): Ein 23-mm-Kanonenbehälter unter dem Rumpf und vier Flügelstationen für Bomben, Raketenbehälter oder Lenkwaffen. Max. Waffenladung 943 kg.
Entwicklungsstand: Der erste von fünf Prototypen (davon zwei nur für statische Tests) begann die Flugerprobung am 21. November 1990. Seit Anfang 1992 fliegen alle Prototypen. Bis Ende 1994 sollen 30 Einheiten gebaut worden sein. Der Bedarf der chinesischen Luftwaffe beträgt rund 1000, jener von Pakistan rund 75 Einheiten (6 bisher bestellt und mittlerweile geliefert). Ueber weitere Aufträge ist, im Gegensatz zu früheren anderslautenden Informationen, nichts bekannt.
Bemerkungen: Die K-8, auch Karakorum 8 genannt, wurde fast völlig unabhängig von NAMC entwickelt, aufbauend auf Erfahrungen bezüglich Wartung und Einsatzbedürfnisse des Pakistan Aeronautical Complex. Ursprünglich hätte die K-8 im Werk Kamra alle für Pakistan bestimmten Trainer endmontieren sollen. Aus finanziellen Gründen wurde kürzlich dieser Plan aufgegeben. Die pakistanischen K-8 weisen gegenüber der chinesischen Variante einige Modifikationen auf: EFIS-Cockpit-Instrumentierung, andere Elektronikkomponenten und neue Antischleuderbremsen. Zurzeit evaluieren die Chinesen eine Variante mit dem ukrainischen Triebwerk DV-2. Die K-8 ist besonders auf hohe Zuverlässigkeit und einfache Wartung ausgelegt.
Hersteller: NAMC (Nanchang Aircraft Manufactoring Company), Nanchang, VR China.

Abmessungen: Spannweite 9,63 m, Länge inkl. Sonde 11,60 m, Höhe 4,21 m, Flügelfläche 17,02 m².

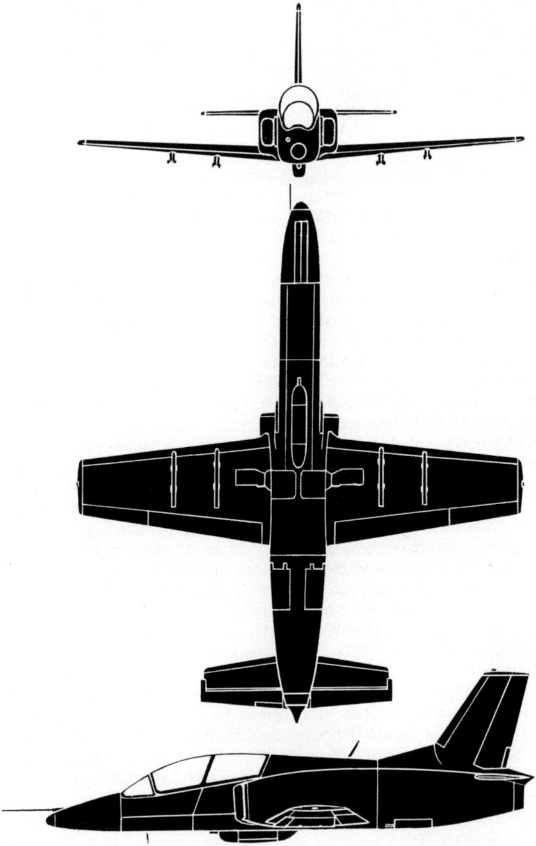

NORTHROP B-2A SPIRIT

Ursprungsland: USA.
Kategorie: Zweisitziger, schwer ortbarer strategischer Bomber.
Triebwerke: Vier Mantelstromtriebwerke General Electric F118-GE-110 von je 8620 kp (84,5 kN) Standschub.
Leistungen: Höchstgeschwindigkeit 955 – 1010 km/h auf 15250 m (Mach 0,9 – 0,95) oder 970 km/h auf Meereshöhe (Mach 0,75); Dienstgipfelhöhe 15240 m; max. Reichweite ohne Flugbetankung 12955 km, mit einer Flugbetankung 18532 km; Reichweite mit acht SRAM-Lenkwaffen und acht B83-Bomben (Flugprofil hoch-hoch-hoch) 11675 km.
Gewichte: Leergewicht 56700 kg; max. Startgewicht 168422 kg.
Bewaffnung: Geschätzte Waffenlast von 34000 kg in zwei Waffenschächten nebeneinander für beispielsweise je acht SRAM's an einem rotierbaren Träger, B61 und B63 freifallende Nuklearwaffen, 454-kg-/340-kg-/227-kg-Bomben oder Seeminen vom Typ Mk.36.
Entwicklungsstand: Die erste B-2A startete am 17. Juli 1989 zum Erstflug, gefolgt von der zweiten am 19. Oktober 1990. Das vierte und letzte Entwicklungsmuster nahm am 17. April 1992 die Flugerprobung auf. Ende 1994 flogen 13 B-2A. Die USAF wird insgesamt nur 20 Einheiten bis 1997 beschaffen und ein Geschwader mit der B-2 ausrüsten.
Bemerkungen: Die B-2 basiert auf den neuesten Stealth-Erkenntnissen und ist daher mit heutigen Mitteln wie Radar und Infrarot nur schwer zu erfassen. Sie eignet sich für Angriffe im Tiefflug oder aus grosser Höhe, gegen feste oder mobile Ziele. Ihre Zelle besteht hauptsächlich aus Karbonfaser- und Kevlar-verstärkten Kunststoffen, mit Titan an extrem beanspruchten Stellen. Die Flugzeugoberfläche absorbiert Radarstrahlen während die Triebwerkein- und auslässe über dem Flügel so angeordnet wurden, dass sie gegen Infrarotsuchgeräte abgeschirmt sind.
Hersteller: Northrop Corporation, B-2-Division, Pico Rivera, Kalifornien, USA.

Abmessungen: Spannweite 52,43 m, Länge 21,03 m, Höhe 5,18 m, Flügelfläche 477,51 m².

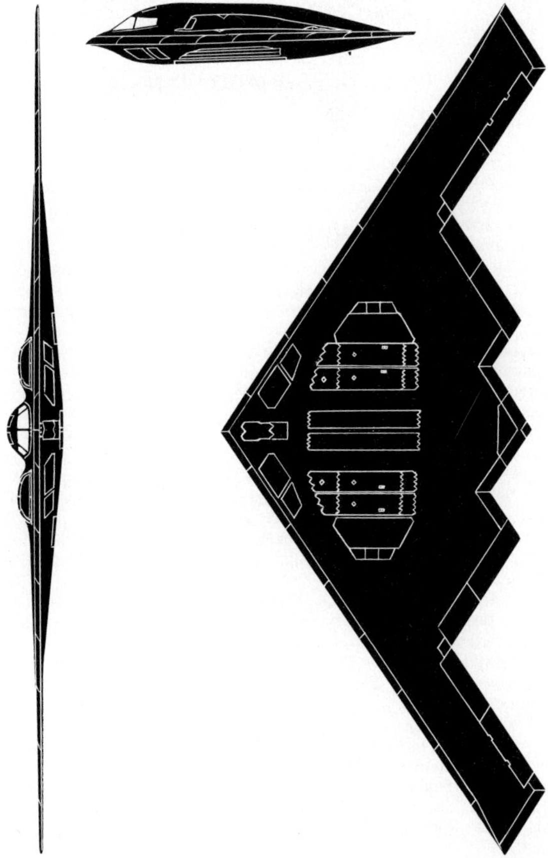

PANAVIA TORNADO GR MK.4

Ursprungsland: Grossbritannien, Bundesrepublik Deutschland und Italien.

Kategorie: Zweisitziges Mehrzweckkampfflugzeug.

Triebwerke: Zwei Mantelstromtriebwerke Turbo-Union RB-199-34R Mk.103 von je 4128 kp (40,5 kN) Standschub ohne und 7291 kp (71,5 kN) mit Nachbrenner.

Leistungen: Höchstgeschwindigkeit 1480 km/h oder Mach 1,2 auf Meereshöhe bzw. mit Aussenlasten 1112 km/h (Mach 0,92), 2333 km/h oder Mach 2,2 auf 12190 m; Steigzeit auf 9150 m 1,7 Min; Aktionsradius mit grosser Waffenlast und hoch-tief-tief-hoch-Profil 1390 km; Überführungsreichweite 3890 km.

Gewichte: Rüstgewicht 14091 kg; normales Startgewicht ohne Aussenlasten 20411 kg; max. Startgewicht rund 27950 kg.

Bewaffnung: Zwei 27-mm-Kanonen IWKA-Mauser plus Aussenlasten unter dem Rumpf und unter den Flügeln bis zu 9000 kg. Eine Vielzahl von Kombinationen zwischen Bomben, Lenkwaffen, Elektronikbehältern und Zusatztanks sind möglich.

Entwicklungsstand: Erstflug des ersten Prototyps am 14. August 1974, der Variante IDS (GR Mk.1) am 5. Februar 1977, der Variante ADV (F Mk.2/3) am 27. Oktober 1979 bzw. 20. November 1985 und der ECR am 26. Oktober 1989. Bis zur vorläufigen Einstellung der Produktion Anfang 1993 sind hergestellt worden: Bundesrepublik 357 inkl. 35 ECR, Grossbritannien 203 GR Mk.1/4, 173 F Mk.2/3, Italien 100 inkl. 16 ECR, Saudi Arabien 48 IDR, 24 ADV. Nachdem Saudi Arabien weitere 48 Tornados bestellt hat und auch Süd Korea Interesse an der ECR-Version zeigt, wird die Produktion wieder aufgenommen.

Bemerkungen: Die Version GR Mk.4 basiert auf der GR Mk.1 mit u.a. folgenden Verbesserungen: Neues Elektronikabwehrsystem Marconi, aufdatiertes Waffenkontrollsystem, Videoaufzeichnungsgeräte, TIALD Laserbeleuchtungssystem, CRT-Anzeigen und ein neues HUD. 80 britische Tornados GR Mk.1 sollen in den nächsten Jahren entsprechend umgebaut werden. Die Tornado ECR ist für bewaffnete ECM- und Aufklärungsaufgaben spezialisiert und verfügt über die leistungsstärkeren Triebwerke Mk.105 von je 7646 kp (75 kN) der Tornado F.Mk.3.

Hersteller: Panavia Aircraft GmbH, München, Bundesrepublik Deutschland.

Abmessungen: Spannweite 8,59 bis 13,90 m, Länge 16,72 m, Höhe 5,95 m, Flügelfläche 26,60 m².

PARTENAVIA AP68T-600 VIATOR

Ursprungsland: Italien.
Kategorie: Mehrzweckflugzeug.
Triebwerke: Zwei Propellerturbinen Allison 250 B17 C von auf 328 WPS (251 kW) reduzierter Leistung.
Leistungen: Höchstgeschwindigkeit 407 km/h auf 3660 m; max. Reisegeschwindigkeit 315 km/h; Anfangssteiggeschwindigkeit 7,87 m/Sek; Dienstgipfelhöhe 7925 m; Reichweite bei Reisegeschwindigkeit auf 3660 m 1440 km.
Gewichte: Rüstgewicht 1680 kg; max. Startgewicht 3000 kg.
Zuladung: Ein bis zwei Piloten und maximal neun bis zehn Passagiere, als kombinierte Passagier- und Frachtausführung beispielsweise sechs Personen und 2,5 m^3 Fracht. Max. Nutzlast als Frachter 6,5 m^3 bzw. 910 kg.
Entwicklungsstand: Ursprünglich als Spartacus 10RG bezeichnet, flog die erste Viator am 29. März 1985. Nach wenigen gebauten Einheiten stellte man die Produktion für mehrere Jahre ein. Zusammen mit der P.68 Observer sind zurzeit vorläufig 32 Einheiten in Indien aus in Italien hergestellten Komponenten im Bau. Weitere Aufträge bzw. Kaufsabsichten für 45 Maschinen beider Versionen liegen vor. Von den verschiedenen P.68-Ausführungen wurden bisher über 400 Einheiten abgesetzt. Es ist geplant, die Produktion nun vollständig nach Indien zu verlegen.
Bemerkungen: Die Viator ist eine Weiterentwicklung des Basismusters Spartacus RG (siehe Ausgabe 1985). Sie unterscheidet sich von ihr durch einen um 0,65 m längeren Rumpf und ein Einziehfahrwerk. Von der Viator werden verschiedene Ausführungen angeboten: Regionalflugzeug, Firmenflugzeug, Frachter, gemischter Passagier- und Frachttransporter, Sanitätsflugzeug für zwei liegende Patienten mit zwei Betreuern. Die Viator zeichnet sich durch einfache und robuste Konstruktion aus. Dank eines geringen Anschaffungspreises sichert sie einen wirtschaftlichen Betrieb.
Hersteller: Aercosmos/Partenavia, Costruzioni Aeronautiche Srl, Mailand, Italien und Taneja Aerospace, Werk Bangalore, Indien.

Abmessungen: Spannweite 12,00 m, Länge 11,27 m, Höhe 3,63 m, Flügelfläche 18,60 m^2.

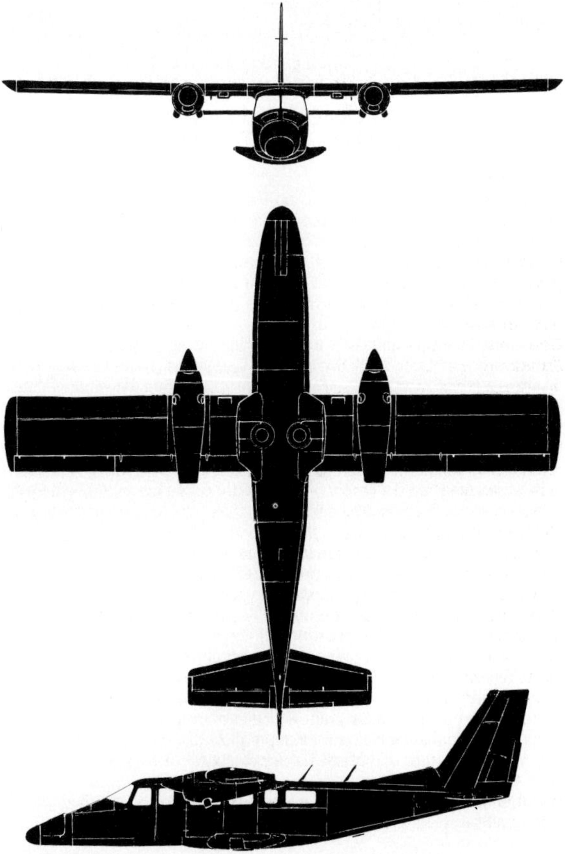

PIAGGIO P.180 AVANTI

Ursprungsland: Italien.
Kategorie: Firmenflugzeug.
Triebwerke: Zwei Propellerturbinen Pratt & Whitney Canada PT6A-66 von je auf 850 WPS (634 kW) reduzierter Leistung.
Leistungen: Höchstgeschwindigkeit 732 km/h auf 8625 m; max. Dauergeschwindigkeit 644 km/h auf 11885 m; Anfangssteiggeschwindigkeit 15,75 m/Sek; Dienstgipfelhöhe 12495 m; Reichweite mit einer Nutzlast von sechs Personen und IFR-Reserven 2637 km; max. Reichweite mit VFR-Reserven 3187 km.
Gewichte: Rüstgewicht 3384 kg; max. Startgewicht 5239 kg.
Zuladung: Ein oder zwei Piloten und sieben bis acht Passagiere bei Standard-Innenausstattung. Maximal zehn Passagiere, bei einem Piloten.
Entwicklungsstand: Der erste von zwei Prototypen fliegt seit dem 23. September 1986, das erste Serienflugzeug seit dem 29. Januar 1990. Bis Ende 1994 sind rund 25 Avantis hergestellt worden. Die monatliche Produktionsrate beläuft sich auf zwei Einheiten. Die italienische Luftwaffe hat 6 Avantis bestellt und möchte bis zu 40 weitere für Patrouillen- und Evakuationseinsätze sowie als Kalibrierungsflugzeug beschaffen.
Bemerkungen: Die Avanti basiert auf dem sogenannten «Drei-Flächen-Konzept» (three-surface-concept), wobei der vorn liegende kleine Stützflügel das Flugzeug in allen Flugphasen ausbalanciert und das Höhenruder nur für die Richtungsänderung benötigt wird. Der Flügel besitzt ein Laminarprofil und hohe Streckung bei vergleichsweise geringer Fläche. Eine neuartige Herstellungstechnik verspricht eine aussergewöhnliche Oberflächengüte. Die Avanti besteht zum grossen Teil aus Leichtmetall, doch finden sich Kunststoffteile am Leitwerk, den Triebwerkverkleidungen, an der Rumpfspitze, dem Stützflügel und dem Hauptflügel. Mit Grumman wurde kürzlich eine Kooperation eingegangen, um sich für einen Auftrag der US Army für ein Mehrzweck-Flächenflugzeug zu bewerben.
Hersteller: Piaggio Industrie Aeronautiche e Mecchaniche Rinaldo Piaggio SpA, Genua, Italien.

Abmessungen: Spannweite 14,03 m, Länge 14,41 m, Höhe 3,94 m, Flügelfläche 16,00 m².

PILATUS PC-9

Ursprungsland: Schweiz.
Kategorie: Zweisitziger Basis- und Fortgeschrittenentrainer sowie Zielschlepper.
Triebwerke: Eine Propellerturbine Pratt & Whitney Canada PT6A-62 von 1150 WPS (857 kW) Leistung.
Leistungen: Höchstgeschwindigkeit bei einem Fluggewicht von 2250 kg 593 km/h auf 6100 m; Reisegeschwindigkeit 500 km/h auf Meereshöhe oder 556 km/h auf 6100 m; max. Anfangssteiggeschwindigkeit 20,83 m/Sek; max. Reichweite mit 20 Min. plus fünf Prozent Treibstoffreserven 1642 km auf 7620 m.
Gewichte: Leer 1685 kg; Startgewicht (Akrobatik) 2250 kg bzw. (Schulungsflug) 3200 kg.
Entwicklungsstand: Die ersten beiden Prototypen fliegen seit dem 7. Mai und dem 20. Juli 1984, mit Beginn der Ablieferung der ersten Serienflugzeuge (an Burma) Ende 1985. Bis Ende 1994 waren rund 200 bestellt: Angola 4, Australien 67 (Lizenzbau bei Hawker de Havilland), Burma (Myanmar) 4, Irak 20, Mexiko 10, Saudi Arabien 30 + neu 16 weitere, Zypern 2, US Army 3, Thailand 20. Von der Zielschlepperversion haben die BRD 10 und die Schweiz 12 Exemplare gekauft.
Bemerkungen: Die PC-9 besitzt grosse Aehnlichkeit mit der PC-7 (siehe Ausgabe 1984), trotzdem ist sie eine Neukonstruktion und hat lediglich 10 % aller Bauteile mit dem Vorgängermuster gemeinsam. Eine noch zwar als PC-7 Mk.II (siehe Foto) bezeichnete, konstruktiv aber mehr der PC-9 gleichende Variante wurde kürzlich von der südafrikanischen Luftwaffe in 60 Exemplaren bestellt. Zusammen mit Beech bewirbt sich Pilatus mit der PC-9 Mk. II um den Auftrag für einen neuen Grundschultrainer für die USAF und die USN. Obwohl der PC-9 (siehe Silhouette) sehr ähnlich, wurde rund 70 % der Konstruktion neu definiert. Die wesentlichsten Unterschiede sind: Verstärkte Rumpfstruktur und Cockpithaube, Druckkabine, Null-Null-Schleudersitze, neue digitale Elektronik (GPS, MLS, Antikollisionsanzeige, HUD) und PT6A-68-Triebwerk mit einer Leistung von 1708 WPS (1275 kW).
Hersteller: Pilatus Flugzeugwerke AG, Stans, Schweiz.

Abmessungen: Spannweite 10,21 m, Länge 10,17 m, Höhe 3,26 m, Flügelfläche 16,29 m².

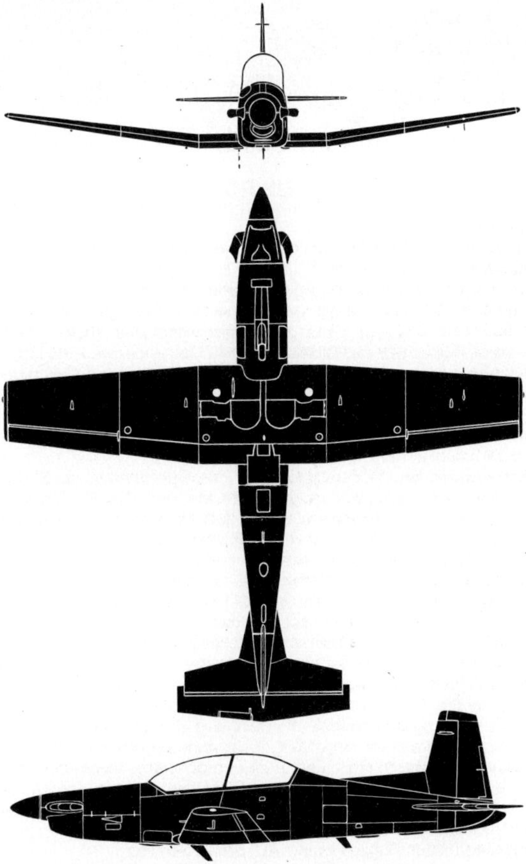

PILATUS PC-12

Ursprungsland: Schweiz.
Kategorie: Leichtes Mehrzweck- und Firmenflugzeug.
Triebwerke: Eine Propellerturbine Pratt & Whitney Canada PT6A-67B mit einer auf 1200 WPS (895 kW) reduzierten Leistung.
Leistungen (Schätzungen des Herstellers): Max. Reisegeschwindigkeit 497 km/h auf 7620 m; Anfangssteiggeschwindigkeit 10,40 m/Sek; Dienstgipfelhöhe 7620 m; Reichweite mit 45 Min. Reserven 2966 km.
Gewichte: Leergewicht Frachter 2183 kg, mit Passagiereinrichtung 2386 kg; max. Startgewicht 4000 kg.
Zuladung: Pilot und Copilot/Passagier im Cockpit und bis zu neun Passagiere in Einzelsitzen; als Firmenflugzeug sechs Passagiere. Max. Zuladung als Frachter 1400 kg.
Entwicklungsstand: Der erste von zwei Prototypen startete am 31. Mai 1991 zum Erstflug. Der zweite folgte am 28. Mai 1993. Am 30. März 1994 wurde die PC-12 in der Schweiz zugelassen. Die ersten Auslieferungen begannen im Mai 1994. Zurzeit verfügt Pilatus über rund 25 Festbestellungen (+ 23 Optionen), darunter auch vom australischen Flying Doctor Service. 1995 sollen 27 PC-12 hergestellt werden.
Bemerkungen: Die Entwicklung der PC-12 wurde im Oktober 1989 angekündigt. Es handelt sich um ein druckbelüftetes Mehrzweckflugzeug, angefangen vom Einsatz in der Geschäftsfliegerei (PC-12P) bis hin zum Transporter für Fracht (PC-12F). Die Zelle der einmotorigen PC-12 ist länger und breiter als beispielsweise jene der zweimotorigen Beech King Air und vermag Fracht bis zu 9,34 m^3 zu laden. Eine kombinierte Variante für vier Passagiere und 5,95 m^3 Fracht wird ebenfalls angeboten. Der Ladevorgang wird durch eine Passagiertür vorn und eine grosse Frachttüre hinten wesentlich erleichtert. Aufgrund der ersten Flugerprobungsresultate muss der Flügel zu grossen Teilen neu definiert werden. Der zweite Prototyp verfügt bereits über diesen neuen Flügel und auch über eine Druckkabine.
Hersteller: Pilatus Flugzeugwerke AG, Stans, Schweiz.

Abmessungen: Spannweite 13,78 m, Länge 13,96 m, Höhe 4,14 m, Flügelfläche 22,6 m².

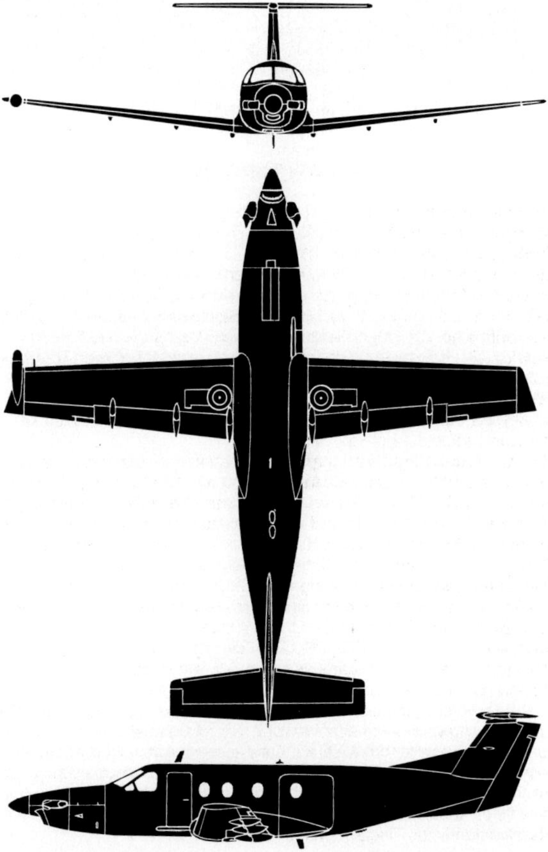

PILATUS BRITTEN-NORMAN DEFENDER 4000

Ursprungsland: Grossbritannien.
Kategorie: Leichter militärischer Mehrzwecktransporter und Überwachungsflugzeug.
Triebwerke: Zwei Propellerturbinen Allison 250 B17F mit einer auf 400 WPS (299 kW) reduzierten Leistung.
Leistungen: Höchstgeschwindigkeit 363 km/h; normale Reisegeschwindigkeit 287 km/h; Patrouilliergeschwindigkeit 240 km/h; Anfangssteiggeschwindigkeit 6,35 m/Sek; Verweildauer mehr als 6 Std.
Gewichte: Rüstgewicht 1950 kg; max. Startgewicht 3855 kg.
Bewaffnung: Vier Flügelstationen für eine Tragkraft von je 340 kg bzw. 159 kg. Die Aufhängevorrichtungen können eine Vielzahl von Traglasten und Sensorbehältern mitführen.
Zuladung: Mindestbesatzung ein Pilot und ein Operator, normalerweise aber zwei Piloten und ein bis zwei Operateure. Als Transporter bis zu neun Passagiere.
Entwicklungsstand: Ein als BN-2T2 bezeichneter Demonstrator flog anfangs 1991 mit einer Basisausstattung. Diese wurde Ende 1991 bei Westinghouse Electric in den USA durch einen 360°-Radarscanner AN/APG-66 in der Rumpfnase und ein WF-360 Infrarot-Darstellungssystem unter der Kabine ergänzt. Diese auch als MSSA bezeichnete Version ist von mehreren paramilitärischen Organisationen für Überwachungsaufgaben bestellt worden, u.a. Australien (6), Marokko (4), Türkei (1). Die definitive Ausführung Defender 4000 nahm die Flugerprobung am 27. August 1994 auf.
Bemerkungen: Die Defender 4000 ist die vorläufig letzte Ableitung vom Grundmuster BN-2T Turbine Islander. Sie verfügt über stärkere Triebwerke, vergrösserte Flügelspannweite, welche ein höheres Abfluggewicht ermöglichen. Dieses soll später auf 4536 kg gesteigert werden. Weiter wurden die Treibstoffkapazität erhöht und die Struktur teilweise verstärkt. Die Defender 4000 kann mit einer vielfältigen Reihe von Sensoren und anderen Geräten für AEW-, Elint-, Bodenüberwachungs-, Marine-Patrouillenaufgaben (siehe Foto) usw. eingesetzt werden.
Hersteller: Pilatus Britten-Norman, Bembridge Airport, Isle of Wight, Grossbritannien.

Abmessungen: Spannweite 16,15 m, Länge 12,37 m, Höhe 4,18 m, Flügelfläche 31,3 m².

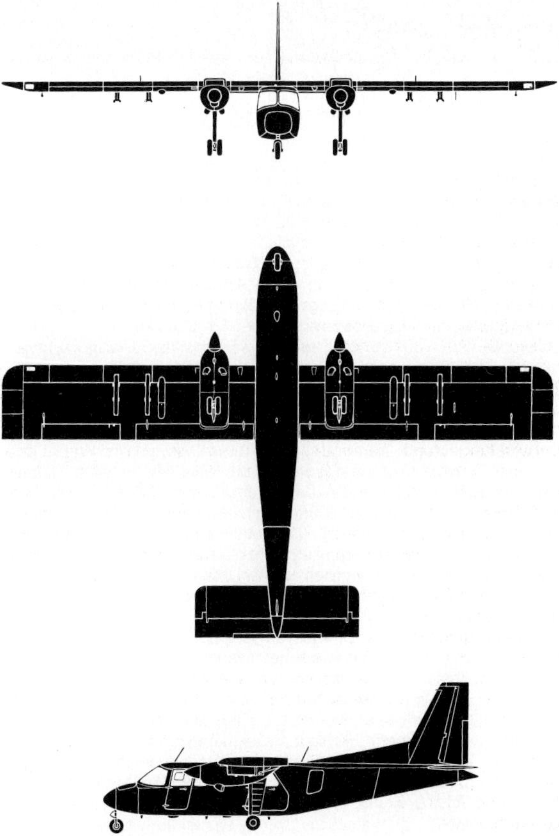

PZL-130T TURBO ORLIK

Ursprungsland: Polen.
Kategorie: Zweisitziger Grundschul- und Mehrzwecktrainer.
Triebwerke: Eine Propellerturbine (PZL-130TB) Walter M 601T von 751 WPS (560 kW) Leistung oder (PZL-130TC) Pratt & Whitney Canada PT6A-62 von 950 WPS (708 kW) Leistung.
Leistungen (PZL-130TC): Höchstgeschwindigkeit 508 km/h auf Meereshöhe, 560 km/h auf 6095 m; Anfangssteiggeschwindigkeit 20,6 m/Sek; max. Reichweite mit internem Treibstoff 930 km auf Meereshöhe, mit zwei abwerfbaren Zusatztanks von je 340 l 2300 km.
Gewichte (PZL-130TC): Rüstgewicht 1450 kg; max. Startgewicht (für Akrobatik) 2000 kg, sonst 2700 kg.
Bewaffnung (PZL-130TC als Option): Eine Waffenlast von bis zu 900 kg an sechs Aufhängepunkten unter den Flügeln, z.B. Maschinengewehrbehälter, Werfer für S-5M 57-mm-ungelenkte Raketen.
Entwicklungsstand: Die erste von drei Turbo Orlik, ein Umbau des dritten, kolbenmotorgetriebenen Prototyps der PZL-130 Orlik, flog erstmals als PZL-130TM mit einer PT6A-Turbine am 13. Juli 1986. Der zweite Prototyp folgte am 12. Januar 1989, ausgerüstet mit einer M601E-Turbine. Die definitive Variante mit PT6A-62-Triebwerk PZL-130TC flog erstmals am 2. Juni 1993. Die polnische Luftwaffe plant insgesamt 50 Turbo Orliks von drei verschiedenen Versionen zu beschaffen: 2 TM, 20 TB und 28 TC. Bis Ende 1994 waren, bei einer monatlichen Produktion von zwei Einheiten, deren 30 abgeliefert.
Bemerkungen: Die Turbo Orlik ist von der PZL-130 Orlik abgeleitet, welche über den Prototypstatus nie herauskam (vier hergestellt). Derzeit werden mehrere Varianten angeboten: Die polnische Luftwaffe erhält eine Ausführung entweder mit M601E- oder T-Triebwerk (siehe Ausgabe 1991/92). Diese verfügt über eine gegenüber dem Prototypen um 1,00 m vergrösserte Spannweite, Schleudersitze, kräftigere Bremsen und eine Steuerung des Bugfahrwerks. Weiter angeboten werden die Versionen PZL-130TD und TE mit PT6A-25C-Triebwerk von 750 WPS bzw. PT6A-25 von 550 WPS Leistung.
Hersteller: WSK-PZL Warszawa-Okecie, Warschau-Okecie, Polen.

Abmessungen: Spannweite 9,00 m, Länge 9,00 m, Höhe 3,53 m, Flügelfläche 13,00 m^2.

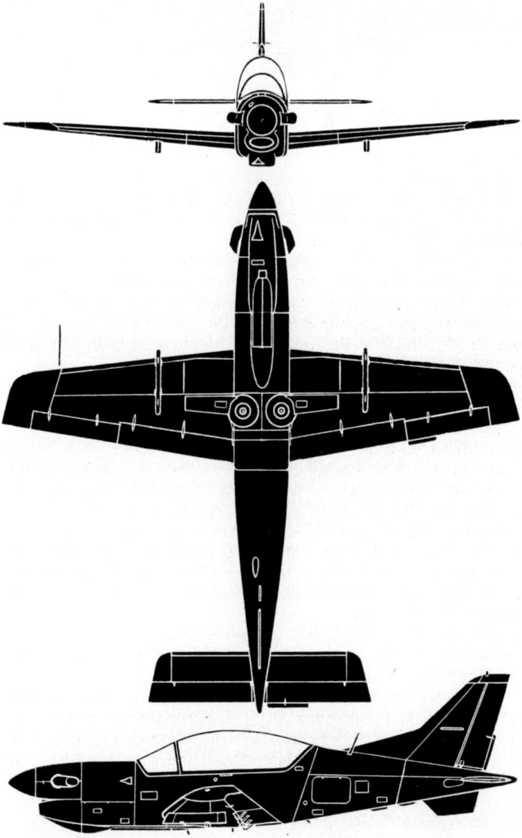

PZL I-22 IRYDA

Ursprungsland: Polen.
Kategorie: Zweisitziger Fortgeschrittenentrainer und leichtes Erdkampf- und Aufklärungsflugzeug.
Triebwerke: Zwei Strahltriebwerke PZL Rzeszow SO-3W22 von je 1100 kp (10,79 kN) oder PZL K-15 von je 1500 kp (15 kN) Standschub.
Leistungen (mit SO-3W22 Triebwerken): Höchstgeschwindigkeit 915 km/h auf Meereshöhe; max. Reisegeschwindigkeit 924 km/h auf 10000 m; Anfangssteiggeschwindigkeit 37 m/Sek; Dienstgipfelhöhe 12600 m; Reichweite mit internem Treibstoff 1670 km.
Gewichte: Rüstgewicht 3962 kg; max. Startgewicht 7493 kg.
Bewaffnung: Eine doppelläufige 23-mm-GSh-23L-Kanone im Rumpf und vier Flügelstationen für eine Waffenlast von je 500 kg.
Entwicklungsstand: Der erste von fünf Prototypen flog am 3. März 1985, der letzte 1990. Zwölf den Prototypen entsprechende Vorserienmaschinen wurden ab 1992 einer Einsatzerprobung unterzogen. Die polnische Luftwaffe hat einen Bedarf von 80 Irydas. Von der Serienausführung mit K-15-Triebwerken erhält die polnische Luftwaffe ab 1994 40 Einheiten. Auch die Vorserienflugzeuge sollen anschliessend auf diesen Stand gebracht werden. Weiter besteht ein Bedarf zwischen 40 und 60 Flugzeugen einer weiter entwickelten Variante.
Bemerkungen: Die definitive Ausführung Iryda I-22M-93 verfügt nebst den stärkeren Triebwerken K-15 auch über eine Bendix-King-Avionik. Ein sechster Prototyp I-22M-93V, besonders für den Export gedacht, fliegt seit 25. März 1994 mit einem Triebwerk Rolls-Royce Viper von 1500 kp (14,7 kN) Leistung und Martin Baker-Schleudersitzen Mk.11. Von mehreren weiteren geplanten Versionen nimmt zurzeit die einsitzige Erdkampfversion M-99 Orkan die konkretesten Formen an. Konstruktiv wird sie bis zu 80 % gleich wie die I-22 sein, aber über grössere Flügel und überarbeiteten Mittelrumpf zur Aufnahme der voluminöseren Triebwerke verfügen. Zum Einbau gelangen entweder Rolls-Royce Adour- oder Povazské Strojarne DV-2-Triebwerke. Sie wird eine Bewaffnung von bis zu 4000 kg an sechs Aufhängepunkten unter den Flügeln sowie deren zwei unter dem Rumpf, mitführen können.
Hersteller: WSK-PZL Warzawa-Okecie, Warschau-Okecie, Polen.

Abmessungen: Spannweite 9,60 m, Länge 13,22 m, Höhe 4,30 m, Flügelfläche 19,92 m².

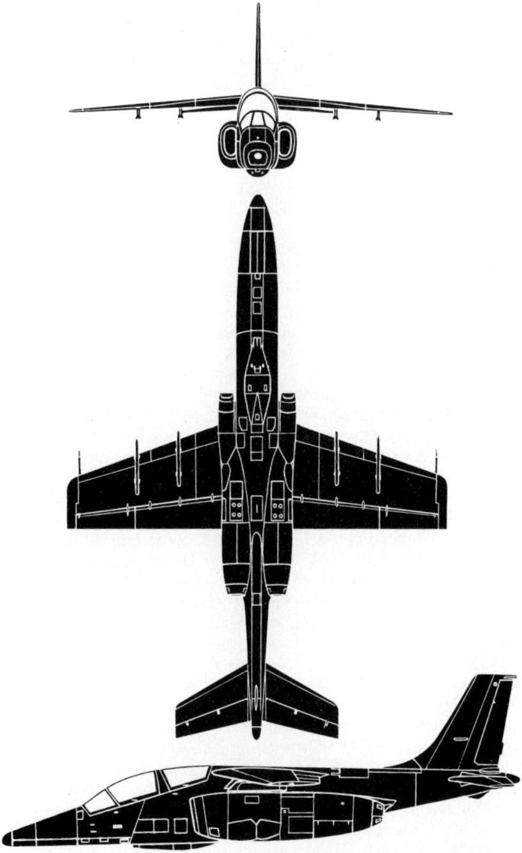

PZL SWIDNIK W-3 SOKOL

Ursprungsland: Polen.
Kategorie: Mittelschwerer Transport- und Mehrzweckhubschrauber.
Triebwerke: Zwei Gasturbinen WSK-PZL Rzeszow TWD-10W von je 888 WPS (662 kW) Normalleistung.
Leistungen: Höchstgeschwindigkeit 270 km/h; max. Reisegeschwindigkeit 235 km/h; ökonom. Reisegeschwindigkeit 220 km/h; max. Schrägsteiggeschwindigkeit 8,5 m/Sek; Schwebehöhe mit Bodeneffekt 3000 m, ohne Bodeneffekt 2100 m; Reichweite mit Standard-Treibstoffzuladung und 5 % Reserven 680 km, mit Zusatztanks 1160 km.
Gewichte: Leer 3630 kg; max. Startgewicht 6400 kg.
Zuladung: Zwei Piloten und bis zu 12 Passagiere, vier liegende Patienten plus Pfleger oder 2100 kg Fracht intern oder extern.
Bewaffnung (W-3W Huzar): Eine doppelläufige GSh-23-mm-Kanone seitlich am Rumpf sowie an vier Pylonen beispielsweise Luft-Luft-Lenkwaffen Gad, Behälter für 16 ungelenkte 57-mm-Raketen oder Panzerabwehrlenkwaffen AT-6 Spiral.
Entwicklungsstand: Der Erstflug des ersten von fünf Prototypen der Sokol (= Falke) erfolgte bereits am 16. November 1979. Die Zulassung liess mehr als 10 Jahre auf sich warten und wurde am 10. April 1990 erteilt. Bisher wurden rund 70 W-3 hergestellt. Die ehemalige Sowjetunion erhielt 20 Einheiten und die Luftwaffe von Burma (Myanmar) 12. Der Rest ging in mehreren Ausführungen an diverse polnische zivile und militärische Stellen, z.B. als Standardtransporter W-3 und W-3RM bzw. W-3SP «Anakonda»-SAR-Hubschrauber. Zehn als W-3W bezeichnete «Huzar» sind bei der polnischen Armee für Kampfzoneneinsätze im Einsatz, bei einem angeblichen Bedarf von 100 Einheiten.
Bemerkungen: Die W-3-Familie umfasst bereits eine lange Liste von Versionen. Neben den obenerwähnten Ausführungen wurde eine Kampfzonenversion W-3U «Salamander» entwickelt. Nach Bau nur eines Prototyps wird diese Entwicklung nicht weiterverfolgt. In Zusammenarbeit mit Südafrika folgte die W-3K «Huzar» mit westlicher Avionik und hochmoderner Bewaffnung, u.a. einer 20-mm-Maschinenkanone in einem Kinnturm, welche durch ein Helmvisier gerichtet wird.
Hersteller: PZL-Swidnik, Swidnik, Polen.

Abmessungen: Rotordurchmesser 15,7 m, Rumpflänge 14,22 m, Höhe inkl. Rotorkopf 4,20 m.

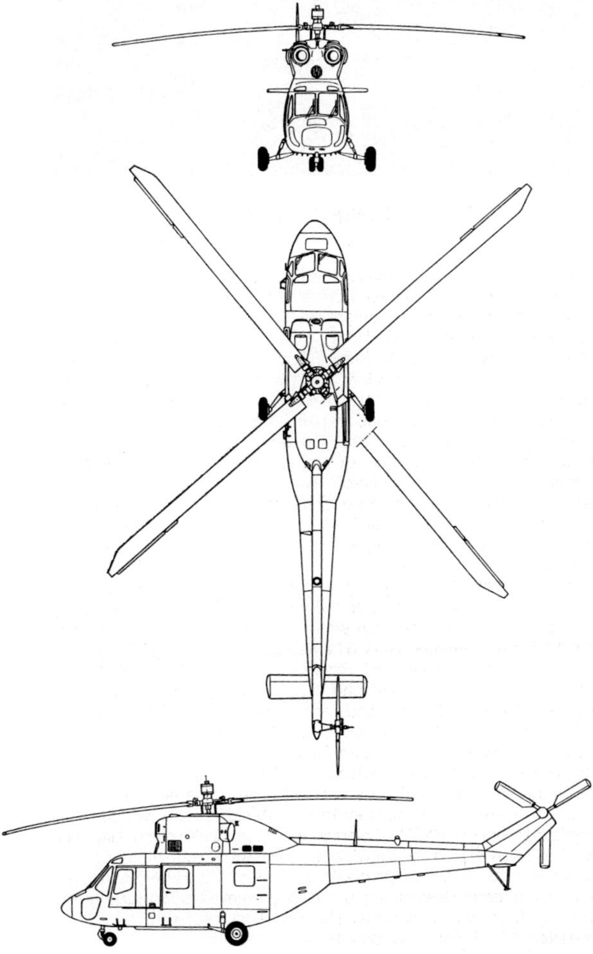

RAYTHEON HAWKER 800/1000

Ursprungsland: Grossbritannien.
Kategorie: Firmenflugzeug.
Triebwerke: Zwei Mantelstromtriebwerke (800) Garrett TFE731-5R-1H von je 1950 kp (19,1 kN) bzw. (1000) Pratt & Whitney PW305 von je 2358 kp (23,13 kN) Standschub.
Leistungen: Max. Reisegeschwindigkeit (800) 845 km/h, (1000) 867 km/h auf 8840 m; ökonom. Reisegeschwindigkeit (800) 741 km/h, (1000) 745 km/h auf 11890 bis 13100 m; Dienstgipfelhöhe 13100 m; Reichweite mit max. Nutzlast (800) 5318 km, (1000) 6375 km, mit max. Treibstoffzuladung und VFR-Reserven (800) 5560 km, (1000) 6736 km.
Gewichte: Leergewicht (800) 6676 kg, (1000) 7630 kg; max. Startgewicht (800) 12430 kg, (1000) 14060 kg.
Zuladung: Zwei Piloten und normalerweise acht Passagiere in Einzelsitzen oder in vier Einzelsitzen vis-à-vis, einer dreiplätzigen Sitzbank und einem Separatsitz. Bis zu (800) 14, (1000) 15 Passagiere in enger Bestuhlung. Max. Nutzlast (800) 1306 kg, (1000) 1156 kg.
Entwicklungsstand: Erstflug der Serie 800 am 26. Mai 1983, der Serie 1000 am 16. Juni 1990. Bis Ende 1994 sind von der Serie 800 rund 240, von der Serie 1000 rund 40 Bestellungen (+ Optionen) eingegangen. Beide Varianten werden zurzeit parallel hergestellt, ab 1995 bei Beechcraft in Wichita, Kansas, USA. Die von der Serie 800 abgeleitete SAR-Version U-125A wurde in drei Exemplaren bei einem Gesamtbedarf von 27 Maschinen von der japanischen Luftwaffe bestellt.
Bemerkungen: Gegenüber der Version -800 unterscheidet sich die -1000 wie folgt: Grössere Reichweite, höhere Reisegeschwindigkeit, grössere Kabine dank Verlängerung des Rumpfs um 84 cm und mehr Kopffreiheit (1,78 m) im Inneren, stärkere Triebwerke, mehr Treibstoffzuladung im hinteren Rumpftank sowie in der vorderen Tragflügelwurzel. Die Reichweite ist im Vergleich zur Vorgängerversion um 21 %, die Start- und Landeeigenschaften um 15 % verbessert worden. Ab 1995 soll bei der Serie 1000 die Inneneinrichtung grosszügiger gestaltet werden, durch Verlängerung der Kabine um 1,20 m und Schaffen einer grösseren Kopffreiheit.
Hersteller: Raytheon Corp. Jets, Chester, Grossbritannien.

Abmessungen: Spannweite 15,66 m, Länge 16,42 m, Höhe 5,21 m, Flügelfläche 34,75 m².

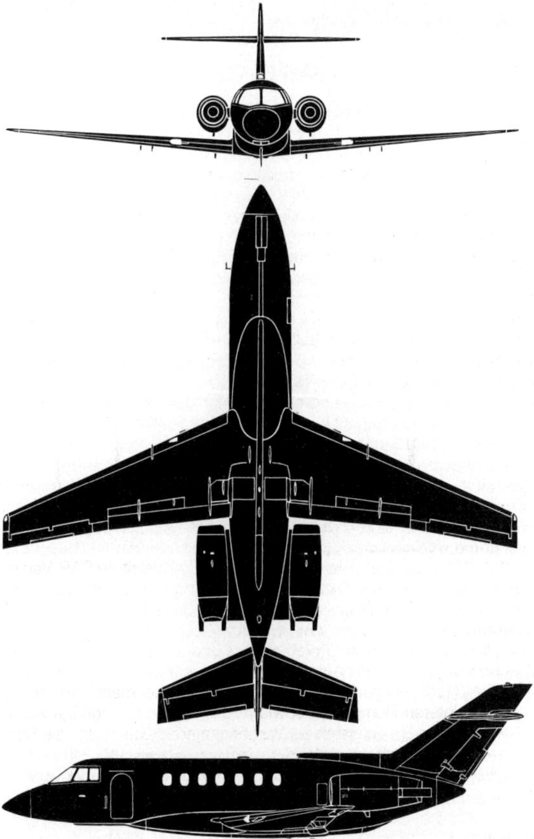

SAAB JAS 39 GRIPEN

Ursprungsland: Schweden.
Kategorie: Ein- oder zweisitziger Mehrzweckjäger.
Triebwerke: Ein Mantelstromtriebwerk General Electric/Volvo Flygmotor RM12 von 5510 kp (54 kN) Standschub ohne und 8210 kp (80,5 kN) mit Nachbrenner.
Leistungen (Schätzung): Höchstgeschwindigkeit in Meereshöhe bei 1470 km/h oder Mach 1,2 bzw. auf 11000 m 2555 km/h oder Mach 2,2; Dienstgipfelhöhe 20000 m; Einsatzradius als Abfangjäger mit zwei Rb24 Sidewinder und Rb72 Sky Flash grösser als 400 km; Überführungsreichweite 3000 km.
Gewichte: Rüstgewicht 6622 kg; norm. Startgewicht ohne Aussenlasten 8000 kg, max. Startgewicht 12473 kg.
Bewaffnung: Eine 27-mm-Kanone Mauser BK27. Sechs Flügelstationen (inkl. zwei an den Flügelspitzen) für bis zu vier Luft-Luft-Lenkwaffen Rb72 Sky Flash und zwei Rb24 Sidewinder bzw. AIM-120 AMRAAM. Unter den Flügeln lassen sich auch Saab-Bofors RBS 15F-Lenkwaffen oder andere Schiffsbekämpfungswaffen mitführen.
Entwicklungsstand: Erstflug des ersten von fünf Prototypen am 9. Dezember 1988. Das erste Serienflugzeug wurde der schwedischen Luftwaffe am 8. Juni 1993 übergeben. Die Einsatzbereitschaft wird 1995 erreicht sein. Bisher wurden in zwei Serien 140 Maschinen bestellt, 126 Einsitzer und 14 Doppelsitzer JAS 39B. Jährlich werden 20 Gripen hergestellt. Der Gesamtbedarf beträgt rund 280 Flugzeuge.
Bemerkungen: Die Saab Gripen oder JAS (Jakt/Attack/Spaning = Jagd/Erdkampf/Aufklärung) 39 ist das leichteste der neuen Generation von Jagdflugzeugen. Für die einzelnen Aufgaben sind keine Spezialversionen mehr nötig, da jede Gripen die entsprechende Software im Bordcomputer ständig mitführt und die zugehörigen Ausrüstungen modular und leicht austauschbar gestaltet sind. Für die Pilotenausbildung wird die Entwicklung einer zweisitzigen Trainingsvariante JAS 39B aufgenommen. Diese Variante soll 1996 erstmals fliegen und ab 1998 in Einsatz gelangen. Für die zahlenmässig noch nicht festgelegte dritte Serie wurde eine verbesserte Version JAS 39C vorgeschlagen, u.a. ausgerüstet mit einem leistungsstärkeren Triebwerk GE F414 von 9980 kp (98 kN).
Hersteller: Saab-Scania Aktiebolag, Aerospace Division, Linköping, Schweden.

Abmessungen: Spannweite 8,00 m, Länge 14,10 m, Höhe 4,70 m.

SAAB 340B

Ursprungsland: Schweden.
Kategorie: Regionalverkehrsflugzeug bzw. Radarfrühwarnflugzeug.
Triebwerke: Zwei Propellerturbinen General Electric CT7-9B von je 1870 WPS (1395 kW) Leistung.
Leistungen: Max. Reisegeschwindigkeit 522 km/h auf 4575 m, 519 km/h auf 1600 m; ökonom. Reisegeschwindigkeit 467 km/h auf 7620 m; Anfangssteiggeschwindigkeit 10,41 m/Sek; Dienstgipfelhöhe 7620 m; Reichweite mit 35 Passagieren und 45 Min. Reserven 1807 km, mit 30 Passagieren bei 467 km/h 2427 km.
Gewichte: Rüstgewicht 8036 kg; max. Startgewicht 12927 kg.
Zuladung: Zwei Piloten und, als Regionalverkehrsflugzeug 33, 35 oder 37 Passagiere in Dreierreihen mit Mittelgang oder, als Firmenflugzeug 16 Passagiere. Max. Nutzlast 3856 kg.
Entwicklungsstand: Die erste Saab 340B fliegt seit dem 21. April 1989. Nachdem 160 340A gebaut worden waren, begann im August 1989 die Produktion der 340B. Ende 1994 lagen feste Bestellungen für rund 410 SF340 vor. Sechs Saab 340AEW&C hat die schwedische Luftwaffe bestellt, die Japan Maritime Safety Agency will ab 1996 bis zu 20 Such- und Rettungsflugzeuge beschaffen.
Bemerkungen: Die 340B verfügt über stärkere Triebwerke, eine grössere Höhenflosse und einen grösseren Schwerpunktspielraum, welcher höhere Nutzlasten zulässt. Die seit 1994 produzierten Maschinen weisen einige Verbesserungen auf, u.a. einen um 0,6 m verlängerten Flügel. Dadurch erhöht sich einerseits das max. Abfluggewicht bzw. auf hochgelegenen Flugplätzen kommt die Saab 340B mit kürzeren Pisten aus. Zur Reduktion des Kabinenlärms wird ein neuartiges aktives Lärmunterdrückungssystem mit verschiedenen Mikrophonen eingebaut. Als neueste Variante fliegt seit 17. Januar 1994 die Radarfrühwarnversion Saab 340AEW&C (siehe Foto und Silhouette), ausgerüstet mit einer auf dem Rumpf montierten Ericsson Erieye Radarantenne.
Hersteller: Saab-Scania Aktiebolag, Aerospace Division, Linköping, Schweden.

Abmessungen: Spannweite 21,44 m, Länge 19,72 m, Höhe 6,87 m, Flügelfläche 41,81 m².

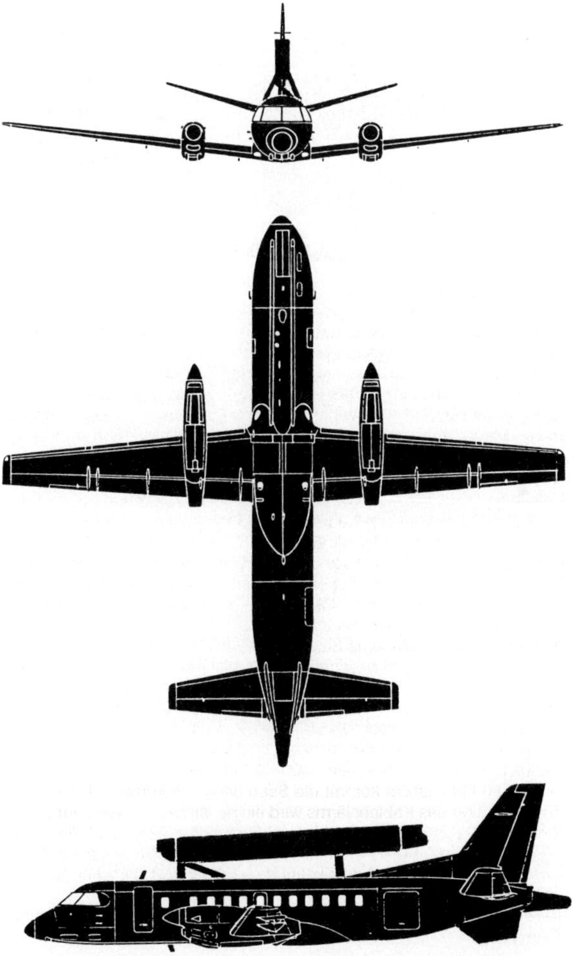

SAAB 2000

Ursprungsland: Schweden.
Kategorie: Regionalverkehrsflugzeug.
Triebwerke: Zwei Propellerturbinen Allison GMA 2100A von je 4152 WPS (3093 kW) Leistung inkl. automatischer Leistungsreserve.
Leistungen: Max. Reisegeschwindigkeit auf 7620 m 678 km/h; ökonom. Reisegeschwindigkeit auf 9450 m 556 km/h; Anfangssteiggeschwindigkeit 11,8 m/Sek; Dienstgipfelhöhe 9450 m; Reichweite mit 50 Passagieren und üblichen Reserven 2492 km, mit max. Nutzlast 1850 km.
Gewichte: Rüstgewicht 13900 kg; max. Startgewicht 22800 kg.
Zuladung: Zwei Mann Cockpitbesatzung. Typische Einrichtung für 50 Passagiere in Dreierreihen. Max. Zuladung 58 Passagiere.
Entwicklungsstand: Die Flugerprobung begann am 26. März 1992 mit dem Erstflug des Prototypen, gefolgt von vier weiteren Saab 2000 bis Mitte 1993. Bis Ende 1994 lagen die Festbestellungen bei 41 Einheiten für sieben Kunden (+ ca. 118 Optionen). Als erste Fluggesellschaft hat die Crossair die Saab 2000 am 30. August 1994 erhalten (20 (25?) Bestellungen plus 20 Optionen).
Bemerkungen: Die Saab 2000 ist eine erhebliche Weiterentwicklung der Saab 340B (siehe Seiten 264/265). Bei gleichem Rumpfdurchmesser und in der Grundauslegung gleicher Flügelstruktur wurden Länge wie Spannweite wesentlich vergrössert. Besonderen Wert legte man bei der Festlegung dieses Musters auf Schnelligkeit und hohe Anfangssteigleistung. Gegenüber Regionalflugzeugen mit Strahlantrieb ist sie nur unwesentlich langsamer, aber dafür wirtschaftlicher im Betrieb. Die Flügel werden vom «risk-sharing»-Partner CASA in Spanien, das Seitenleitwerk von Valmet in Finnland sowie der hintere Teil des Rumpfes von Westland in England hergestellt. Saab ist für den Rest des Rumpfes, für die Installation der Systeme und die Endmontage verantwortlich. Auch die Saab 2000 ist mit dem Active Noise Control-System (ANC) zur Reduktion des Kabinenlärms ausgerüstet.
Hersteller: Saab-Scania Aktiebolag, Aerospace Division, Linköping, Schweden.

Abmessungen: Spannweite 24,76 m, Länge 27,03 m, Höhe 7,73 m, Flügelfläche 55,74 m².

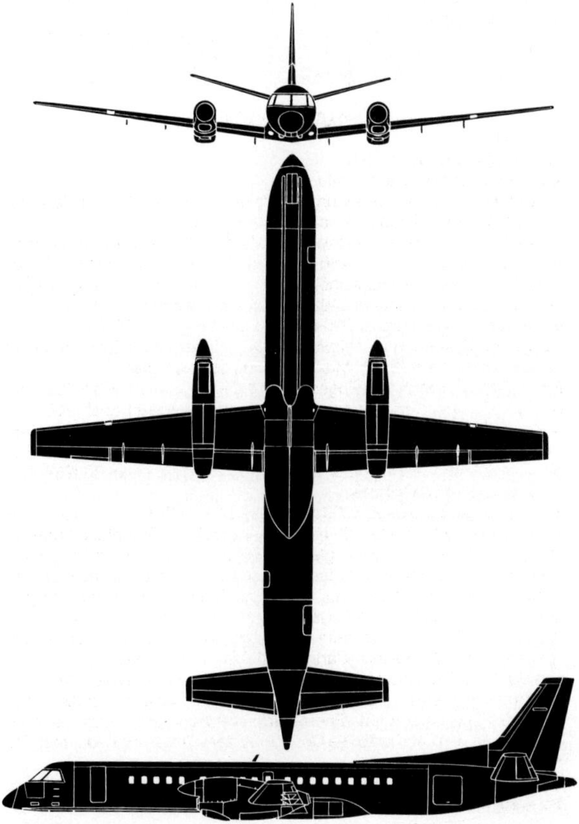

SIKORSKY (S-80M) MH-53E SEA DRAGON

Ursprungsland: USA.
Kategorie: Schwerer Minensuchhubschrauber.
Triebwerke: Drei Gasturbinen General Electric T64-GE-416 von je 4380 WPS (3276 kW) Leistung.
Leistungen (bei einem Fluggewicht von 25400 kg): Höchstgeschwindigkeit 315 km/h auf Meereshöhe; Reisegeschwindigkeit 278 km/h auf Meereshöhe; max. Schrägsteiggeschwindigkeit 12,7 m/Sek; Schwebehöhe mit Bodeneffekt 3520 m, ohne Bodeneffekt 2900 m; max. Flughöhe 5640 m; max. Reichweite 2075 km ohne Flugbetankung.
Gewichte: Leer 16482 kg; max. Startgewicht 31640 kg, mit Aussenlasten 33340 kg.
Zuladung (CH-53E): Drei Mann Besatzung und bis zu 55 Soldaten oder 14500 kg Aussenlasten bei einer Reichweite von 93 km.
Entwicklungsstand: Das Vorserienmuster MH-53E flog erstmals am 1. September 1983. Die Ablieferungen an die USN, die bisher 49 Sea Dragons bestellt hat, begannen am 26. Juni 1986. Die japanische Marine hat ebenfalls 12 MH-53E beschafft. Von der Transporterausführung CH-53E erhielt das USMC bisher 155 Einheiten.
Bemerkungen: Die S-80 ist die Exportversion des Schwerlasthubschraubers CH-53E Super Stallion der US Navy und des USMC, während die S-80M die Exportversion des MH-53E Sea Dragon darstellt, welche hier beschrieben ist. Als Minensucher ist die S-80M/MH-53E in der Lage, einen schweren Schlitten durchs Wasser zu ziehen, welcher mechanische, akustische und magnetische Minen räumt. Im Vergleich zur S-80/CH-53E verfügt die S-80M/MH-53E über wesentlich grössere Treibstoffbehälter an beiden Rumpfseiten mit einem Fassungsvermögen von rund 3800 Litern. Die ab 1994 gelieferten Exemplare sind mit T64-GE-419-Triebwerken mit einer Leistung von 4750 WPS (3945 kW) ausgerüstet. Alle CH-/MH-53E sollen zudem rückwirkend ein nachttaugliches GPS erhalten.
Hersteller: Sikorsky Aircraft, Division of United Technologies Corporation, Stratford, Connecticut, USA.

Abmessungen: Rotordurchmesser 24,08 m, Rumpflänge 22,35 m, Höhe inkl. Rotorkopf 5,32 m.

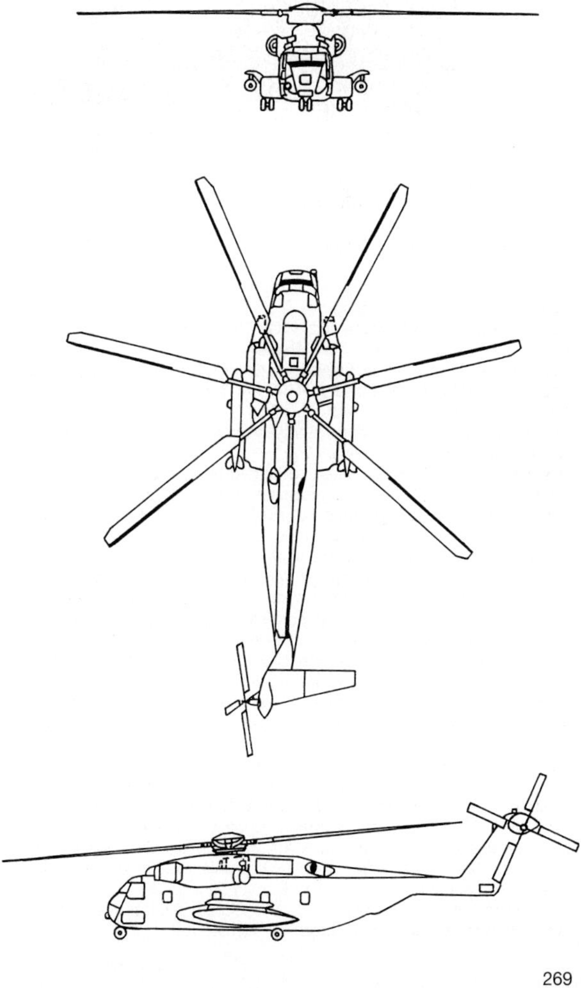

SIKORSKY (S-70A) UH-60L/UH-60Q BLACKHAWK/DUSTOFF

Ursprungsland: USA.
Kategorie: Taktischer Transport-/Rettungshubschrauber.
Triebwerke: Zwei Gasturbinen General Electric T700-GE-701C von je 1947 WPS (1448 kW) Leistung.
Leistungen (bei einem Fluggewicht von 7907 kg): Höchstgeschwindigkeit 295 km/h auf 610 m; max. Reisegeschwindigkeit 268 km/h auf 1225 m; Dienstgipfelhöhe 5837 m; Schwebehöhe ohne Bodeneffekt 3390 m; Reichweite mit 30 Min. Reserven 600 km, mit zwei 870-l-Zusatztanks 1630 km.
Gewichte: Leer 5225 kg; max. Startgewicht 9975 kg, mit Aussenlasten 10433 kg.
Zuladung: Drei Mann Besatzung und elf vollausgerüstete Soldaten. Als Transporter bis zu 4100 kg Aussenlasten am Frachthaken, als Rettungshubschrauber sechs liegende oder neun sitzende Verwundete und drei Sanitäter.
Entwicklungsstand: Die leistungsfähigere Version UH-60L des Grundmusters S-70A/UH-60A fliegt seit dem 22. März 1988 und wurde ab Ende 1989 an die US Army abgeliefert. Bisher sind über 1700 Blackhawks an viele militärische oder paramilitärische Organisationen in 19 Ländern geliefert worden, darunter nebst der US Army an: Australien 39, Japan 21, Saudi Arabien 20, Süd Korea 93 (Lizenzbau bei Korean Air), VR China 24, Taiwan 14, Türkei 107 usw.
Bemerkungen: Die S-70-Familie umfasst eine Vielzahl von Ausführungen für die verschiedensten Aufgaben (Beschreibung siehe Ausgabe 1992/93). Die neueste Version ist der taktische Ambulanzhubschrauber UH-60Q. Seit 31. Januar 1993 fliegt ein aus einer UH-60A umgebauter Prototyp. Die Ausstattung entspricht jenem einer fliegenden Intensivstation. Eine hochentwickelte Elektronikausstattung, u.a. Doppler-, TACAN-, GPS-Geräte, FLIR und Wetterradar ermöglichen einen Einsatz unter schwierigsten Bedingungen. Zurzeit prüft Sikorsky eine vergrösserte Variante für zivile wie militärische Einsätze unter der Bezeichnung S-92 für 19 Personen. Noch steht der Entscheid aus, ob ein Prototyp davon gebaut wird.
Hersteller: Sikorsky Aircraft, Stratford, Connecticut, USA.

Abmessungen: Rotordurchmesser 16,36 m, Rumpflänge 15,26 m, Höhe inkl. Rotormast 3,76 m.

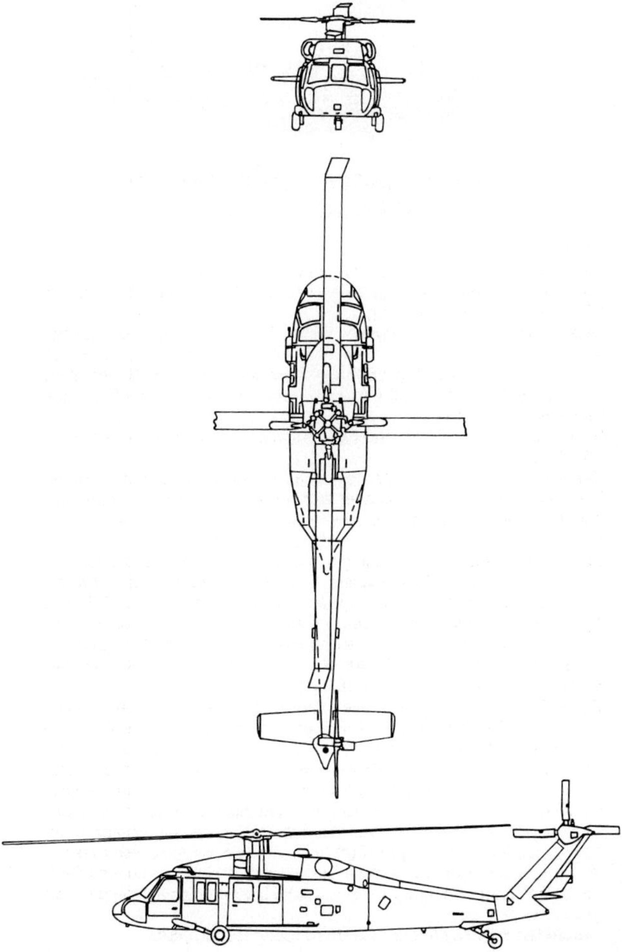

SIKORSKY (S-70B) SH-60 SEAHAWK/ HH-60 JAYHAWK

Ursprungsland: USA.

Kategorie (SH-60): Bordgestützter U-Bootjäger- und Mehrzweckhubschrauber und (HH-60) Hubschrauber für Spezial- und Rettungseinsätze.

Triebwerke: Zwei Gasturbinen General Electric T700-GE-401C von je 1900 WPS (1417) Leistung.

Leistungen: Höchstgeschwindigkeit 272 km/h auf Meereshöhe; max. Reisegeschwindigkeit 249 km/h auf 1525 m; Aufenthaltsdauer 3 Std. 50 Min. in 92 km bzw. 45 Min. in 483 km Entfernung vom Stützpunkt.

Gewichte (SH-60): Leergewicht 6191 kg; max. Startgewicht 9926 kg; (HH-60): Leergewicht 6080 kg; max. Startgewicht 9637 kg.

Zuladung (SH-60): Pilot, taktischer Einsatzleiter und Systemoperateur oder zwei Piloten und maximal 12 Passagiere, (HH-60): Vier Mann Besatzung und bis zu sechs gerettete Personen.

Bewaffnung (SH-60): Zwei Torpedos Mk.46 oder zwei Antischiffslenkwaffen Penguin; (HH-60H): Zwei Maschinengewehre in der Kabine und an den Stummelflügeln zwei AGM-114 Hellfire-Lenkwaffen oder Behälter für ungelenkte Raketen bzw. für 20-mm-Kanonen.

Entwicklungsstand: Erstflug des SH-60B-Prototypen am 12. Dezember 1979, der ersten HH-60J am 8. August 1989. Bisher sind rund 350 Seahawks/Jayhawks abgeliefert worden. Die USN sollte insgesamt erhalten: SH-60B Seahawk 204, SH-60F Oceanhawk 175; HH-60H 18. Weitere Besteller: Australien 16 S-70B-2, Griechenland 5 SH-60F(+ 3 Optionen), Japan 54 SH-60J (Lizenzbau Mitsubishi), Spanien 6 SH-60B. Die USCG erhält seit 1990 35 HH-60J.

Bemerkungen: Die S-70B operiert vorwiegend von Zerstörern und Fregatten aus und verfügt über ein hochentwickeltes ASW-System, während die etwas einfacher ausgerüstete SH-60F bei der USN auf Flugzeugträgern zum Schutz der Trägerkampfgruppe stationiert ist. Die Such- und Rettungsversion HH-60J wird von der USCG für unbewaffnete Rettungseinsätze ab Küstenstützpunkten eingesetzt, während die HH-60H bei der USN die gleiche Aufgabe in Kampfzonen ausführt und deshalb bewaffnet ist.

Hersteller: Sikorsky Aircraft, Stratford, Connecticut, USA.

Abmessungen: Rotordurchmesser 16,36 m, Rumpflänge (SH-60/HH-60B) 15,26 m (HH-60J) 15,87 m, Höhe inkl. Rotormast 3,79 m.

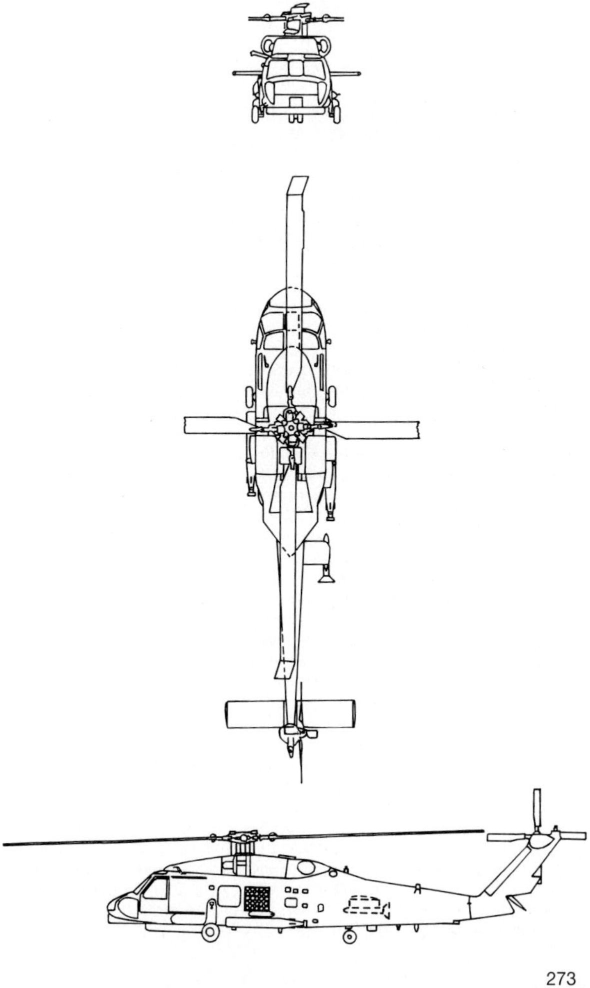

SIKORSKY S-76C

Ursprungsland: USA.
Kategorie: Ziviler Mehrzweck- und Transporthubschrauber.
Triebwerke: Zwei Gasturbinen Pratt & Whitney PT6B-36A von je 981 WPS (723 kW) oder Turboméca Arriel 1S1 von je 723 WPS (540 kW) Leistung.
Leistungen: Höchstgeschwindigkeit 287 km/h auf Meereshöhe; max. Reisegeschwindigkeit 269 km/h; max. Schrägsteiggeschwindigkeit 7,4 m/Sek; Dienstgipfelhöhe 3505 m; Reichweite mit normaler Treibstoffzuladung und 30 Min. Reserven 678 km auf 915 m.
Gewichte: Leer 2849 kg; max. Startgewicht 5307 kg.
Zuladung: Zwei Piloten und maximal 12 Passagiere; max. Nutzlast 2490 kg.
Entwicklungsstand: Der Prototyp der S-76B flog erstmals am 22. Juni 1984, jener der S-76C am 18. Mai 1990. Von allen Versionen sind bisher gegen 450 Einheiten gebaut worden. Die spanische Luftwaffe hat acht S-76 als Trainer, die Japan Maritime Safety Agency wird bis zu 20 S-76C für SAR-Aufgaben erhalten. Besteller der S-76: Philippinen 17, der H-76 Süd Korea 7+.
Bemerkungen: Die derzeit neueste Variante ist die S-76C mit Arriel-Triebwerken (siehe Abbildung). Mit Ausnahme der Antriebsgruppe ist sie mit der S-76B (siehe Ausgabe 1991/92) baugleich. Von der S-76 sind auch eine einfachere Ausführung, die S-76 Utility und ein militärisches Modell, der Kampfhubschrauber H-76 Eagle, verfügbar. Neben Transportaufgaben kann die H-76 in beschränktem Masse auch für Kampfeinsätze, beispielsweise ausgerüstet mit einer Kanone und Raketenbehälter, eingesetzt werden. Als neueste Variante hat Sikorsky die S-76D angekündigt, die ab 1994 mit Turboméca Arriel 2S1-Triebwerken mit einer Leistung von 850 WPS (634 kW) ausgerüstet wird.
Hersteller: Sikorsky Aircraft, Stratford, Connecticut, USA.

Abmessungen: Rotordurchmesser 13,41 m, Rumpflänge 12,22 m, Höhe bei drehendem Heckrotor 4,41 m.

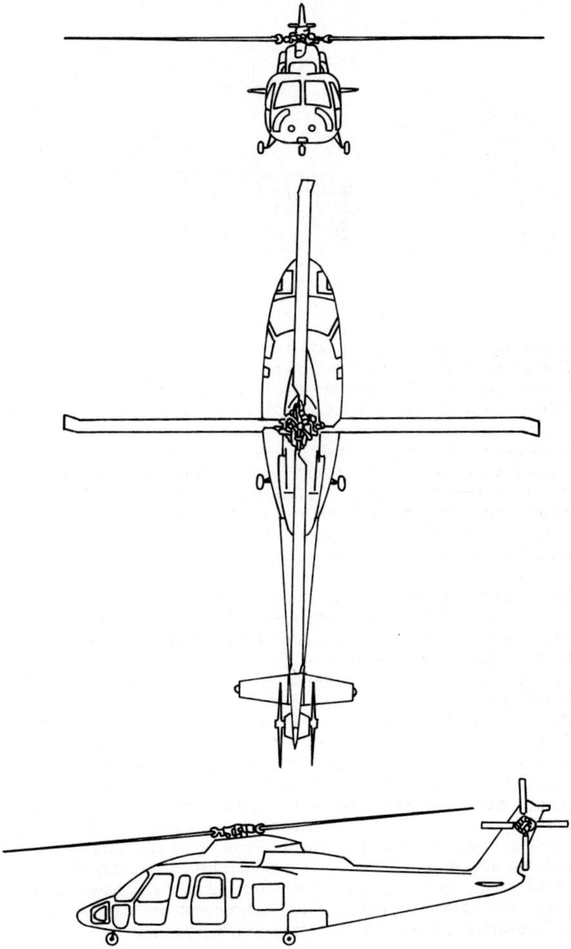

SLINGSBY T-3A FIREFLY

Ursprungsland: Grossbritannien.
Kategorie: Militärischer Grundschultrainer.
Triebwerke: Ein Sechszylinder-Boxermotor Textron Lycoming AEIO-540-D4A5 von 260 PS (195 kW) Leistung.
Leistungen: Höchstgeschwindigkeit 281 km/h auf Meereshöhe; Reisegeschwindigkeit bei 75 % Leistung auf 2590 m 277 km/h; Anfangssteiggeschwindigkeit 8,1 m/Sek; max. Flugdauer bis 3,5 Std.
Gewichte: Ungefähres Leergewicht 708 kg; max. Startgewicht (auch bei Akrobatik) 1134 kg.
Zuladung: Pilot und Schüler in Sitzen nebeneinander.
Entwicklungsstand: Das Ausgangsmuster T67 flog erstmals am 15. Mai 1981, die Militärausführung am 5. Dezember 1982. Die weiteren Ausführungen T67Mk.2 erhielten am 20. Dezember 1985 bzw. die T-67C am 15. Dezember 1987 die Zulassung. Von allen diesen Varianten wurden bisher über 100 Einheiten verkauft. Die erste für die USAF bestimmte T-3A schliesslich wurde am 4. Juli 1993 abgeliefert. Diese hat insgesamt 113 Exemplare bestellt.
Bemerkungen: Die ursprüngliche T67A war ein Lizenzbau des französischen Motorseglers Fournier RF-68, einer Holzkonstruktion mit einem O-235-Triebwerk mit 116 PS (86,5 kW) Leistung. Slingsby entwickelte daraus eine vollständig aus Kunststoff bestehende Weiterentwicklung. Für den zivilen Einsatz sind die T67B und T67C mit einem Boxermotor AEIO-320 mit 160 PS (119 kW) gedacht. Die militärische Ausführung T67M verfügt über ein Triebwerk gleicher Leistung, während die T67M200 eines vom Typ AEIO-360 von 200 PS (149 kW) sowie über eine zweiteilige Cockpitverglasung verfügt. Mit der oben beschriebenen, vorläufig letzten Variante T67M260 hat Slingsby den Wettbewerb der USAF für einen Trainer zur Vorevaluation von Pilotenanwärtern gewonnen.
Hersteller: Slingsby Engineering Ltd., Kirkbymoorside, North Yorkshire, Grossbritannien.

Abmessungen: Spannweite 10,60 m, Länge 7,55 m, Höhe 2,36 m, Flügelfläche 12,62 m².

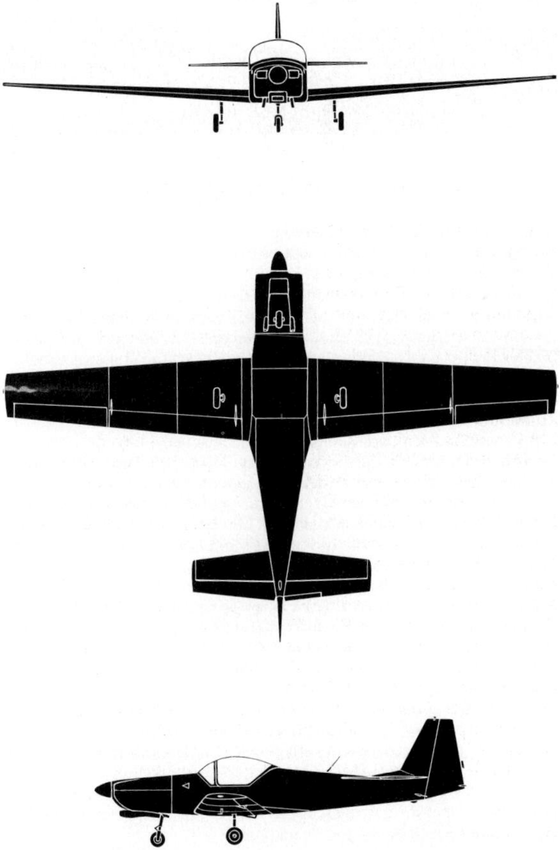

SOCATA TBM 700

Ursprungsland: Frankreich.
Kategorie: Leichtes Firmenflugzeug.
Triebwerke: Eine Propellerturbine Pratt & Whitney Canada PT6A-64 von 700 WPS (522 kW) Leistung.
Leistungen: Höchstgeschwindigkeit 556 km/h auf 7925 m; normale Reisegeschwindigkeit 523 km/h auf 9145 m; Langstrecken-Reisegeschwindigkeit 452 km/h auf 9145 m; Anfangssteiggeschwindigkeit 11,7 m/Sek; Reichweite mit sechs Passagieren 1900 km, mit max. Treibstoffzuladung 3100 km.
Gewichte: Leer 1790 kg; max. Startgewicht 2985 kg.
Zuladung: Zwei Piloten und bis zu sechs Passagiere. «Club»-Version mit vier Passagiersitzen und Mittelgang. Max. Nutzlast 1190 kg.
Entwicklungsstand: Der Prototyp der TBM 700 flog erstmals am 14. Juli 1988, gefolgt vom zweiten im August und vom dritten im Oktober 1989. Das erste Serienflugzeug startete am 24. August 1990 zum Erstflug. Die Produktion wurde angesichts der geringen Nachfrage mittlerweile auf 1,5 Einheiten im Monat reduziert. Bis Ende 1993 waren rund 70 TBM 700 fertiggestellt. Die französische Luftwaffe erhielt bisher 15 TBM 700 und hofft, insgesamt 35 Maschinen anschaffen zu können.
Bemerkungen: Die TBM 700 ist eine Gemeinschaftsentwicklung von Socata (Tochtergesellschaft von Aérospatiale) und Mooney Aircraft. Als druckbelüftetes Reiseflugzeug profitiert die TBM 700 von der Mooney M301, von welcher der Rumpf weitgehend übernommen wurde. Neu entwickelte Socata hingegen den Flügel und das Leitwerk. Socata bietet nun auch diverse militärische Varianten an, beispielsweise als Verbindungsflugzeug, Frachter, für ECM-Aufgaben oder als Zielschlepper. Ab Frühjahr 1996 wird die um rund einen Meter verlängerte TBM 700-S erstmals fliegen. Sie erhält stärkere PT-6A-64-Triebwerke mit einer Leistung von 850 WPS (633 kW) und soll eine Reisegeschwindigkeit von 530 km/h erreichen.
Hersteller: Socata, Suresnes, Frankreich.

Abmessungen: Spannweite 12,16 m, Länge 10,43 m, Höhe 3,99 m, Flügelfläche 18,00 m².

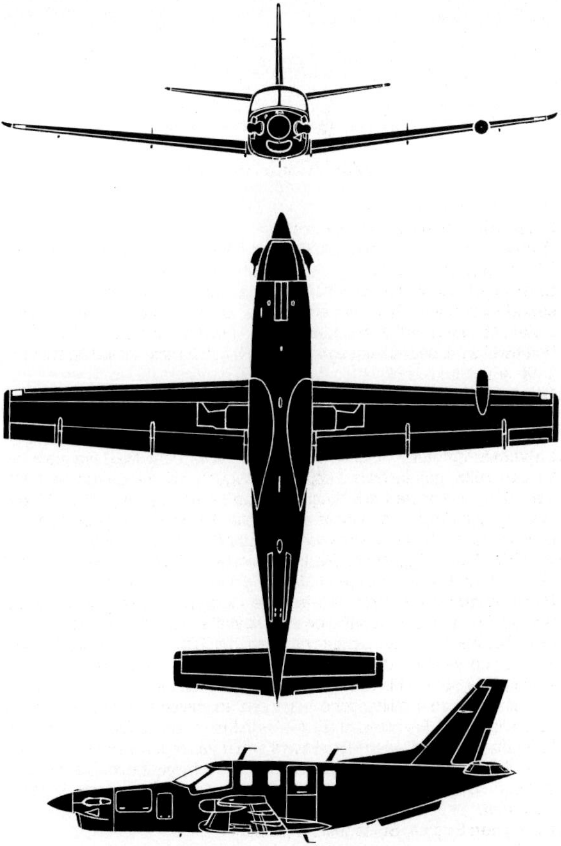

SUCHOJ SU-33/SU-30M/SU-35 FLANKER-D

Ursprungsland: Russland.
Kategorie: Einsitziger bordgestützter Abfangjäger (Su-27K), zweisitziges landgestütztes Mehrzweckkampfflugzeug (Su-30M), einsitziger Luftüberlegenheitsjäger (Su-35).
Triebwerke (Su-35): Zwei Mantelstromtriebwerke Saturn (Lyulka) AL-35 von je mindestens 9070 kp (88,9 kN) Standschub ohne und 14000 kp (137 kN) mit Nachbrenner.
Leistungen (Su-27 Flanker-B): Höchstgeschwindigkeit 2500 km/h auf 11000 m (Mach 2,35), 1345 km/h auf Meereshöhe (Mach 1,1); Dienstgipfelhöhe 18000 m; Einsatzradius 1500 km; Reichweite 4000 km.
Gewichte (Su-27 Flanker-B): Normales Startgewicht als Abfangjäger 22000 kg; max. Startgewicht 30000 kg.
Bewaffnung: Eine sechsläufige 30-mm-Revolverkanone und (Su-35) bis zu zehn Luft-Luft-Lenkwaffen (Su-30, -33) div. Modelle von Boden-Luft-Lenkwaffen, Antischiffs-Lenkwaffen und Bomben aller Art bis zu 6500 kg an zwölf Aufhängepunkten unter dem Rumpf und den Flügeln.
Entwicklungsstand: Die Trägervariante Su-27K/Su-33 fliegt seit 17. August 1987 und wurde vorerst in 12 Exemplaren bestellt (Gesamtbedarf 60). Die Erdkampfversion Su-27IB/Su-30M fliegt seit 30. Dezember 1989 sowie die vorläufig neueste Abfangversion Su-35 seit Mitte 1988. Zurzeit sollen die einzelnen GUS-Staaten insgesamt über 500 Flanker einsetzen. Die Volksrepublik China hat vorerst 24 Su-27 erhalten.
Bemerkungen: Als derzeit neueste Variante wurde die Su-35 vorgestellt. Sie besitzt ein neues wesentlich leistungsfähigeres Radar, ein mit Bildschirmen ausgerüstetes Cockpit und ein digitales Fly-by-wire-System, HUD usw. Das Radar kann Ziele bis zu einer Reichweite von 400 km entdecken. Zudem verfügt sie über kleine Vorflügel, und in die Seitenleitwerke sind Treibstofftanks integriert. Bisher sind elf Exemplare davon hergestellt worden. Für die Verwendung an Bord des Flugzeugträgers «Kusnezow» baute Suchoj unter der Bezeichnung Su-27K (neu Su-33) eine einsitzige Variante mit verstärktem Fahrwerk, doppelt bereiftem Bugfahrwerk, klappbaren Flügeln und Vorflügeln hinter dem Cockpit. Als weitere Variante fliegen derzeit mehrere Prototypen der doppelsitzigen Jagdbomber-Ausführung Su-30M.
Hersteller: OKB Pawel O. Suchoj, Werk Komsomolsk, Moskau, Russland.

Abmessungen: Spannweite 14,70 m, Länge ohne Bugsonde 21,90 m, Höhe 5,93 m, Flügelfläche 63,20 m².

SUCHOJ SU-34

Ursprungsland: Russland.
Kategorie: Zweisitziger Jagdbomber.
Triebwerke: Zwei Mantelstromtriebwerke Saturn (Ljulka) AL-35F von je rund 14000 kp (137 kN) Leistung mit Nachverbrenner.
Leistungen (geschätzt): Höchstgeschwindigkeit 2500 km/h auf 11000 m (Mach 2,35); max. Reichweite 4000 km.
Gewichte: Max. Startgewicht 44360 kg.
Bewaffnung: Zwei eingebaute 30-mm-Kanonen und eine Waffenlast von 8200 kg, z.B. Luft-Boden-Lenkwaffen Kh-25M (AS-10 Karen), Kh-29 (AS-14 Kedge), Kh-58 (AS-11 Kilter), Antiradar-Lenkwaffen Kh-31P oder Antischiffs-Raketen Kh-31A oder Kh-35 sowie gelenkte und freifallende Bomben aller Art. Zudem können Luft-Luft-Lenkwaffen R-73 oder RVV-Ae (R-77) mitgeführt werden.
Entwicklungsstand: Noch unter der Bezeichnung Su-27IB startete der erste Prototyp am 13. April 1990 zum Erstflug. Der nun als Su-34 bezeichnete erste Serienprototyp fliegt seit September 1993. Bisher sollen drei Su-34 hergestellt worden sein. Die Aufnahme der Serienproduktion als Ersatz der Suchoj Su-24 Fencer (siehe Ausgabe 1994) ist geplant mit ersten Ablieferungen ab 1995.
Bemerkungen: Der augenfälligste Unterschied zum Ausgangsmuster Su-27 ist der völlig neu konstruierte Vorderrumpf mit Sitzen nebeneinander. Die Piloten verfügen über ein geräumiges, z.T. gepanzertes Cockpit, in dem man sogar stehen kann. Die Su-34 ist mit kleinen Vorflügeln hinter dem Cockpit sowie mit bis an die Nase weitergezogenen Vorflügelkanten ausgerüstet. Für den harten Erdkampfeinsatz ist sie zudem punktuell verstärkt und verfügt über ein neues Hauptfahrwerk mit Doppelrädern hintereinander. Gegenüber dem Prototypen Su-27IB wurde der Heckkonus vergrössert, um Platz für einen Bremsfallschirm und ein rückwärts gerichtetes Radar zu schaffen. Zudem ist das Seitenleitwerk etwas kleiner.
Hersteller: OKB Pawel O. Suchoj, Sovjet Aerospace Industries Association, Werk Novosibirsk, Moskau, Russland.

Abmessungen: Spannweite 14,70 m, Länge rund 23 m, Höhe 6,10 m.

SWEARINGEN SJ30

Ursprungsland: USA.
Kategorie: Firmenflugzeug.
Triebwerke: Zwei Mantelstromtriebwerke Williams International FJ44 von je 861 kp (8,6 kN) Standschub.
Leistungen: Max. Reisegeschwindigkeit 825 km/h (Mach 0,77); ökonom. Reisegeschwindigkeit 765 km/h (Mach 0,72); Anfangssteiggeschwindigkeit 20 m/Sek; Gipfelhöhe 13100 m; max. Reichweite mit IFR-Reserven 3205 km, mit VFR-Reserven 3845 km.
Gewichte: Rüstgewicht 2586 kg; max. Startgewicht 4720 kg.
Zuladung: Pilot und Copilot/Passagier im Cockpit und als Standardeinrichtung vier Passagiere in Einzelsitzen vis-à-vis. Als Option max. sechs Passagiere.
Entwicklungsstand: Der erste Prototyp nahm die Flugerprobung am 13. Februar 1991 auf. Die Zulassung ist auf 1995 verschoben worden. Zurzeit bestehen Aufträge für über 60 Maschinen. Die ersten Ablieferungen sollen Anfang 1997 erfolgen.
Bemerkungen: Die SJ30 ist als kostengünstiges Firmenflugzeug mit fortschrittlicher Technologie konzipiert und soll insbesondere Propellerturbinenflugzeuge der gleichen Klasse konkurrenzieren. Sie ist auch ein direkter Mitbewerber zur ähnlich angetriebenen Cessna CitationJet (siehe Seiten 98/99). Nach langen Irrwegen, einen geeigneten Partner zu finden, übernimmt Swearingen die Produktion und den Verkauf nun selber. Unterstützt wird sie dabei durch Lockheed und die taiwanesische TAC. Der zweite Prototyp wird einen um 15 cm längeren Rumpf aufweisen.
Hersteller: Swearingen Aircraft Inc., San Antonio, Texas, Werk Martinsburg, West Virginia, USA.

Abmessungen: Spannweite 11,07 m, Länge 12,89 m, Höhe 3,94 m, Flügelfläche 15,32 m².

TECHNOAVIA SM-92 FINIST

Ursprungsland: Russland.
Kategorie: STOL-Mehrzweck-Arbeitsflugzeug.
Triebwerke: Ein Neunzylinder-Radialtriebwerk Vedeneyev VMKB M-14P von 360 PS (260 kW) Leistung.
Leistungen: Max. Reisegeschwindigkeit 260 km/h; norm. Reisegeschwindigkeit auf 2300 m 230 km/h; Anfangssteiggeschwindigkeit 5 m/Sek; Dienstgipfelhöhe 3000 m; Reichweite 1000 km; Reichweite mit max. Nutzlast 820 km.
Gewichte: Leergewicht 1350 kg; max. Abfluggewicht 2200 kg.
Zuladung: Ein Pilot und bis sechs Passagiere. Max. Nutzlast 600 kg.
Entwicklungsstand: Der Prototyp nahm die Flugerprobung im Mai 1994 auf. Zurzeit fliegen drei Maschinen. Ein Serienentscheid ist noch nicht getroffen worden. Die Finist wird für nur US$ 150.000.- angeboten.
Bemerkungen: Ursprünglich noch als Suchoj Su-26 entwickelt, wurde nun die Lancierung durch Technoavia übernommen. Das leichte Ganzmetallflugzeug ist ausgesprochen robust und einfach ausgelegt, um in unwirtlichen Gegenden eingesetzt zu werden. Es verfügt über ein Festfahrwerk mit Heckrad. Auch das Cockpit ist eher spartanisch ausgerüstet, kann aber mit westlicher Avionik von AlliedSignal ergänzt werden. Nebst Beförderung von Passagieren ist sie dank der grossen Frachttüre von 1,27 x 1,35 m für die verschiedensten Aufgaben geeignet, wie z.B. für Frachttransporte, Ambulanzeinsätze, Einsätze in der Landwirtschaft, als Feuerbekämpfer und zum Absetzen von Fallschirmspringern. Technoavia prüft zurzeit die Möglichkeit, die Finist als Option mit einer Propellerturbine PT6A-6 auszurüsten.
Hersteller: Technoavia, Smolensk, Russland.

Abmessungen: Spannweite 14,60 m, Länge ca. 9,50 m, Höhe 3,94 m.

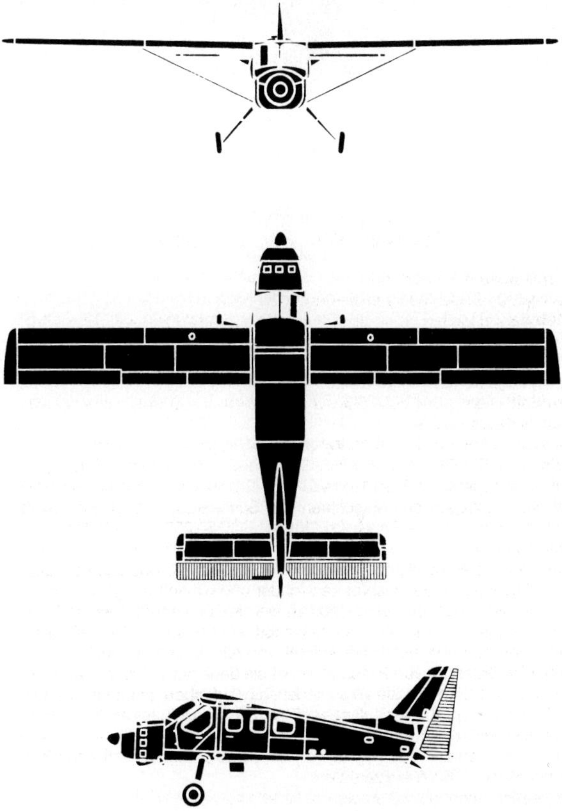

TUPOLEW TU-160 BLACKJACK

Ursprungsland: Russland.
Kategorie: Strategischer Langstreckenbomber, Marinekampf- und Aufklärungsflugzeug.
Triebwerke: Vier Mantelstromtriebwerke Samara/Trud NK-321 von je 25000 kp (245,14 kN) Standschub mit Nachverbrennung.
Leistungen: Kurzfristig erreichbare Höchstgeschwindigkeit 2020 km/h (Mach 1,9) auf 11000 m; max. Dauergeschwindigkeit 1700 km/h (Mach 1,6); Langstrecken-Reisegeschwindigkeit 850 km/h auf 14000 m; Dienstgipfelhöhe 18300 m; Aktionsradius ohne Flugbetankung 7300 km; max. Reichweite 12000 km.
Gewichte (geschätzt): Leer 115000 kg; max. Startgewicht 275000 kg.
Zuladung: Zwei Piloten und zwei Systemoperateure.
Bewaffnung: Waffenlast von max. 16300 kg in zwei hintereinanderliegenden Schächten von je rund 10 m Länge. Hauptbewaffnung scheint der 3000-km-Marschflugkörper AS-15 und die überschallschnelle Kurzstreckenlenkwaffe BL-10 zu sein, wovon 12 bzw. 24 mitgeführt werden können. Neu dürfte ein Ueberschall-Marschflugkörper AS-19 hinzukommen.
Entwicklungsstand: Die Tu-160 nahm die Flugerprobung je nach Quelle zwischen 1979 und 1982 auf. Die Serienproduktion in Kazan begann 1984/85. Insgesamt sind vermutlich nur etwa 25 – 30 Einheiten hergestellt worden. 18 davon setzen die ukrainische und fünf die russische Luftwaffe ein. Die Produktion der Tu-160 wurde 1993 eingestellt.
Bemerkungen: Entwickelt unter der Leitung von V. Bliznyk soll sie hauptsächlich die veralteten Interkontinentalbomber Tu-95 Bear-A ersetzen und die Tu-142 Bear-H ergänzen. In Dolon, Zentralrussland, wurde Mitte 1988 die erste Einheit mit der Blackjack ausgerüstet. Das 14. Serienflugzeug (als Samolyol 70-03 bezeichnet) stellte in den letzten Jahren mehrere internationale Rekorde auf.
Hersteller: OKB Alexei A. Tupolew, Werk Kazan, Moskau, Russland.

Abmessungen: Spannweite 20° 55,70 m, 65° 35,60 m, Länge 54,10 m, Höhe 13,10 m.

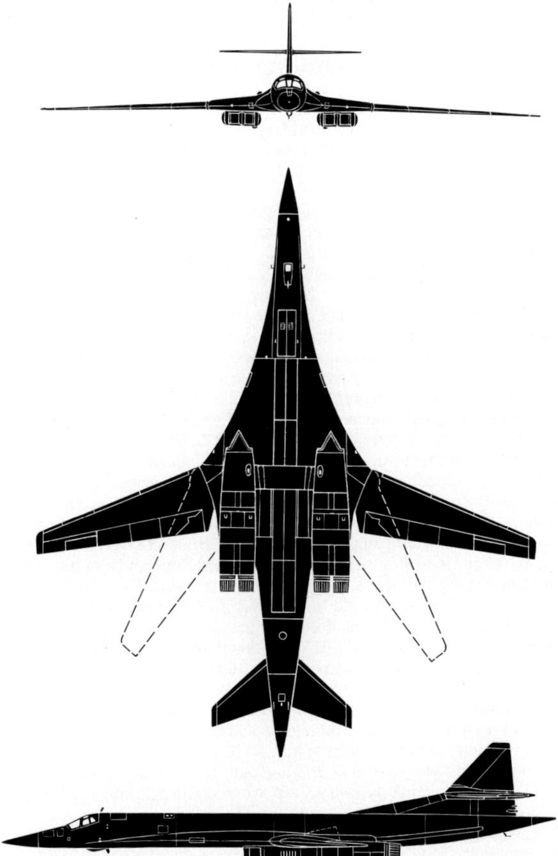

TUPOLEW TU-204-100

Ursprungsland: Russland.
Kategorie: Mittelstrecken-Verkehrsflugzeug.
Triebwerke: Zwei Mantelstromtriebwerke Perm (Solowiew) PS-90 von je 16000 kp (156,9 kN) oder (Bravia) Rolls Royce RB.211-535E4 von je 18930 kp (193 kN) Standschub.
Leistungen (mit PS-90-Triebwerken): Max. Reisegeschwindigkeit 850 km/h auf 10650 m; ökonom. Reisegeschwindigkeit 810 km/h auf 12200 m; Steigzeit auf 10650 m 22 Min, auf 12000 m 25 Min; Dienstgipfelhöhe 12200 m; Reichweite mit 196 Passagieren 3850 km bei 828 km/h auf 11000 m, mit max. Nutzlast 2500 km.
Gewichte: Leer 56500 kg; max. Startgewicht 93850 kg.
Zuladung: Zwei Mann Cockpitbesatzung und bis zu 214 Passagiere in Sechserreihen mit Mittelgang in Einheitsklasse oder, bei gemischten Klassen, 12 Erstklass-, 47 Businessklass- und 111 Touristklasspassagiere. Max. Nutzlast als Frachter 29000 kg.
Entwicklungsstand: Der erste Prototyp flog am 2. Januar 1989, die erste Vorserienmaschine folgte im August 1990. Die erste mit RR-Triebwerken ausgestattete Ausführung fliegt seit August 1992. Bis Ende 1994 sind rund 20 Maschinen hergestellt worden. Nach unbestätigten Angaben sind 65 Tu-204 bestellt, zwei davon mit Rolls-Royce-Triebwerken.
Bemerkungen: Die Tupolew Tu-204 gehört in dieselbe Klasse wie etwa die Boeing 757. Um ein möglichst geringes Leergewicht zu erzielen, wurden in weiten Bereichen neue Werkstoffe, meist Kunststoffe angewandt. Das Cockpit ist mit sechs Farbbildschirmanzeigegeräten ausgerüstet. Weitere Neuerungen sind die vollelektrische Steuerung, ein superkritisches Flügelprofil und das dreifache Inertial-Navigationssystem. Die oben beschriebene Variante -100 wird durch eine Version -200 ergänzt, welche dank höherem Startgewicht von 108500 kg grössere Reichweiten ermöglicht. Die mit den wesentlich stärkeren RB.211-535-Triebwerken ausgerüsteten Varianten -120 und 220 (sonst analog zu den Ausführungen -100 bzw. -200) sind hauptsächlich für den westlichen Markt bestimmt und werden unter dem Namen Bravia Tu-224 vertrieben. Neu propagiert Tupolew zwei weitere Varianten: Eine verkürzte Tu-204-300 für 150 Passagiere mit grösserer Reichweite sowie eine verlängerte Version -400.
Hersteller: OKB Alexei A. Tupolew, Werke Ulyanovsk und Kazan, Moskau, Russland.

Abmessungen: Spannweite 42,00 m, Länge 48,00 m, Höhe 13,90 m, Flügelfläche 184,1 m^2.

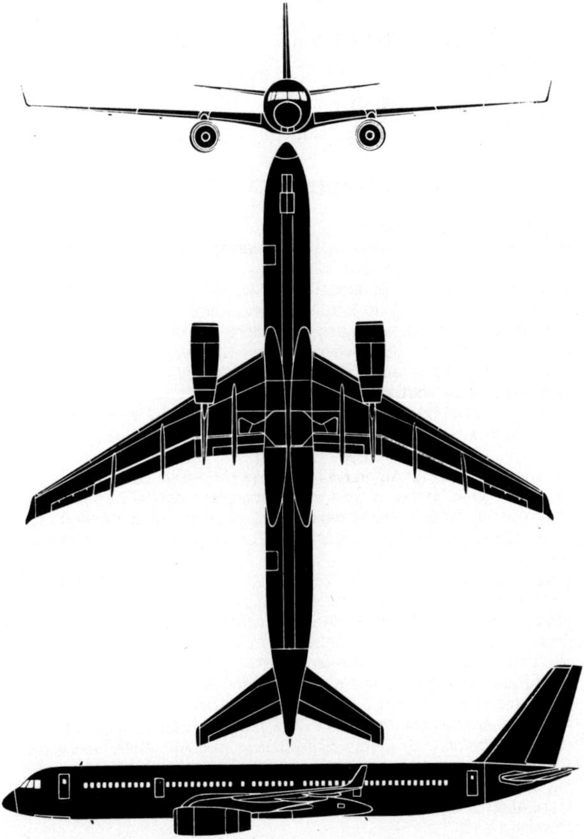

TUPOLEW TU-334

Ursprungsland: Russland.
Kategorie: Kurz- und Mittelstreckenverkehrsflugzeug.
Triebwerke: Zwei Mantelstromtriebwerke (-100) ZMDB/Zaporozheye/Lotarew D-436T von je 7500 kp (73,5 kN) oder (-200) BMW Rolls-Royce BR 715 von je ca. 8500 kp (83,8 kN) Standschub.
Leistungen (nach Angaben des Herstellers): Norm. Reisegeschwindigkeit 800 – 820 km/h; Reichweite mit einer Nutzlast von 9251 kg (= 102 Passagiere) 3000 km, mit 5500 kg bis zu 4000 km.
Gewichte: Max. Startgewicht 43600 kg.
Zuladung: Zwei bis drei Mann Besatzung und normal 86 Passagiere in einer Zweiklasseneinrichtung oder maximal 110 Passagiere in Sechserreihen mit Mittelgang. Nutzlast 11000 kg.
Entwicklungsstand: Aufgrund finanzieller Probleme wurde der Erstflug des Prototypen immer wieder verschoben und soll nun im Mai 1995 stattfinden. Drei Erprobungsmuster sind geplant; mit der Indienststellung wird bis Mitte 1996 gerechnet. Zurzeit sind keine Bestellungen bekannt.
Bemerkungen: Die Tu-334 ist als Nachfolgemuster der noch in grosser Zahl eingesetzten Tu-134 gedacht. Nebst der hier beschriebenen Ausführung war ursprünglich auch eine verlängerte Version mit Propfan-Triebwerken vorgesehen. Diese ist aber mittlerweile aufgegeben worden. Von den Dimensionen, Leistungen und Kapazitäten her gesehen, gleicht die Tu-334 der Fokker 100. Der Rumpf hingegen weist einen wesentlich grösseren Querschnitt auf. Er ist in weiten Teilen von der Tu-204 übernommen. Die Avionik entspricht dem heutigen Standard. In der Konstruktion werden in weiten Bereichen neue Werkstoffe eingesetzt. Bereits ist unter der Bezeichnung Tu-334C eine Frachtausführung geplant.
Hersteller: OKB Alexei A. Tupolew, Werke Kiew und Taganrog, Moskau, Russland.

Abmessungen: Spannweite 29,80 m, Länge 33,00 m, Höhe 8,80 m, Flügelfläche 83,2 m^2.

WESTLAND BATTLEFIELD LYNX

Ursprungsland: Grossbritannien.
Kategorie: Militärischer Mehrzweckhubschrauber für Armee- und Marineeinsätze.
Triebwerke: Zwei Gasturbinen Rolls-Royce Gem 42-1 von je 1120 WPS (835 kW) Leistung.
Leistungen: Max. Reisegeschwindigkeit 256 km/h auf Meereshöhe; normale Reisegeschwindigkeit 230 km/h; Schrägsteiggeschwindigkeit 10 m/Sek; Reichweite bei taktischem Einsatz und 20 Min. Reserven 685 km; Dauer einer Anti-Tank-Mission 46 km von der Basis entfernt 2 Std.
Gewichte: Rüstgewicht (Anti-Tank-Mission) 3943 kg; max. Startgewicht 5125 kg.
Zuladung: Ein bis zwei Piloten und je nach Einsatzzweck bis zu 12 Personen in der Kabine. Als Rettungshubschrauber drei bis acht Patienten samt Pfleger; Rettungswinde von 272 kg Tragkraft.
Bewaffnung: Als Panzerabwehrhubschrauber besteht die Möglichkeit, an bis zu acht Aufhängepunkten TOW-, HOT- oder Hellfire-Lenkwaffen mitzuführen; als Schiffsabwehr-Hubschrauber und U-Boot-Jäger bis zu vier Lenkwaffen Sea Skua, AS12TT oder zwei Penguin.
Entwicklungsstand: Erstflug dieser vorläufig letzten Version am 29. November 1989. Die Royal Army erhält 16 neue und 8 umgebaute AH. Mk.9. Neueste Bestellungen für die Marineversion Super Lynx HAS Mk.8: Korea 12 Mk.99, Portugal 5 und Brasilien 8.
Bemerkungen: Unter dem Namen Battlefield Lynx AH Mk.9 (siehe Silhouette) wird eine der Super Lynx analoge Ausführung (siehe Ausgabe 1991/92) als Kampfzonentransporter angeboten. Im Gegensatz zu früheren AH-Ausführungen, verfügt sie über ein robustes Dreibeinfahrwerk mit Niederdruckreifen. Zudem ist die Mk.9 mit einem Infrarot-Unterdrückungssystem und mit Rotorblättern aus Kunststoff versehen. Die Super Lynx ist eine in wesentlichen Punkten verbesserte Exportausführung des Marinehelikopters (siehe Foto) und entspricht in etwa der HAS Mk.8-Version der Royal Navy. Sie ist mit einem 360-Grad-Seaspray-Radar im Rumpfbug ausgerüstet.
Hersteller: Westland PLC, Westland Helicopters Ltd., Yeovil, Somerset, Grossbritannien.

Abmessungen: Rotordurchmesser 12,80 m, Rumpflänge mit gefalteten Rotorblättern 13,24 m, Höhe inkl. Rotorkopf 3,50 m.

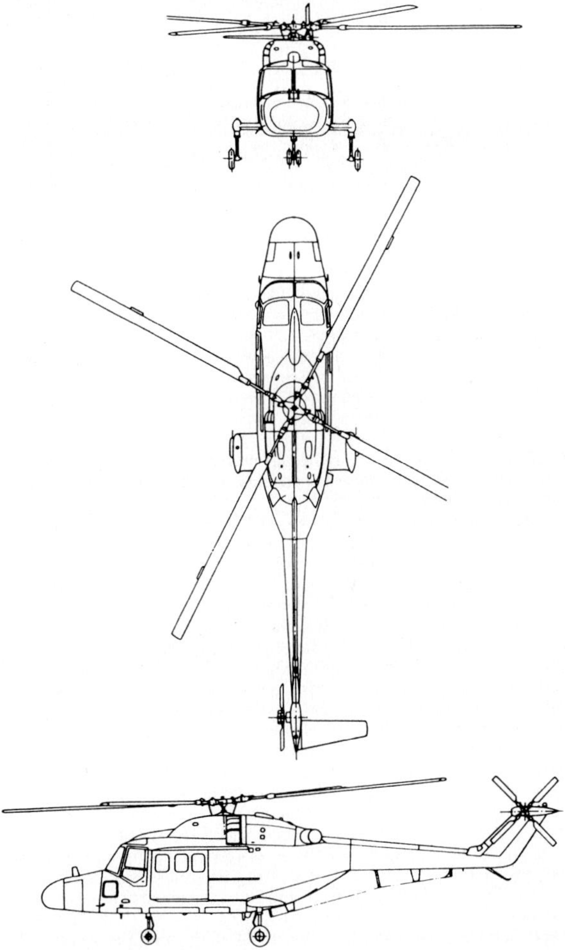

YAKOWLEW YAK-142

Ursprungsland: Russland.
Kategorie: Kurz- bis Mittelstrecken-Verkehrsflugzeug.
Triebwerke: Drei Mantelstromtriebwerke Zaporozhye/Lotarew D-36 von je 6500 kp (63,74 kN) Standschub.
Leistungen: Max. Reisegeschwindigkeit 810 km/h auf 7600 m; ökonom. Reisegeschwindigkeit 740 km/h; Reichweite mit max. Nutzlast 1300 km bei 740 km/h auf 9000 m, mit max. Passagierzahl 1900 km.
Gewichte (Yak-42D): Rüstgewicht 34580 kg; max. Startgewicht 56500 kg.
Zuladung: Zwei Mann Cockpitbesatzung. Standard-Innenausstattung (Yak-42D) für 120 Passagiere in Sechserreihen mit zentralem Mittelgang mit 75 cm Abstand.
Entwicklungsstand: Der erste von drei Prototypen Yak-42 nahm die Flugerprobung am 7. März 1975 auf. Die ersten Serienflugzeuge folgten 1980 und die Aeroflot nahm sie noch im gleichen Jahr in den Liniendienst. Bisher sind über 120 Einheiten einschliesslich der Yak-42D gebaut worden, die Produktion läuft weiter. Erste Exporterfolge konnten 1992 gebucht werden, durch Bestellungen von der VR China (50 Yak-42D) und Kuba. Die Ausführung Yak-142 fliegt seit Anfang 1993.
Bemerkungen: Die Yak-42 wurde primär als Ersatz der Tu-134 auf den inländischen Strecken der Aeroflot entwickelt. Die Variante Yak-42D steht seit 1990 im Liniendienst und verfügt über Systemverbesserungen, erhöhte Treibstoffkapazität in den Flügeln und grösseres Abfluggewicht. Von dieser unterscheidet sich die neueste Ausführung Yak-142 durch ein neues Avionik-System von Allied Signal mit EFIS-Anzeigen im Cockpit, nochmals höherem Abfluggewicht und etwas grösserer Reisegeschwindigkeit. Diese Ausführung ist seit 1994 erhältlich. Bereits steht ein Nachfolgemuster Yak-242 im Bau, welches Ähnlichkeiten mit dem Airbus A320 aufweisen soll, für bis zu 180 Passagiere vorgesehen ist und mit Triebwerken Perm PS-90A ausgerüstet wird. Finanzielle Probleme haben den für Ende 1994 vorgesehenen Erstflug auf unbestimmte Zeit verschoben.
Hersteller: OKB Alexander S. Yakowlew, Werk Saratow, Russland.

Abmessungen: Spannweite 34,88 m, Länge 36,38 m, Höhe 9,83 m, Flügelfläche 150 m².

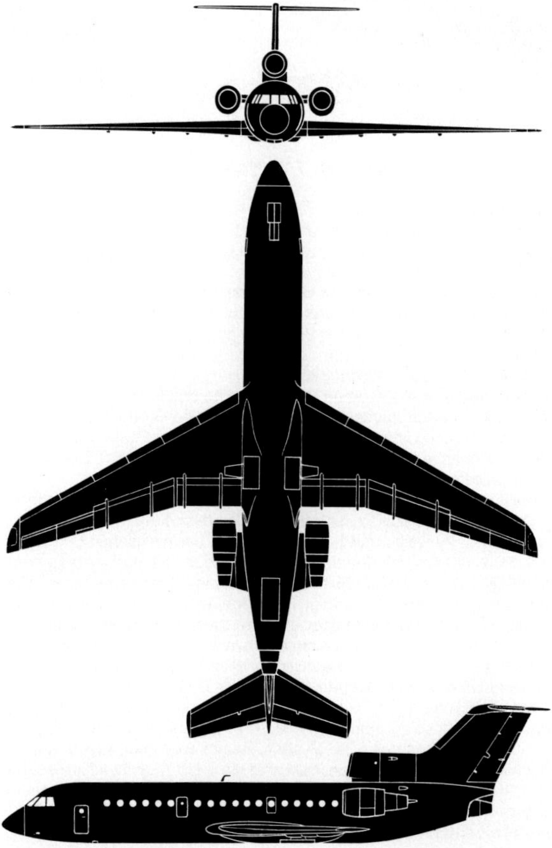

YAKOWLEW YAK-130

Ursprungsland: Russland.
Kategorie: Zweisitziger Fortgeschrittenentrainer.
Triebwerke: Zwei Mantelstromtriebwerke Klimow RD-35M von je 2220 kp (22,0 kN) Standschub.
Leistungen (nach Angaben des Herstellers): Höchstgeschwindigkeit auf optimaler Höhe 1000 km/h+, auf Meereshöhe 850 km/h+; Reichweite mit normaler Treibstoffzuladung 2000 km; max. Überführungsreichweite 2500 km.
Gewichte: Max. Startgewicht 6200 kg.
Entwicklungsstand: Der erste Prototyp sollte bereits im Frühjahr 1994 zum Erstflug starten, musste aber aus finanziellen Gründen auf Anfang 1995 verschoben werden. Der Bedarf der russischen Flugwaffe wird mit 800 Maschinen angegeben, vorerst sollen aber erst 200 Exemplare bestellt werden.
Bemerkungen: Mit diesem Modell bewirbt sich Yakowlew zusammen mit vier anderen Herstellern für die Nachfolge der heutigen Trainingsflugzeuge Aero L 29 Delfin und L 39 Albatros bei der russischen Luftwaffe. Sie soll die wichtigsten Flugmanöver der heutigen Kampfflugzeuggeneration Su-27/35 und MiG-29 für die Schulung ausführen können. Die Entwicklung der Yak-130 erfolgt in Kooperation mit der italienischen Aermacchi. Sollte dieses Muster auch im Westen verkauft werden, so würden diese Maschinen bei Aermacchi in Vengono gebaut. Die Konstruktion der Yak-130 ist von konventioneller Art und besonders robust ausgelegt. Ungewöhnlich sind der komplexe Deltaflügel mit den ovalen Triebwerkeinläufen. Das Triebwerkmanagement (FADEC) ist vollständig digitalisiert, ebenso die übrige Avionik. Die Flugsteuerung stützt sich auf ein vierfach redundantes FBW-System. Bereits wird auch eine trägergestützte Ausführung angeboten. Neu wird die in der Slowakei für die L-59 entwickelte, deutlich stärkere Ableitung des Triebwerks Povarske Stroyary DV-2, eingebaut.
Hersteller: OKB Alexander S. Yakowlew, Werk Saratow, Russland.

Abmessungen: Spannweite 11,25 m, Länge 12,40 m, Höhe 4,60 m, Flügelfläche 24,6 m².

VERZEICHNIS DER FLUGZEUGTYPEN

ABKÜRZUNGEN IM TEXT

Aéronavale	Französische Marineluftwaffe
AAM	**A**ir-to **A**ir-**M**issile, Lenkwaffen gegen feindliche Flugzeuge
AEW	**A**irborne **E**arly **W**arning, fliegende Radarfrühwarnflugzeuge
ALAT	**A**viation **L**égère de l'**A**rmée de **T**erre, französische Heeresluftwaffe
Armée de l'Air	Französische Luftwaffe
ASM	**A**ir-to-**S**urface-**M**issile, Lenkwaffen gegen Bodenziele
ASW	**A**nti-**S**ubmarine **W**arfare, U-Boot-Bekämpfung
AWACS	**A**irborne **W**arning **A**nd **C**ontrol **S**ystem, Frühwarnflugzeug
CRT	**C**athode-**R**av-**T**ube, Kathodenstrahlröhren-Anzeige
Doppler	Abkürzung für Doppler-Radar zur Geschwindigkeitsmessung und zum Erkennen von beweglichen Objekten in der Luft und am Boden
ECM	**E**lektronic **C**ounter **M**easures, Sammelbegriff für alle Massnahmen zur Störung feindlicher Funk- und Radareinrichtungen auf elektronischem Weg
ECCM	Störung der feindlichen ECM-Massnahmen
EFIS	**E**lectronic **F**light **I**nstrument **S**ystem, Elektronische Bildschirmanzeigeinstrumente
Elint	**El**ektronics **Int**elligence, elektronische Aufklärung
FADEC	**F**ull **A**uthority **D**igital **E**ngine **C**ontrol, Digitales Triebwerkmanagement-System
FBW	**F**ly **B**y **W**ire, Steuerung des Flugzeuges mittels elektrischen Impulsen
FLIR	**F**orward-**L**ooking **I**nfra**R**ed, Infrarot-Nachtsichtgerät
GFK	Glasfaserverstärkter Kunststoff
GPS	**G**lobal **P**ositioning **S**ystem, präzise Navigationshilfe mittels Satelliten
HUD	**H**ead-**U**p **D**isplay, Blickfelddarstellungsgerät. Die wichtigsten Flugdaten werden auf die Frontscheibe projiziert
IFF	**I**dentification **F**riend or **F**oe, Freund-/Feinderkennungsgerät
IFR	**I**nstrument **F**light **R**ules, Instrumentenflugregeln
LANTRIN	**L**ow-**A**ltitude **N**avigaton **T**argeting **IR** for **N**ight, Tiefflugnavigations- und Infrarot-Angriffssystem für Nachteinsätze
MAD	**M**agnetic **A**nomaly **D**etection, Magnetometer, Gerät zum Aufspüren magnetischer
MLS	**M**icrowave-**L**anding-**S**ystem, Landehilfe auf Mikrowellenbasis Unregelmässigkeiten (Einsatz zur U-Boot-Bekämpfung)
NASA	**N**ational **A**eronautics & **S**pace **A**dministration, Behörde für Luft- und Raumfahrtforschung der USA
OKB	**O**pytno **K**onstruktorskoe **B**yuro, Konstruktionsbüro für Experimentalflugzeuge bzw. Prototypen in der ehemaligen Sowjetunion
RAAF	**R**oyal **A**ustralien **A**ir **F**orce, australische Luftwaffe
RAF	**R**oyal **A**ir **F**orce, britische Luftwaffe
RN	**R**oyal **N**avy, britische Marineluftwaffe
STOL	**S**hort **T**ake-**O**ff and **L**anding, Kurzstart und -landung
TACAN	**T**actical **A**ir **N**avigation, militärische Navigations- und Distanzmesshilfe für taktische Einsätze
USAF	**U**nited **S**tates **A**ir **F**orce, Luftwaffe der USA
USCG	**U**nited **S**tates **C**oast **G**uard, Küstenwache der USA
USMC	**U**nited **S**tates **M**arine **C**orps, Marineinfanterie der USA
USN	**U**nited **S**tates **N**avy, Marine der USA
VFR	**V**isual **F**light **R**ules, Sichtflugregeln
VTOL	**V**ertical **T**ake-**O**ff and **L**anding, Senkrechtstart und -landung
WPS	**W**ellen-**PS**, Leistung einer Propeller- oder Gasturbine, gemessen an der Welle